U0310252

电子信息前沿技术丛书

Problem Analysis in Image Engineering

图像工程问题解析

◎章毓晋（ZHANG Yu-Jin） 编著

清华大学出版社

北京

内 容 简 介

本书系统地收集了256个图像工程(图像处理、图像分析、图像理解及其技术应用)学习中的各类问题,并进行了分析和解答。这些问题涉及图像采集、像素联系、形态变换、图像变换、图像增强、图像恢复、图像编码、拓展技术、图像分割、目标表达描述、特性分析、三维表达、立体视觉、景物重构、知识和匹配、数学形态学、高层研究应用、视感觉和视知觉。它提供了一些帮助进行相关课程教学和学习的参考和补充材料。

本书可作为信息科学、计算机科学、计算机应用、信号与信息处理、通信与信息系统、电子与通信工程、模式识别与智能系统等学科大学本科或研究生的专业基础课(包括图像处理、图像分析、图像理解等课程)的教参和教辅,供课程的教师授课和学生深入学习之用,也可供涉及计算机视觉技术应用行业(如工业自动化、人机交互、办公自动化、视觉导航和机器人、安全监控、生物医学、遥感测绘、智能交通和军事公安等)的科技工作者自学及科研参考。

图书在版编目(CIP)数据

图像工程问题解析/章毓晋编著.—北京:清华大学出版社,2018(2019.12 重印)
(电子信息前沿技术丛书)
ISBN 978-7-302-51046-8

Ⅰ.①图… Ⅱ.①章… Ⅲ.①计算机应用—图像处理 Ⅳ.①TP391.41

中国版本图书馆 CIP 数据核字(2018)第 192061 号

责任编辑:文 怡 李 晖
封面设计:台禹微
责任校对:梁 毅
责任印制:宋 林

出版发行:清华大学出版社
      网 址:http://www.tup.com.cn,http://www.wqbook.com
      地 址:北京清华大学学研大厦 A 座   邮 编:100084
      社 总 机:010-62770175   邮 购:010-62786544
      投稿与读者服务:010-62776969,c-service@tup.tsinghua.edu.cn
      质量反馈:010-62772015,zhiliang@tup.tsinghua.edu.cn
      课件下载:http://www.tup.com.cn,010-62795954
印 装 者:北京鑫海金澳胶印有限公司
经 销:全国新华书店
开 本:185mm×260mm 印 张:14.5 字 数:352 千字
版 次:2018 年 12 月第 1 版 印 次:2019 年 12 月第 2 次印刷
定 价:59.00 元

产品编号:080909-01

前　言

　　本书对图像工程(图像处理、图像分析、图像理解及其技术应用)学习中的各类问题进行了分析和解答。它提供了一些帮助进行相关课程教学和学习的参考和补充材料,教师可以将之作为教参或教辅使用,学习者可以将之作为学习辅导书或深入钻研的参考书。

　　笔者在过去 20 多年先后开设并讲授过 10 多门本科生和研究生的"图像工程"课程,其中一些讲了 10 多年,长的讲了 20 多年。笔者近 20 年还编写出版了 30 多本有关图像工程的教材,至今已发行了 30 多万册。在授课和答疑等各个与学习者交流的环节和过程中,笔者陆续遇到和收集了来自多方面的问题。从内容上说,它们有些涉及比较容易混淆的概念、有些是教材中限于篇幅和学时未能细化的步骤、有些是需要示例才能描述清楚的原理、有些是需要图表帮助以直观化的方法。解析这些问题可以帮助教学、深化理解,有助于学习和复习,也可用于测验和考试。

　　这些问题从来源上说,有些源自历年课程的考试题,也有些源自布置的大作业题/项目训练题;既有一些改编自笔者在授课时学生的提问,也有一些改编自教材使用者通过电话或邮件与笔者交流的问题,还有一些改编自前几版教材中的讲解例题或精选的练习题。

　　本书从教和学的角度出发,共选取了 256 个问题单元,每个问题单元均由 3 部分组成。
　　(1)标题:简明扼要地点出问题的中心内容;
　　(2)题面:具体描绘了问题的条件、要求;
　　(3)解析:对问题进行了详细的分析和解答。

　　上述对问题单元的构建,将常见的例题形式与习题形式进行了结合。每个问题单元都可看作加了标题(指示要考查的主题)的习题或加了题面(可与解析结果结合)的例题。所以,一方面教师可用作讲解例题以深化教学或示例技术效果,或(修改调整后)用作考试、测验题;另一方面学习者可用来复习总结对概念的学习或参考开拓解决问题的思路,或对学习效果进行自我测试。

　　全书由 5 个单元组成,图像工程的 3 个层次——图像处理、图像分析、图像理解——各为一个单元,它们共同的基础知识为一个单元,与它们相关的参考内容为另一个单元。参考文献和相关教材是按单元给出的。每个单元又分成 3 章或 4 章,每章基本对应一大类图像技术。对属于图像处理、图像分析、图像理解 3 类之一的课程,可以选择相应单元的对应章再加上一部分基础知识的对应章和一部分相关参考的对应章。

　　全书共 18 章(二级标题),各章均包含 10 个或以上的问题单元(以三级标题标注)。全书共有文字(也包括图片、绘图、表格、公式等)30 多万。本书共有编号的图 211 个(包括 244

幅图片)、表格50个。书末还给出了300多个主题索引(及英译),这些主题词可按问题编号索引。另外,书中的彩色图片印刷后均为黑白的,但可以通过手机扫描图片旁的二维码,查看对应彩色照片,获得更多的信息和更好的观察效果。

本书的选材内容和结构方式都是新的尝试,欢迎使用者提出宝贵意见和建议。

最后,要特别感谢我的妻子何芸和女儿章荷铭,正是她们的理解和支持,使本书得以在节日中完稿。

章毓晋

2018 年五一节于书房

通信:北京清华大学电子工程系,100084

电话:(010) 62798540

传真:(010) 62770317

电子邮件:zhang-yj@tsinghua.edu.cn

个人主页:oa.ee.tsinghua.edu.cn/~zhangyujin/

总 目 录

第 1 单元　基础知识
- 第 1 章　图像采集
- 第 2 章　像素联系
- 第 3 章　形态变换
- 第 4 章　图像变换

第 2 单元　图像处理
- 第 5 章　图像增强
- 第 6 章　图像恢复
- 第 7 章　图像编码
- 第 8 章　拓展技术

第 3 单元　图像分析
- 第 9 章　图像分割
- 第 10 章　目标表达描述
- 第 11 章　特性分析

第 4 单元　图像理解
- 第 12 章　三维表达
- 第 13 章　立体视觉
- 第 14 章　景物重构
- 第 15 章　知识和匹配

第 5 单元　相关参考
- 第 16 章　数学形态学
- 第 17 章　高层研究应用
- 第 18 章　视感觉和视知觉

单元	标题	问题数量	章	标题	问题数量
1	基础知识	56	1	图像采集	12
			2	像素联系	10
			3	形态变换	11
			4	图像变换	23
2	图像处理	70	5	图像增强	26
			6	图像恢复	14
			7	图像编码	15
			8	拓展技术	15
3	图像分析	46	9	图像分割	15
			10	目标表达描述	14
			11	特性分析	17
4	图像理解	43	12	三维表达	10
			13	立体视觉	11
			14	景物重构	11
			15	知识和匹配	11
5	相关参考	41	16	数学形态学	19
			17	高层研究应用	11
			18	视感觉和视知觉	11

目　录

第 1 单元　基　础　知　识

第 1 章　图像采集 ···················· 3

1-1　变焦操作与采样操作 ················ 3

1-2　图像与场景的几何信息 ·············· 4

1-3　成像单元数 ····················· 4

1-4　景深的计算 ····················· 4

1-5　光源照射亮度的计算 ··············· 5

1-6　摄像机运动与像素亮度变化 ··········· 5

1-7　结构光成像的计算 ················ 6

1-8　不同立体成像的方式 ··············· 8

1-9　图像与理解场景的信息 ·············· 8

1-10　数字弧的判断 ··················· 9

1-11　方盒量化和网格相交量化 ··········· 10

1-12　网格相交量化的结果 ·············· 10

第 2 章　像素联系 ·················· 11

2-1　子集邻接和连接的判断 ············· 11

2-2　4-通路和 8-通路的转换 ············· 12

2-3　用邻接矩阵表示像素之间的邻接关系 ···· 12

2-4　六边形采样坐标系 ················ 13

2-5　离散圆盘 ····················· 13

2-6　像素间的距离和通路 ·············· 14

2-7　马步距离满足测度性质 ············· 15

2-8　斜面距离与欧氏距离 ·············· 15

2-9　通路长度的计算 ················· 16

2-10　不同邻接情况下的通路长度 ········· 16

第 3 章　形态变换 ·· 17

　3-1　齐次坐标直线交点 ··· 17

　3-2　齐次坐标的几何解释 ·· 18

　3-3　单位正方形的剪切变换 ··· 18

　3-4　不同坐标变换实现相同功能 ···································· 19

　3-5　仿射变换的作用/功能 ·· 19

　3-6　仿射变换下的线段长度比 ·· 20

　3-7　仿射变换矩阵的参数 ·· 21

　3-8　投影变换及其特例的特点对比 ································· 21

　3-9　图像平面与世界坐标系的映射 ································· 22

　3-10　3-D 投影几何和变换不变量 ·································· 23

　3-11　透视投影中的歧义 ··· 24

第 4 章　图像变换 ·· 26

　4-1　奇偶函数 ·· 26

　4-2　傅里叶变换对的平移性质 ·· 27

　4-3　函数的傅里叶变换公式 ··· 27

　4-4　沃尔什变换计算 ··· 27

　4-5　哈达玛变换矩阵 ··· 28

　4-6　斯拉特变换矩阵 ··· 28

　4-7　多种变换的计算 ··· 29

　4-8　哈尔变换的基函数 ·· 30

　4-9　哈尔变换矩阵 ·· 31

　4-10　哈尔函数计算 ··· 31

　4-11　矩阵的哈尔变换计算 ·· 32

　4-12　哈尔变换和哈达玛变换的计算 ································ 32

　4-13　哈尔小波函数及其傅里叶变换 ································ 32

　4-14　时域窗和频域窗 ·· 33

　4-15　盖伯变换滤波图像 ··· 33

　4-16　缩放函数和小波函数 ·· 34

　4-17　小波变换和反变换 ··· 35

　4-18　小波变换系数的计算 ·· 36

　4-19　拉东变换的计算 ·· 37

　4-20　霍特林反变换 ··· 37

　4-21　霍特林变换的证明 ··· 38

　4-22　霍特林变换的计算 ··· 38

　4-23　用霍特林变换重建的均方误差 ································ 39

第 2 单元　图 像 处 理

第 5 章　图像增强 ··· 43

5-1　图像增强方法辨析 ·· 43

5-2　位面提取函数 ·· 44

5-3　灰度映射曲线的分析 ·· 44

5-4　调整灰度映射曲线的效果 ······································ 45

5-5　直方图均衡化的变型 ·· 47

5-6　用 1-D 模板实现 2-D 模板的卷积 ·························· 48

5-7　小尺寸模板与大尺寸模板 ······································ 48

5-8　用不同平均来消除噪声 ··· 48

5-9　增强图像中特定统计特性的区域 ··························· 49

5-10　借助像素梯度进行增强 ······································· 50

5-11　利用单方向灰度差的增强 ···································· 51

5-12　用平滑操作实现锐化操作 ···································· 52

5-13　两个平滑操作的差与锐化操作 ······························ 52

5-14　用不同模板计算中值 ·· 53

5-15　中值滤波中更新中值 ·· 54

5-16　中值滤波的模板与消除噪声效果 ·························· 54

5-17　不同滤波方法的特点和对比 ································· 55

5-18　用低通滤波实现高通滤波 ···································· 55

5-19　用两个低通滤波器构建一个高通滤波器 ················· 56

5-20　巴特沃斯带通滤波器 ·· 57

5-21　巴特沃斯低通滤波消除虚假轮廓 ·························· 57

5-22　邻域平均对应的滤波器 ·· 58

5-23　邻域差分对应的滤波器 ·· 59

5-24　滤波器分解 ··· 59

5-25　空域模板的设计 ··· 60

5-26　对椒盐噪声的线性滤波 ·· 60

第 6 章　图像恢复 ··· 61

6-1　几何失真的双线性校正 ··· 61

6-2　恢复转移函数的形式 ·· 62

6-3　分段换方向运动的转移函数 ··································· 63

6-4　匀加速运动所造成的模糊 ······································ 63

6-5　有约束最小平方恢复滤波器的转移函数 ·················· 64

6-6　正弦模式干扰的消除 ·· 64

6-7　正弦模式干扰与匀速直线运动模糊的对比 ···················· 65

6-8　图像修复和图像补全的对比 ································· 65

6-9　大写英文字母的投影 ······································· 66

6-10　特殊图像的投影重建 ······································ 67

6-11　傅里叶变换投影定理的证明 ································· 67

6-12　扇束投影实验结果 ·· 68

6-13　代数重建技术的迭代计算 ·································· 69

6-14　最大似然-最大期望重建算法的迭代计算 ···················· 69

第7章　图像编码 ·· 71

7-1　符号与符号串的概率 ······································· 71

7-2　一阶和二阶编码 ··· 72

7-3　编码图信噪比的计算 ······································· 73

7-4　二值码和灰度码 ··· 74

7-5　二值分解和灰度码分解 ····································· 74

7-6　1-D 游程和 WBS 编码方法 ··································· 75

7-7　对英文字母的哈夫曼编码 ··································· 75

7-8　哈夫曼编码和平移哈夫曼编码 ······························ 76

7-9　哈夫曼编码和截断哈夫曼编码 ······························ 78

7-10　算术编码过程 ·· 80

7-11　算术编码可编序列长度 ···································· 80

7-12　LZW 编码 ·· 81

7-13　分区模板编码 ·· 81

7-14　阈值编码 ·· 83

7-15　霍特林变换与编码 ·· 84

第8章　拓展技术 ·· 85

8-1　平均绝对差和归一化互相关 ································· 86

8-2　水印失真测度 ··· 86

8-3　亚采样和剪切的比较 ······································· 87

8-4　彩色光的亮度 ··· 87

8-5　RGB 彩色立方体上给定亮度值的点 ···························· 87

8-6　RGB 彩色立方体上给定饱和度值的点 ·························· 88

8-7　RGB 彩色立方体与 HSI 颜色实体 ···························· 88

8-8　相加光的 HSI 坐标 ··· 88

8-9　彩色光的配色与混合 ······································· 89

8-10　饱和度增强与色调增强的结果 ··· 90

8-11　分段运动轨迹 ·· 90

8-12　累积差图像的计算 ··· 92

8-13　图像金字塔表达 ··· 94

8-14　高斯和拉普拉斯金字塔的构建 ·· 94

8-15　检测和消除边缘时的小波特性 ·· 95

第3单元　图　像　分　析

第9章　图像分割 ··· 100

9-1　体素的积分密度 ··· 100

9-2　不同微分算子的效果比较 ·· 101

9-3　拉普拉斯值的计算 ·· 102

9-4　最小核同值区和索贝尔算子 ··· 102

9-5　灰度-梯度散射图 ·· 103

9-6　基于过渡区的阈值分割 ·· 104

9-7　克服分水岭算法过分割的方法 ··· 105

9-8　使用遗传算法分割 ·· 105

9-9　哈夫变换仿真 ·· 107

9-10　从 2-D 哈夫变换推广到 3-D 哈夫变换 ·· 108

9-11　矩保持法和一阶微分期望值法 ·· 109

9-12　分割中的先验信息 ··· 109

9-13　分割目标的形状测度 ··· 110

9-14　误差概率与绝对最终测量精度 ·· 111

9-15　分割评价实验 ·· 112

第10章　目标表达描述 ·· 114

10-1　基于聚合和基于分裂的最小均方误差线段逼近法 ································ 114

10-2　正五角形的外接盒和最小包围长方形 ··· 115

10-3　方和圆的标记及形状描述符 ·· 116

10-4　长方形和椭圆的形状描述符 ·· 116

10-5　傅里叶描述符 ·· 118

10-6　阶为 10 的所有形状及它们的形状数 ··· 118

10-7　欧拉数计算 ··· 119

10-8　不变矩的形状区分能力 ··· 119

10-9　描述符的形状区分能力 ··· 120

10-10　随机点分布的泊松概率和高斯概率 ··· 121

10-11　组合有向线段 ·· 122

10-12　3-D 图像中的连通悖论 ·· 122

10-13　直线长度的计算 ·· 123

10-14　离散距离 $d_{5,7}$ 的最大相对误差 ···························· 123

第 11 章　特性分析 ··· 125

11-1　灰度共生矩阵与纹理参数 ······································· 126

11-2　形状因子与边界的连通性 ······································· 127

11-3　曲线曲率的计算 ·· 128

11-4　形状的判断 ·· 130

11-5　形状定义和表达 ·· 130

11-6　分形维数的计算 ·· 130

11-7　移动目标的成像 ·· 131

11-8　转动目标的成像 ·· 131

11-9　中值维护背景的背景建模方法 ··································· 132

11-10　高斯混合模型 ··· 132

11-11　辐射状模糊程度 ··· 133

11-12　视频中目标的运动 ··· 134

11-13　光流方程 ··· 134

11-14　基本运动和光流场 ··· 135

11-15　运动场和光流的不一致 ······································· 136

11-16　卡尔曼滤波和粒子滤波 ······································· 136

11-17　不同跟踪方法的优缺点 ······································· 137

第 4 单元　图　像　理　解

第 12 章　三维表达 ··· 142

12-1　接续曲线的高斯图 ··· 142

12-2　曲面上的主方向 ·· 143

12-3　鞍脊和鞍谷表面的方向导数 ····································· 144

12-4　鞍脊表面的曲率 ·· 144

12-5　椭圆球的高斯球和扩展高斯图 ··································· 145

12-6　曲率与挠率的几何意义 ··· 146

12-7　曲率和挠率的计算 ··· 146

12-8　行进立方体算法重构等值面 ····································· 146

12-9　覆盖算法效果示例 ··· 147

12-10　覆盖算法重构等值面 ·· 147

第 13 章　立体视觉 ·· 149

13-1　采集器移动与视差变化 ·· 149

13-2　近视校正 ·· 150

13-3　双目成像模式的比较 ·· 150

13-4　顺序性约束 ·· 151

13-5　极线与极点 ·· 151

13-6　极线与投影点 ·· 152

13-7　本质矩阵的推导 ·· 152

13-8　景物表面倾斜的问题 ·· 153

13-9　相对深度误差 ·· 153

13-10　水平四目的期望值曲线 ······································· 154

13-11　单方向多目立体视觉 ··· 155

第 14 章　景物重构 ·· 156

14-1　镜面反射强度计算 ·· 156

14-2　理想散射表面的反射强度 ······································ 157

14-3　朗伯表面夹角与亮度 ·· 157

14-4　理想散射表面性质 ·· 158

14-5　摄像机运动参数 ·· 158

14-6　镜头的焦距和景深 ·· 159

14-7　摄像机倾斜成像的变形 ·· 160

14-8　从影调恢复形状与双目立体视觉 ································ 160

14-9　影调与结构光的对比 ·· 161

14-10　纹理平面的朝向 ··· 161

14-11　圆变形后的椭圆长短轴 ······································· 162

第 15 章　知识和匹配 ·· 163

15-1　逻辑等价关系 ·· 163

15-2　目标分类知识的不同表达 ······································ 164

15-3　模板匹配与哈夫变换 ·· 165

15-4　形状数之间的相似距离 ·· 165

15-5　关系匹配计算 ·· 165

15-6　关系匹配中的计算量 ·· 166

15-7　有色图的同构 ·· 167

15-8　有共同顶点的子图 ·· 167

15-9　计算各种子图 ·· 168

15-10　图同构和子图同构 ··· 169

15-11　距离比较 ··· 171

第 5 单元　相 关 参 考

第 16 章　数学形态学 ··· 175
16-1　膨胀的计算 ··· 175
16-2　灰度膨胀的组合性 ··· 176
16-3　腐蚀的组合性 ··· 176
16-4　位移不变性验证 ·· 177
16-5　结构元素的尺寸和取值 ··· 178
16-6　结构元素分解 ··· 179
16-7　开启、闭合、高帽运算 ·· 180
16-8　形态学基本操作 ·· 181
16-9　击中—击不中计算 ·· 182
16-10　不同距离圆盘的细化 ··· 183
16-11　圆盘细化实例 ·· 184
16-12　细化步骤和过程 ··· 184
16-13　粗化步骤和过程 ··· 185
16-14　利用粗化进行细化 ·· 186
16-15　噪声滤除 ·· 187
16-16　形态学梯度 ··· 188
16-17　形态学梯度边缘增强算子 ··· 188
16-18　8-连接转 m-连接 ··· 189
16-19　顶面和阴影 ··· 190

第 17 章　高层研究应用 ··· 192
17-1　贝叶斯分类器的边界函数 ·· 193
17-2　贝叶斯融合 ·· 194
17-3　图像配准 ·· 194
17-4　图像拼接 ·· 195
17-5　粗糙集分类 ·· 196
17-6　中心矩法 ·· 197
17-7　词袋模型与费舍尔矢量比较 ·· 197
17-8　灰度图和彩色图检索 ·· 198
17-9　自拍图的检索 ·· 199
17-10　活动剖析 ·· 200
17-11　路径学习方法 ·· 200

第 18 章　视感觉和视知觉 ⋯⋯⋯⋯⋯⋯⋯⋯⋯⋯⋯⋯⋯⋯⋯⋯⋯⋯⋯⋯⋯⋯⋯ 202

　18-1　锥细胞的排列与视网膜上的分辨率 ⋯⋯⋯⋯⋯⋯⋯⋯⋯⋯⋯⋯⋯ 202

　18-2　视敏度 ⋯⋯⋯⋯⋯⋯⋯⋯⋯⋯⋯⋯⋯⋯⋯⋯⋯⋯⋯⋯⋯⋯⋯⋯⋯⋯ 202

　18-3　人类视觉系统感知彩色 ⋯⋯⋯⋯⋯⋯⋯⋯⋯⋯⋯⋯⋯⋯⋯⋯⋯⋯ 203

　18-4　图形的良好性 ⋯⋯⋯⋯⋯⋯⋯⋯⋯⋯⋯⋯⋯⋯⋯⋯⋯⋯⋯⋯⋯⋯ 203

　18-5　眼肌运动 ⋯⋯⋯⋯⋯⋯⋯⋯⋯⋯⋯⋯⋯⋯⋯⋯⋯⋯⋯⋯⋯⋯⋯⋯ 204

　18-6　单目深度线索 ⋯⋯⋯⋯⋯⋯⋯⋯⋯⋯⋯⋯⋯⋯⋯⋯⋯⋯⋯⋯⋯⋯ 204

　18-7　恒常性程度 ⋯⋯⋯⋯⋯⋯⋯⋯⋯⋯⋯⋯⋯⋯⋯⋯⋯⋯⋯⋯⋯⋯⋯ 204

　18-8　远距离时的大小知觉恒常性 ⋯⋯⋯⋯⋯⋯⋯⋯⋯⋯⋯⋯⋯⋯⋯ 205

　18-9　透视缩放和透视缩短 ⋯⋯⋯⋯⋯⋯⋯⋯⋯⋯⋯⋯⋯⋯⋯⋯⋯⋯ 206

　18-10　视野随运动速度的变化 ⋯⋯⋯⋯⋯⋯⋯⋯⋯⋯⋯⋯⋯⋯⋯⋯ 206

　18-11　视觉感知的方法 ⋯⋯⋯⋯⋯⋯⋯⋯⋯⋯⋯⋯⋯⋯⋯⋯⋯⋯⋯⋯ 207

索引 ⋯⋯⋯⋯⋯⋯⋯⋯⋯⋯⋯⋯⋯⋯⋯⋯⋯⋯⋯⋯⋯⋯⋯⋯⋯⋯⋯⋯⋯⋯⋯ 209

第 1 单元　基　础　知　识

本单元包括 4 章：

第 1 章　图像采集

第 2 章　像素联系

第 3 章　形态变换

第 4 章　图像变换

覆盖范围/内容简介

　　人们一般将图像看作对场景或景物的一种可视表现形式。严格地说,图像是用各种观测系统以不同形式和手段观测客观世界而获得的,可以直接或间接作用于人眼并进而产生视知觉的实体。人的视觉系统就是一个观测系统,通过它得到的图像就是客观景物在人心目中形成的影像。

　　图像含有丰富的信息。科学研究和统计表明,人类从外界获得的信息约有 75% 来自视觉系统,也就是从图像中获得的。这里图像的概念是比较广义的,包括照片、绘图、动画、视像,甚至文档等。人们常说“百闻不如一见”“一图值千字”。这些都说明图像中所含的信息内容非常丰富,是最主要的信息源。

　　对图像的采集和加工技术近年来得到了极大的重视和长足的进展,出现了许多有关的新理论、新方法、新算法、新手段和新设备。图像已在科学研究、工业生产、医疗卫生、教育、娱乐、管理和通信等方面得到了广泛的应用。这些技术都可以集合在图像工程的框架下。

　　图像工程是一门系统地研究各种图像理论、技术和应用的新的交叉学科。它的研究方法与数学、物理学、生理学、心理学、电子学、计算机科学等学科相互借鉴,它的研究范围与模式识别、计算机视觉、计算机图形学等专业互相交叉,它的研究进展与人工智能、神经网络、遗传算法、模糊逻辑等理论和技术密切相关,它的发展应用与生物医学、遥感、通信、文档处理等许多领域紧密结合。

　　图像工程的研究内容非常丰富,覆盖面也很广,可以分为 3 个层次:图像处理、图像分析和图像理解。从学习图像工程的角度来说,有关线性代数和矩阵数学知识、计算机软硬件知识、电子器件和电路知识以及信号处理等都是很有用的基础。

　　如果将图像处理、图像分析和图像理解看作图像工程的主干,那么使用各种成像设备进行图像的采集(对场景信号的采样和量化),建立像素(图像单元)之间的各种联系,运用各种形态变换(图像域内的空间变换)和图像变换(在图像域与其他变换域之间的变换)是实现图像处理、图像分析和图像理解的基础。

参考书目/配合教材

与本单元内容相关的一些参考书目,以及本单元内容可与之配合学习的典型教材包括:

➢ 章毓晋.图象工程(上册) —— 图象处理和分析.北京:清华大学出版社,1999.

➢ 章毓晋.图像工程(上册) —— 图像处理.2 版.北京:清华大学出版社,2006.

➢ 章毓晋.图像工程(中册) —— 图像分析.2 版.北京:清华大学出版社,2005.

➢ 章毓晋.图像工程(上册) —— 图像处理.3 版.北京:清华大学出版社,2012.

➢ 章毓晋.图像工程(中册) —— 图像分析.3 版.北京:清华大学出版社,2012.

➢ 章毓晋.图像工程(上册) —— 图像处理.4 版.北京:清华大学出版社,2018.

➢ 章毓晋.图像工程(中册) —— 图像分析.4 版.北京:清华大学出版社,2018.

➢ 章毓晋.英汉图像工程辞典.2 版.北京:清华大学出版社,2015.

➢ 章毓晋.图像处理基础教程.北京:电子工业出版社,2012.

➢ 章毓晋.图像处理和分析技术.3 版.北京:高等教育出版社,2014.

➢ 章毓晋.图像处理和分析教程.2 版.北京:人民邮电出版社,2016.

➢ Castleman K R. *Digital Image Processing*. Prentice-Hall,1996

➢ Chan T F, Shen J. *Image Processing and Analysis—Variational,PDE,Wavelet, and Stochastic Methods*. Philadelphia:Siam,2005.

➢ Gonzalez R C, Woods R E. *Digital Image Processing*,4th ed. Cambridge:Pearson,2018.

➢ Jähne B. *Digital Image Processing—Concepts, Algorithms and Scientific Applications*. New York:Springer,1997.

➢ Marchand-Maillet S, Sharaiha Y M. *Binary Digital Image Processing—A Discrete Approach*. Academic Press,2000.

➢ Pratt W K. *Digital Image Processing:PIKS Scientific inside*. 4th ed. Wiley Interscience,2007.

➢ Rosenfeld A, Kak A C. *Digital Picture Processing*. Academic Press,1976.

➢ Russ J C, Neal F B. *The Image Processing Handbook*,7th ed. CRC Press,2016.

➢ Sonka M, Hlavac V, Boyle R. *Image Processing, Analysis, and Machine Vision*. 4th ed. Cengage Learning,2014.

➢ ZHANG Y J. *Image Engineering:Processing, Analysis, and Understanding*. Cengage Learning,2009.

➢ ZHANG Y J. *Image Engineering,Vol. 1:Image Processing*. De Gruyter,2017.

第1章 图像采集

图像采集是所有图像技术的基础,因为所有对图像的加工技术都要依赖或针对采集到的图像来进行。图像采集和加工的过程与人的视觉过程有相当的相似性。人的视觉过程由光学过程、化学过程和神经处理过程这3个顺序的过程构成。其中,光学过程决定了场景与成像的空间关系,而化学过程决定了场景中的辐射与成像之间的亮度关系。

图像采集涉及的内容很多。为用电子器件实现类似的光学过程和化学过程,既要考虑图像采集装置方面的问题,如采集器件的灵敏度、信噪比等性能指标,包括光源和亮度成像模型;还要考虑摄像机成像模型(投影模式、标定程序等)。如果要对深度信息进行采集,可使用直接采集深度图像的装置和方法(包括结构光方法、深度图和灰度图同时采集的方法等),或使用立体视觉的方式(如双目横向模式、双目横向会聚模式和双目轴向模式等),或使用显微镜和共聚焦显微镜等进行3-D分层成像。为用计算机实现神经处理过程,需要进行采样(近年借助压缩感知理论,对稀疏信号实现了采样数量的大幅减少)与量化,这与数字化过程和模型都有紧密联系。所采集到图像的质量与其空间分辨率和幅度分辨率都有关,还与图像的亮度、对比度、色彩、纹理、形状、轮廓等有关。

本章的问题涉及上述图像采集多个方面的概念。

1-1　变焦操作与采样操作

➢ **题面:**

变焦操作与**采样操作**有什么联系?讨论两种操作的区别。

➢ **解析:**

两种操作的联系:拉近变焦的操作可看作一种过采样操作(采样密集了),而拉远变焦的操作可看作一种欠采样操作(采样稀疏了)。

两种操作的区别:采样操作一般是在不改变图像尺寸和视野范围的情况下来确定图像的分辨率,根据在恰当的采样率下得到的图像可以完全从采样信号中恢复原来的信号。变焦操作一般会改变图像的尺寸或视野范围。在给定光学元件的条件下,能达到的最佳分辨率是一定的,所以采样操作总是有一个采样率的限度;但是通过拉近变焦操作,可以在相同的尺寸内采集一个更小范围内的细节,这相当于提高了对于整个目标的某一个范围的采样率。当然,这种提高是以牺牲视野范围为代价的。拉远变焦与此正相反,扩大了视野范围但同时相当于降低了采样率。

1-2 图像与场景的几何信息

> **题面：**

试举例说明一幅图像本身并不具备恢复客观场景的所有几何信息。

> **解析：**

图解 1-2　以月亮为背景的一幅图像

因为现实中的场景都是 3-D 的，而图像的成像是 3-D 景物向 2-D 的投影，丢失了深度信息，所以普通的 2-D 图像本身并不具备恢复客观场景中所有结构的几何信息。另外，景物没有被成像装置观察到的部分信息也无法获取。再如图解 1-2 中，人与月亮叠加在一幅图像中，从这幅图像无法恢复出客观场景中不同景物的实际几何尺寸。

1-3 成像单元数

> **题面：**

一般认为人眼的角分辨率约为 $1°$，即人可检测到 1m 外、宽度约为 17.5mm 的线条。这相当于在边长 $L=9$mm 的 CCD 摄像机的成像单元阵列中排列多少个单元？

> **解析：**

参见图解 1-3，取摄像机的**焦距**等于人眼焦距，即为 17mm，则线条的成像宽度 W 可写成

$$W = 17 \times 17.5 \times 10^{-3} \approx 0.3 (\text{mm})$$

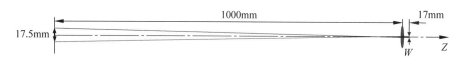

图解 1-3　摄像机模型

可见，摄像机成像单元的间距 $D=0.3$mm。摄像机在水平或垂直方向上的单元数为

$$N = \frac{L}{D} = \frac{9}{0.3} = 30$$

即相当于在边长 $L=9$mm 的 CCD 摄像机的成像单元阵列中排列了 30×30 个单元。

1-4 景深的计算

> **题面：**

设一个镜头的孔径为 10，可以容忍的模糊圆盘的直径为 1^*。

＊　本书一些题目中的数据重在表示各数据量之间的关系，故未给出数据单位。

(1) 如果景物距离（物距）为100,则当镜头的焦距为50时,景深为多少? 如果镜头的焦距为500呢?

(2) 如果镜头的焦距为100,则当物距为200时,景深为多少? 如果景物距离为500呢?

> **解析**：

(1) 镜头的焦距为50,物距为100时,景深为

$$\Delta_{100} = \frac{2 \times 50 \times 10 \times 1 \times 100 \times (100-50)}{(10 \times 50)^2 - 1^2 \times (100-50)^2} \approx 20.20$$

镜头的焦距为500,物距为100时,焦距大于物距,只能成虚像,景深无法定义。

可见,焦距的增加会导致景深减少,焦距过大会使景深消失。

(2) 镜头的焦距为100,物距为200时,景深为

$$\Delta_{200} = \frac{2 \times 100 \times 10 \times 1 \times 200 \times (200-100)}{(10 \times 100)^2 - 1^2 \times (200-100)^2} \approx 40.40$$

镜头的焦距为100,物距为500时,景深为

$$\Delta_{500} = \frac{2 \times 100 \times 10 \times 1 \times 500 \times (500-100)}{(10 \times 100)^2 - 1^2 \times (500-100)^2} \approx 476.19$$

可见,物距的增加导致了景深的增加。

1-5　光源照射亮度的计算

> **题面**：

如果已知一个路灯的输出光通量为2000lm,那么在距离它50m和100m处的亮度各是多少?

> **解析**：

路灯的发光强度为 $I = \frac{\Phi}{\Omega} = \frac{\Phi}{4\pi}$,所以在距离 r 处的亮度为 $B = \frac{I}{S} = \frac{I}{4\pi r^2} = \frac{\Phi}{(4\pi r)^2}$。分别将 r 值代入,得到

$$B_{50} = \frac{\Phi}{(4\pi r)^2} = \frac{2000}{(4\pi \times 50)^2} = 5.066 \times 10^{-3} (\text{cd/m}^2)$$

$$B_{100} = \frac{\Phi}{(4\pi r)^2} = \frac{2000}{(4\pi \times 100)^2} = 1.267 \times 10^{-3} (\text{cd/m}^2)$$

1-6　摄像机运动与像素亮度变化

> **题面**：

设有两帧用摄像机在相邻时刻拍摄的图像,给出根据像素亮度变化计算**摄像机运动**参数的公式。

> **解析**：

这里设光源和场景都没有随时间变化,像素**亮度**的变化仅由摄像机的运动而产生。设用 $x(t)$ 和 $y(t)$ 表示空间点 P 在时刻 t 的图像坐标,则在 $t+\mathrm{d}t$ 时刻,P 点所对应的新图像坐标为

$$\begin{bmatrix} x(t+\mathrm{d}t) \\ y(t+\mathrm{d}t) \end{bmatrix} = k \begin{bmatrix} 1 & \theta \\ -\theta & 1 \end{bmatrix} \begin{bmatrix} x(t) \\ y(t) \end{bmatrix} + \begin{bmatrix} T_x \\ T_y \end{bmatrix}$$

其中，k、θ、T_x 和 T_y 对应摄像机运动参数；k 表示尺度变化（对应摄像机与景物之间距离的变化或变焦操作）；θ 表示摄像机的旋转角；T_x 和 T_y 表示摄像机的平移量。空间点 P 的运动速度为

$$\begin{bmatrix} u \\ v \end{bmatrix} = \begin{bmatrix} \mathrm{d}x/\mathrm{d}t \\ \mathrm{d}y/\mathrm{d}t \end{bmatrix} = \begin{bmatrix} k-1 & k\theta \\ -k\theta & k-1 \end{bmatrix} \begin{bmatrix} x(t) \\ y(t) \end{bmatrix} + \begin{bmatrix} T_x \\ T_y \end{bmatrix}$$

代入光流方程，得

$$(E_x x + E_y y)(k-1) + (E_y x - E_x y)k\theta + E_x T_x + E_y T_y + E_t = 0$$

由于摄像机的运动会导致所有图像像素（设共 N 个）发生相同的变化，所以可得

$$EA = B$$

其中，E 为 $N \times 4$ 的矩阵，每一行等于 $[E_x x + E_y y \quad E_y x - E_x y \quad E_x \quad E_y]$；$B$ 为 $N \times 1$ 的矢量，每个元素等于 $-E_t$；A 为 1×4 的矢量，$A = [k-1\ k\theta\ T_x\ T_y]^{\mathrm{T}}$。由于 E_x、E_y、E_t 均可以从图像中算得，所以可以进一步得到 E 和 B。最后，利用最小二乘法可解得

$$A = (E^{\mathrm{T}}E)^{-1} E^{\mathrm{T}} B$$

该式给出了摄像机运动参数随像素亮度变化（包括空间变化和时间变化）的关系。

1-7　结构光成像的计算

> **题面：**

有一个**结构光成像**系统，摄像机焦距 $\lambda = 0.5\mathrm{m}$，镜头中心到 z 和 Z 轴交点的距离 $r = 1\mathrm{m}$，z 和 Z 轴交点到物体的距离 $d = 2\mathrm{m}$，z 和 Z 轴间的夹角 $\beta = 30°$。

（1）如果一个薄物体的平面与成像平面平行，其高度成像后的尺寸为 $0.05\mathrm{m}$（沿 X 轴），其宽度（沿 Y 轴）成像后的尺寸为 $0.1\mathrm{m}$，求该物体的面积。

（2）如果一个薄物体的平面与 Z 轴垂直，上顶点为 W 点，沿 Z 轴成像后的尺寸（沿 X 轴）为 $0.05\mathrm{m}$，沿 Y 轴成像后的尺寸为 $0.1\mathrm{m}$，求该物体的面积。

（3）如果一个薄物体平躺在 OYZ 平面上，中心在 W 点，沿 Z 轴成像后的尺寸（沿 X 轴）为 $0.05\mathrm{m}$，沿 Y 轴成像后的尺寸为 $0.1\mathrm{m}$，求该物体的面积。

> **解析：**

（1）此时的成像示意图见图解 1-7(1)。

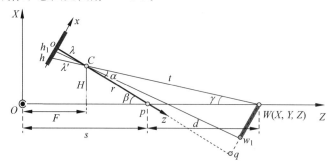

图解 1-7(1)　第一种情况的结构光成像示意图

由图解 1-7(1) 可见，摄像机光心点为 C，轴线与 Z 轴交点为 p，C 到 p 的延长线与物体高度的延长线交于 q 点。根据（对顶）相似三角形关系，有

$$\frac{\overline{Wq} - w_1}{h_1} = \frac{\overline{Cq}}{\lambda}$$

另外考虑由 W 点、p 点及 q 点为顶点的三角形，可写出

$$\frac{\overline{Wq}}{\overline{Wp}} = \frac{\overline{Wq}}{d} = \sin\beta = \frac{1}{2}$$

由上式可解得 $\overline{Wq} = 1$，$\overline{pq} = \sqrt{3}$，所以 $\overline{Cq} = 1 + \sqrt{3}$，代入最前面的公式，得到

$$w_1 = 1 - h_1 \cdot \frac{1 + \sqrt{3}}{\lambda} = 1 - 0.05 \cdot \frac{1 + \sqrt{3}}{0.5} = 0.7268$$

另外考虑由 W 点、p 点及 C 点为顶点的三角形，可写出

$$\frac{d}{r} = 2 = \frac{\sin\alpha}{\sin\gamma} = \frac{\sin(\beta - \gamma)}{\sin\gamma}$$

由该式可解得 $\alpha = 20.104°$，$\gamma = 9.896°$。进一步，算得 $t = 2\sin(150°)/\sin(20.104°) = 2.91$。

现在考虑 Y 轴以及 W 点所在的平面，在该平面的结构光成像几何关系如图解 1-7(2) 所示（其中 $\lambda' = (\lambda^2 + h^2)^{1/2} = 0.5324$）。

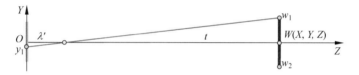

图解 1-7(2)　第一种情况结构光成像时的 OYZ 平面

根据前面已算得的 w_1、t 和 λ' 可进一步算出 $Y = 0.1 \times 2.91/0.5324 = 0.5466$，即沿 Y 轴尺寸为 1.093m。所以物体面积为 $0.7269 \times 1.093 = 0.7946\text{m}^2$。

（2）此时的成像示意图见图解 1-7(3)。

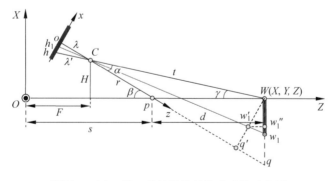

图解 1-7(3)　第二种情况的结构光成像示意图

这里做辅助线 Wq' 与 pq 垂直，如(1)中那样算得 $w_1' = 0.7268$。过 w_1' 作 Wq 的垂线，交 Wq 于 w_1''。令 $\alpha' = \angle w_1' Cq'$，则 $\tan\alpha' = h_1/\lambda = 0.05/0.5 = 0.1$。令 $\theta = \angle w_1'' w_1' w_1$，则因为 $\angle Cw_1'q' = 90° - \alpha' = 90° - \beta + \theta$，所以 $\theta = \beta - \alpha' = 30° - 5.71° = 24.29°$。这样，$w_1 = w_1'\cos\beta + w_1'\sin\beta\text{tg}\theta = 0.7934$。

对 Y 的计算及结果同(1)，所以物体面积为 $0.7934 \times 1.093 = 0.8672(\text{m}^2)$。

（3）此时的成像示意图见图解 1-7(4)。

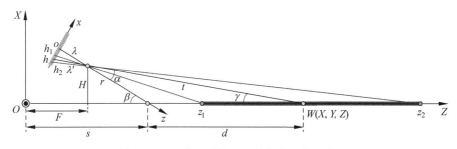

图解 1-7(4)　第三种情况的结构光成像示意图

由图可见，物体以 W 为中点放置，此方向尺寸为 z_2-z_1。这里与 W 点对应的 $h=0.183$，物体成像后的尺寸满足 $0.05=h_2-h_1$。又令 $z=(z_2-z_1)/2$，根据成像高度与物体距离的关系有

$$d-\frac{z}{2}=\frac{r\csc\beta\cdot h_1/\lambda}{1-\cot\beta\cdot h_1/\lambda}\Rightarrow 2-\frac{z}{2}=\frac{2\cdot h_1/0.5}{1-\sqrt{3}\cdot h_1/0.5}$$

$$d+\frac{z}{2}=\frac{r\csc\beta\cdot h_2/\lambda}{1-\cot\beta\cdot h_2/\lambda}\Rightarrow 2+\frac{z}{2}=\frac{2\cdot h_2/0.5}{1-\sqrt{3}\cdot h_2/0.5}$$

将上两式相加求解，得到 $h_1=0.1524,h_2=0.2024,z=1.4177$（另一组解 $h_1=0.2818>h$，不合题意），所以沿 Z 轴尺寸为 2.8354m。

对 Y 的计算及结果同(1)，所以物体面积为 $2.8354\times1.093=3.0991(\text{m}^2)$。

1-8　不同立体成像的方式

➤ 题面：

借助**主动视觉**、**光度立体学**成像、**光流**计算这几种方式采集的图像有什么异同？从观察者的角度看有什么不同？

➤ 解析：

这几种方式都需要采集多幅图像，以反映和利用采集器、光源、景物之间的相对变化信息。

利用主动视觉方式采集的多幅图像可等效为采集器运动到不同位置的情况下而得到的（双目对应两个位置，多目对应多个位置）。观察者不仅能感受到景物表面的亮度变化，而且能感受到景物的空间变化（结构变化）。

在光度立体学成像中仅仅考虑了光源的运动（光移），一般认为采集器和物体都是静止的。这样，观察者只能感受到景物表面亮度的变化，而无结构几何方面的变化。

借助光流反映景物运动的图像利用了景物的运动信息，首先强调场景中物体的运动变化，而光源和采集器既可静止也可运动。观察者能感受到景物的空间变化，但仅在景物表面亮度不同的边界处能感受到变化。

1-9　图像与理解场景的信息

➤ 题面：

试举例说明一幅图像本身并不具备精确理解客观场景的全部信息。

> **解析：**

如图解 1-9 所示，如果仅观察图像，可以给出两种解释：一种是人群坐在平坦的草地上，背景里的房屋是倾斜的；另一种是人群坐在倾斜的草地上，背景里的房屋是竖直的。当然，如果结合生活常识，人们应该能给出后一种更合理合情的解释。但这也正说明该图像中并没有包含所有可以帮助精确理解客观场景含义的全部信息。

图解 1-9　一幅可能有歧义的图像

1-10　数字弧的判断

> **题面：**

图题 1-10 中的黑点指示了采样得到的数字化集合。试分别作出该集合按照 4-邻接得到的轮廓和按照 8-邻接得到的**轮廓**。分别判断这两个轮廓是否是**数字弧**。

> **解析：**

对图题 1-10 中数字化集合作出的 4-邻接轮廓和 8-邻接轮廓分别见图解 1-10(a) 和 1-10(b)。它们都不是数字弧。考虑图解 1-10(a) 第 5 行第 4 列那个中空像素，它在轮廓上有 3 个 4-邻接的像素，所以该轮廓不满足数字弧的条件。再考虑图解 1-10(b) 第 6 行第 4 列那个中空像素，它在轮廓上有 3 个 8-邻接的像素，所以该轮廓也不满足数字弧的条件。

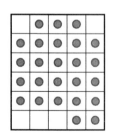

图题 1-10　数字化集合

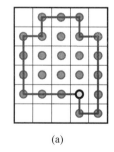

(a)

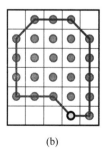

(b)

图解 1-10　数字化集合的轮廓

1-11 方盒量化和网格相交量化

➢ **题面：**

能否设计出一个非空集合 S，使：

(1) 它在**方盒量化**的数字化模型下有可能被映射到一个空的数字化集合中？

(2) 它在**网格相交量化**的数字化模型下有可能被映射到一个空的数字化集合中？

➢ **解析：**

(1) 方盒量化不可能将非空集合 S 映射到一个空的数字化集合中。这是因为所有像素的数字化方盒的联合能够完全覆盖平面，而且各个数字化方盒不相交。这就保证了 S 集合中的每一个实数点都能唯一地映射到一个离散点，所以得到的数字化集合 P 不可能为空集。

(2) 网格相交量化有可能将非空集合 S 映射到一个空的数字化集合中。网格相交量化的结果依赖于细目标集合（如曲线）与网格线的交点。如果一个细目标集合 S 与网格线无交点，则在量化时将会没有点被映射到数字化集合中，此时所得到的数字化集合 P 为空集。

1-12 网格相交量化的结果

➢ **题面：**

图题 1-12 给出 3 个连续（曲线）集合，试给出对它们使用**网格相交量化**所得到的离散集合。

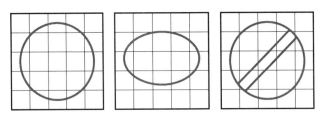

图题 1-12 连续集合

➢ **解析：**

使用网格相交量化所得到的离散集合见图解 1-12。

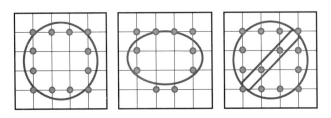

图解 1-12 由连续集合得到的离散集合

第2章 像素联系

2-D 图像的基本单元是像素(3-D 图像的基本单元是体素)。像素之间的联系有多种,既有空间上的联系,也有属性上的联系。像素联系主要包括邻域、邻接、连接和连通,它们各有相关但又不同的定义和用途。在 2-D 图像中,邻域分为 4-邻域、对角邻域、8-邻域;邻接分为 4-邻接、8-邻接;连接分为 4-连接、8-连接;连通分为 4-连通、8-连通。在 3-D 图像中,这些基本概念都有很多推广。例如,体素之间的联系有:6-邻域、18-邻域、26-邻域;6-邻接(有公共面)、18-邻接(有公共面或公共边)、26-邻接(有公共面或公共边或公共顶点);6-连接、18-连接、26-连接;6-连通、18-连通、26-连通。许多图像处理操作都是基于像素邻域进行的。

像素借助邻接组成通路,离散距离在像素之间的空间关系中起着重要作用。在 2-D 图像中,常用城区距离(4-邻接距离)和棋盘距离(8-邻接距离),有时还使用马步距离。在 3-D 图像中,它们都有对应的推广。像素借助连接构成连通组元,也是图像的子集。子集可看作图像中由像素扩展得到的单元,也可称为区域(在 3-D 图像中可称为实体)。区域在图像分析或图像理解中使用更频繁。

本章的问题涉及上述像素联系多个方面的概念。

2-1　子集邻接和连接的判断

➤ **题面**:

设有 2 个**图像子集** P(浅背景)和 Q(深背景),如图题 2-1 所示。

(1) 判断子集 P 和子集 Q 是否:① 4-邻接;② 8-邻接;③m-邻接。

(2) 如果定义连接的灰度值集合 $V=\{1\}$,判断子集 P 是否与子集 Q:① 4-连接;② 8-连接;③m-连接。

(3) 如果将子集 P 和子集 Q 以外的所有像素(无背景)看成另一个子集 R,试指出子集 P 与子集 Q 是否分别与子集 R:① 4-连通;② 8-连通;③m-连通。

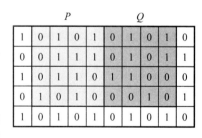

图题 2-1　两个图像子集

➤ **解析**:

(1) 根据**邻接**定义,子集 P 与子集 Q 之间具有 4-邻接,8-邻接和 m-邻接的联系。

(2) 根据**连接**定义,子集 P 与子集 Q 之间具有 8-连接和 m-连接的联系。

(3) 根据**连通**定义,子集 P 与子集 R 之间具有 8-连通和 m-连通的联系;子集 Q 与子

集 R 之间具有 4-连通、8-连通和 m-连通的联系。

2-2　4-通路和 8-通路的转换

> 题面：

设一条单像素宽**通路**上的像素从头到尾依次为 p_0，p_1，$\cdots$，p_n，如果定义连接的灰度值集合 $V=\{1\}$，请列出：

（1）将一条 8-通路转换为 4-通路的主要步骤。

（2）将一条 4-通路转换为 8-通路的主要步骤。

> 解析：

（1）如果从头到尾依次考虑 8-通路上的两个相邻像素 p_i 和 p_{i+1}，则将该 8-通路转换为 4-通路的主要步骤为：

① 判断 p_{i+1} 是否在 p_i 的 4-邻域中；

② 若是，则把 p_{i+1} 替换为 p_i，返回①；

③ 若不是，将与 p_i 和 p_{i+1} 都为 4-邻接联系的两个像素之一的像素值置为 1（该像素应不在通路上其他像素的 4-邻域中），返回②。

（2）如果从头到尾依次考虑 4-通路上有一个像素间隔的两个像素 p_i 和 p_{i+2}，则将该 4-通路转换为 8-通路的主要步骤为：

① 判断 p_{i+2} 是否在 p_i 的 8-邻域中；

② 若不是，则将 p_{i+1} 置为 p_i，将 p_{i+2} 置为 p_{i+1}，返回①；

③ 若是，将 p_{i+1} 的像素值置为 0，把 p_{i+2} 替换为 p_i，返回②。

2-3　用邻接矩阵表示像素之间的邻接关系

> 题面：

可以用**邻接矩阵 L** 表示像素之间的邻接关系。该矩阵中，每行对应一个像素，每列也对应一个像素。这样，每个为 1 的元素表示该行像素与该列像素之间是邻接的，而每个为 0 的元素表示该行像素与该列像素之间是不邻接的。现在考虑 a、b、c 3 个像素，它们的邻接矩阵如图题 2-3 所示，分别画出 4-邻接和 8-邻接两种关系下这 3 个像素所有可能的空间排列情况。

$$L=\begin{matrix} & a & b & c \\ \begin{bmatrix} 1 & 0 & 1 \\ 0 & 1 & 1 \\ 1 & 1 & 1 \end{bmatrix} & \begin{matrix} a \\ b \\ c \end{matrix} \end{matrix}$$

图题 2-3　邻接矩阵

> 解析：

在 4-邻接的关系下，这 3 个像素有 12 种可能的空间排列，如图解 2-3(1) 所示。

在 8-邻接的关系下，这 3 个像素也有 12 种可能的空间排列，如图解 2-3(2) 所示。

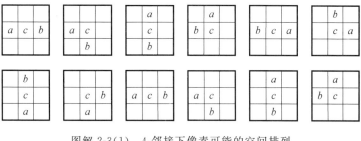

图解 2-3(1)　4-邻接下像素可能的空间排列

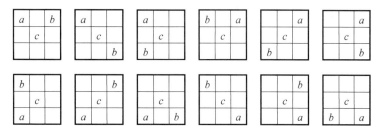

图解 2-3(2)　8-邻接下像素可能的空间排列

2-4　六边形采样坐标系

> **题面：**

给定正方形采样坐标系 XY 中的两个点$(1,2)$和$(2,1)$，则：

(1) 它们在**六边形采样坐标系** UV 中的坐标是什么？

(2) 它们在六边形采样坐标系 UV 中的距离是多少？

> **解析：**

(1) 对点$(1,2)$：$u=x-y/3^{1/2}=1-2/3^{1/2}$，$v=2y/3^{1/2}=4/3^{1/2}$；对点$(2,1)$：$u=x-y/3^{1/2}=2-1/3^{1/2}$，$v=2y/3^{1/2}=2/3^{1/2}$。

(2) 两个点之间距离的二次方为

$$d^2 = \left(1 - \frac{2}{\sqrt{3}} - 2 + \frac{1}{\sqrt{3}}\right)^2 + \left(\frac{2}{\sqrt{3}}\right)^2 + \left(1 - \frac{2}{\sqrt{3}} - 2 + \frac{1}{\sqrt{3}}\right)\left(\frac{2}{\sqrt{3}}\right) = 2$$

所以两个点之间的距离为 $2^{1/2}$。

2-5　离　散　圆　盘

> **题面：**

试分别画出：

(1) 8-邻域**离散圆盘** $\Delta_{3,4}(15)$、$\Delta_{3,4}(22)$ 和 $\Delta_{3,4}(28)$。

(2) 16-邻域离散圆盘 $\Delta_{5,7,11}(21)$、$\Delta_{5,7,11}(33)$。

> **解析：**

(1) 8-邻域离散圆盘 $\Delta_{3,4}(15)$、$\Delta_{3,4}(22)$ 和 $\Delta_{3,4}(28)$分别如图解 2-5(1a)、图解 2-5(1b)

和图解 2-5(1c)所示。

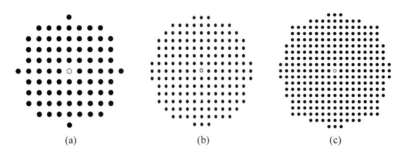

图解 2-5（1）　8-邻域离散圆盘

（2）16-邻域离散圆盘 $\Delta_{5,7,11}$（21）和 $\Delta_{5,7,11}$（33）分别如图解 2-5（2a）和图解 2-5（2b）所示。

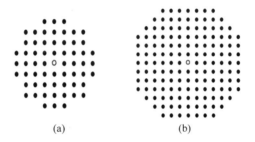

图解 2-5（2）　16-邻域离散圆盘

2-6　像素间的距离和通路

> 题面：

（1）证明两个像素之间的 D_4 **距离**等于它们之间最短的 4-**通路**的长度。

（2）上述**通路**是唯一的吗？

> 解析：

（1）简单证明：令两个像素 p 和 q 的坐标分别为 (x, y) 和 (s, t)，则它们之间的 D_4 距离为：$D_4(p, q) = |x-s| + |y-t|$；而 p 和 q 之间最短的 4-通路的长度应该是沿水平方向的通路长度加上沿垂直方向的通路长度，也就是 $|x-s| + |y-t|$。

详细证明：根据像素之间通路的定义，最短通路长度应是通路长度所能取得的最小值。现在考虑连接两个坐标分别为 (x, y) 和 (s, t) 的像素 p 和 q 之间的 4-通路（8-通路类似）。注意，连接任意两点 (x_i, y_i) 和 (x_{i+1}, y_{i+1}) 的坐标值必有一个相等，即 $x_i = x_{i+1}$ 或 $y_i = y_{i+1}$。而从像素 p 到像素 q 的坐标差值在两个方向上分别为 $x-s$ 和 $y-t$。当通路长度为 n 时，有

$$\sum_{i=0}^{n-1} (x_{i+1} - x_i) = |x-s|$$

$$\sum_{i=0}^{n-1} (y_{i+1} - y_i) = |y-t|$$

注意,对给定的 i,$(x_{i+1}-x_i)$ 和 $(y_{i+1}-y_i)$ 不会同时为零,但也不会同时不为零。这样一来,有 $n \geqslant |x-s|+|y-t|$,而 $D_4(p,q)=|x-s|+|y-t|$,这表明两个像素之间的 D_4 距离等于它们之间最短的 4-通路的长度。

(2) 上述通路并不是唯一的(通路长度并不能限制通路上像素可能的所有位置)。

2-7　马步距离满足测度性质

➢ 题面:

请验证**马步距离**满足**距离测度**的 3 个条件。

➢ 解析:

考虑像素 $p(x_p,y_p)$ 和 $q(x_q,y_q)$,令 $s=\max[|x_p-x_q|,|y_p-y_q|]$,$t=\min[|x_p-x_q|,|y_p-y_q|]$。马步距离可定义为

$$
d_k(p,q)=\begin{cases} \max\left[\left\lceil\dfrac{s}{2}\right\rceil,\left\lceil\dfrac{s+t}{3}\right\rceil\right]+\left\{(s+t)-\max\left[\left\lceil\dfrac{s}{2}\right\rceil,\left\lceil\dfrac{s+t}{3}\right\rceil\right]\right\}\bmod 2, & \begin{aligned}(s,t)&\neq(1,0)\\(s,t)&\neq(2,2)\end{aligned}\\ 3, & (s,t)=(1,0)\\ 4, & (s,t)=(2,2)\end{cases}
$$

先看测度条件 1(非负性):因为 s 和 t 都非负,因此上式第一种情况中的两项都非负(且只有当 s 和 t 为零时这两项才都为零),而且第二种情况和第三种情况都非负,所以 $d_k(p,q) \geqslant 0$。

再看测度条件 2(互换性):因为 p 和 q 互换后 s 和 t 都不变,所以 $d_k(p,q)=d_k(q,p)$。

最后看测度条件 3(三角不等式):因为两点之间马步距离的物理含义是从起点按照马步方式走到终点所需要的最小步数,所以如果先从起点走到另一点,再从该另一点走到终点所需要的步数只可能大于或等于直接从起点走到终点所需要的步数,即 $d_k(p,r)+d_k(r,q) \geqslant d_k(p,q)$。

2-8　斜面距离与欧氏距离

➢ 题面:

(1) 给定 3 个点 p、q、r,如果**斜面距离** $d_{a,b}(p,q)=d_{a,b}(p,r)$,但欧几里得距离(简称**欧氏距离**)$d_E(p,q) \neq d_E(p,r)$,则称出现第一类拓扑错误。设 $(a,b)=(2,3)$,分别计算 $(0,0)$ 到 $(2,2)$ 和 $(0,0)$ 到 $(0,3)$ 的两种距离。

(2) 给定 3 个点 p、q、r,如果斜面距离 $d_{a,b}(p,q) > d_{a,b}(p,r)$,但欧氏距离 $d_E(p,q) < d_E(p,r)$,则称出现第二类拓扑错误。设 $(a,b)=(2,3)$,分别计算 $(0,0)$ 到 $(9,4)$ 和 $(0,0)$ 到 $(10,1)$ 的两种距离。

➢ 解析:

(1) 斜面距离:$d_{a,b}(2,2)=0 \times 2+2 \times 3=6$,$d_{a,b}(0,3)=3 \times 2+0 \times 3=6$,$d_{a,b}(2,2)=d_{a,b}(0,3)$;

欧氏距离:$d_E(2,2)=\sqrt{8}$,$d_E(0,3)=3$,$d_E(2,2) \neq d_E(0,3)$。

(2) 斜面距离：$d_{a,b}(9, 4) = 5 \times 2 + 4 \times 3 = 22, d_{a,b}(10, 1) = 9 \times 2 + 1 \times 3 = 21, d_{a,b}(9, 4) > d_{a,b}(10, 1)$；

欧氏距离：$d_E(9, 4) = \sqrt{97}, d_E(10, 1) = \sqrt{101}, d_E(9, 4) < d_E(10, 1)$。

2-9 通路长度的计算

> **题面：**

图题 2-9 给出了一个灰度值为 0～3 的 4×6 图像子集。

(1) 令 $V = \{0, 1\}$，计算左下角像素和右上角像素之间 4-通路、8-通路和 m-通路的长度。

(2) 令 $V = \{1, 2\}$，仍计算上述 3 个**通路**的长度。

> **解析：**

(1) 在 $V = \{0, 1\}$ 时，p 和 q 之间 4-通路的长度为 ∞，8-通路的长度为 5，m-通路的长度为 6。

(2) 在 $V = \{1, 2\}$ 时，p 和 q 之间 4-通路长度为 8，8-通路的长度为 6，m-通路的长度为 8。

```
0 3 3 0 0 1
3 2 0 3 3 2
2 1 2 1 1 2
1 0 0 1 3 0
```

图题 2-9 计算通路长度的图像子集

2-10 不同邻接情况下的通路长度

> **题面：**

通路长度与所采用的**邻接**方式有关。给定如图题 2-10 所示的图像，设允许相邻两个像素之间的最大灰度差为 5，

```
37 30 28 24 31 30 33 34
33 35 21 22 35 27 21 37(q)
24 38 30 21 25 24 31 33
(p)30 34 28 25 26 22 23 27
```

图题 2-10 需确定通路长度的图像

(1) 标出根据 4-邻接情况所确定出的 p 和 q 两点之间的最短 4-通路，并给出其长度。

(2) 标出根据 8-邻接情况所确定出的 p 和 q 两点之间的最短 8-通路，并给出其长度。

> **解析：**

(1) 最短 4-通路见图解 2-10(a)，长度为 15。

(2) 最短 8-通路见图解 2-10(b)，长度为 8。

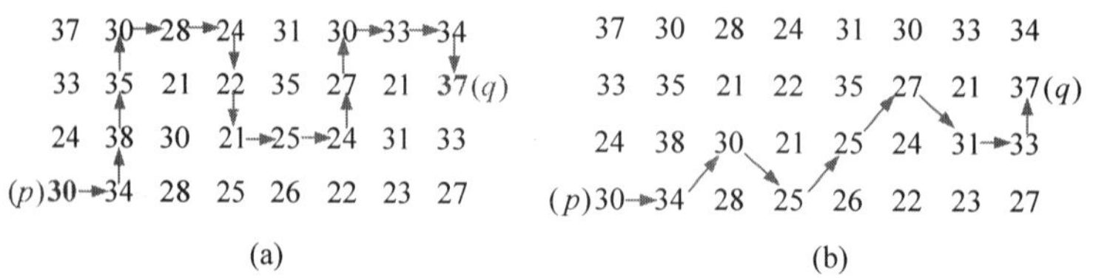

```
37 30→28→24 31 30→33→34        37 30 28 24 31 30 33 34
33 35 21 22 35 27 21 37(q)      33 35 21 22 35 27 21 37(q)
24 38 30 21→25→24 31 33         24 38 30 21 25 24 31→33
(p)30→34 28 25 26 22 23 27      (p)30→34 28 25 26 22 23 27
            (a)                              (b)
```

图解 2-10 由不同邻接方式确定出的通路

第3章 形态变换

形态变换是一类将平面区域映射到平面区域的变换。它可将一个组合区域映射为另一个组合区域,将单个区域映射为一个组合区域,或将一个组合区域映射为单个区域。这里原始平面区域和目标平面区域可以共面也可以不共面。在前一种情况下,变换时仅涉及 2-D 空间;而在后一种情况下,变换要涉及 3-D 空间。对 2-D 图像的坐标变换就是在 2-D 空间中的形态变换,而图像采集过程中的成像所采用的投影变换实现的就是 3-D 空间向 2-D 空间的转换。

场景中的景物点有一定的 3-D 空间位置,将它们投影就得到 2-D 图像。图像中的每个像素有一定的 2-D 空间位置,改变它们的位置就会改变图像的外观。对图像的坐标变换是靠对每个像素改变其坐标来实现的。坐标变换的种类很多,最一般的形式是投影变换,它确定的是投影中的坐标变换。仿射变换是一种特殊的投影变换,在 2-D 空间进行,其特例又包括相似变换、等距变换、平移变换、旋转变换、放缩变换、剪切变换等。它们都可将原来在一定位置的像素转移到另外的位置。这些变换可以组合级联,也可以有反变换。

本章的问题涉及上述形态变换多个方面的概念。

3-1 齐次坐标直线交点

➤ **题面:**

给定如下两条**齐次坐标**表示的直线,计算它们的齐次坐标交点:

(1) $L_1 = [3, 2, 1]^T$,$L_2 = [-1, 0, 1]^T$。

(2) $L_1 = [3, 0, 1]^T$,$L_2 = [1, 0, 1]^T$。

➤ **解析:**

(1) 齐次坐标交点可用一个 3×1 的矢量 w 来表示,它应该满足 $L_1^T w = 0$ 和 $L_2^T w = 0$。换句话说,矢量 w 与两条直线均正交。所以,要确定与 L_1 和 L_2 都正交的矢量 w,可计算 L_1 和 L_2 的叉积:

$$w = L_1 \times L_2 = \begin{vmatrix} i & j & k \\ 3 & 2 & 1 \\ -1 & 0 & 1 \end{vmatrix} = \begin{bmatrix} 2 \\ 4 \\ 2 \end{bmatrix}$$

(2) 如上计算 L_1 和 L_2 的叉积:

$$w = L_1 \times L_2 = \begin{vmatrix} i & j & k \\ 3 & 0 & 1 \\ 1 & 0 & 1 \end{vmatrix} = \begin{bmatrix} 0 \\ 2 \\ 0 \end{bmatrix}$$

注意,这里交点在无穷远处,因为 w 的最后一个分量为 0。这也表明 L_1 和 L_2 是平行的。

3-2 齐次坐标的几何解释

> **题面:**

试结合图像成像给出**齐次坐标**的一个直观的几何解释。

> **解析:**

参见图解 3-2,成像平面对应 $z=1$ 的平面。齐次坐标 $w_h=[kx, ky, k]^T$ 中的 k 确定了一条通过坐标系原点的射线,它所对应的像点 $w=[x, y]^T$ 是它与成像平面的交点。

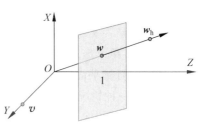

图解 3-2 的表达还可以表示处在无穷远处的点(称为理想点)。例如,齐次坐标 $v=[0, 1, 0]^T$ 定义了一条平行于 $z=1$ 的平面的射线(它永远与该平面不相交),它表示沿方向 $[0, 1]^T$ 在无穷远的点。

图解 3-2　齐次坐标的几何解释

3-3 单位正方形的剪切变换

> **题面:**

给定如图题 3-3(a)所示的单位正方形 $ABCD$,对它的 5 种**剪切变换**依次为:图题 3-3(b)水平剪切,图题 3-3(c)垂直剪切,图题 3-3(d)组合剪切,图题 3-3(e)先水平剪切再垂直剪切,图题 3-3(f)先垂直剪切再水平剪切。请给出 5 种情况下 B、C、D 的坐标,以及直线 AB、AC、AD 的斜率。

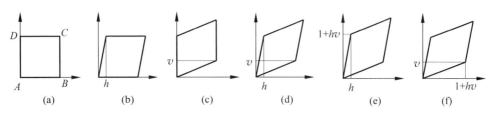

图题 3-3　单位正方形及其剪切变换结果

> **解析:**

对 5 种剪切变换计算的结果归纳在表解 3-3 中。

表解 3-3　剪切变形结果数据

图	B	C	D	S_{AB}	S_{AC}	S_{AD}
(b)	$(1, 0)$	$(1+h, 1)$	$(v, 1)$	0	$1/(1+h)$	$1/h$
(c)	$(1, v)$	$(1, 1+v)$	$(0, 1)$	v	$1+v$	∞
(d)	$(1, v)$	$(1+h, 1+v)$	$(v, 1)$	v	$(1+v)/(1+h)$	$1/h$
(e)	$(1, v)$	$(1+h, 1+hv+v)$	$(h, 1+hv)$	v	$(1+hv+v)/(1+h)$	$(1+hv)/h$
(f)	$(1+hv, v)$	$(1+h+hv, 1+v)$	$(v, 1)$	$v/(1+hv)$	$(1+v)/(1+h+hv)$	$1/h$

3-4　不同坐标变换实现相同功能

➢ **题面：**

试仅单独使用**平移变换**、**尺度变换**（放缩变换）或**旋转变换**将图像点$(1,2)$变换到$(4,4)$处。

➢ **解析：**

平移变换：解$\begin{bmatrix} 4 \\ 4 \\ 1 \end{bmatrix} = \begin{bmatrix} 1 & 0 & T_x \\ 0 & 1 & T_y \\ 0 & 0 & 1 \end{bmatrix} \begin{bmatrix} 1 \\ 2 \\ 1 \end{bmatrix}$，得到$T_x = 3, T_y = 2$，所以变换矩阵$\boldsymbol{T} = \begin{bmatrix} 1 & 0 & 3 \\ 0 & 1 & 2 \\ 0 & 0 & 1 \end{bmatrix}$。

尺度（放缩）变换：解$\begin{bmatrix} 4 \\ 4 \\ 1 \end{bmatrix} = \begin{bmatrix} S_x & 0 & 0 \\ 0 & S_y & 0 \\ 0 & 0 & 1 \end{bmatrix} \begin{bmatrix} 1 \\ 2 \\ 1 \end{bmatrix}$，得到$S_x = 4, S_y = 2$，所以变换矩阵

$\boldsymbol{S} = \begin{bmatrix} 4 & 0 & 0 \\ 0 & 2 & 0 \\ 0 & 0 & 1 \end{bmatrix}$。

旋转变换：选取$(2.5,3)$作为旋转中心，解

$$\begin{bmatrix} 4 \\ 4 \\ 1 \end{bmatrix} = \begin{bmatrix} 1 & 0 & 2.5 \\ 0 & 1 & 3 \\ 0 & 0 & 1 \end{bmatrix} \begin{bmatrix} \cos\gamma & \sin\gamma & 0 \\ -\sin\gamma & \cos\gamma & 0 \\ 0 & 0 & 1 \end{bmatrix}$$

$$\begin{bmatrix} 1 & 0 & -2.5 \\ 0 & 1 & -3 \\ 0 & 0 & 1 \end{bmatrix} \begin{bmatrix} 1 \\ 2 \\ 1 \end{bmatrix},$$

得到$\cos\gamma = -1, \sin\gamma = 0$，所以变换矩阵

$$\boldsymbol{R} = \begin{bmatrix} 1 & 0 & 2.5 \\ 0 & 1 & 3 \\ 0 & 0 & 1 \end{bmatrix} \begin{bmatrix} -1 & 0 & 0 \\ 0 & -1 & 0 \\ 0 & 0 & 1 \end{bmatrix} \begin{bmatrix} 1 & 0 & -2.5 \\ 0 & 1 & -3 \\ 0 & 0 & 1 \end{bmatrix} = \begin{bmatrix} -1 & 0 & 5 \\ 0 & -1 & 6 \\ 0 & 0 & 1 \end{bmatrix}。$$

3-5　仿射变换的作用/功能

➢ **题面：**

为什么利用**仿射变换**可将一个圆映射为一个椭圆，但不能将一个椭圆映射为一条双曲线或一条抛物线？

解析1：

因为仿射变换矩阵的各个元素都是有限数，所以它只能将有限点映射为有限点。圆和椭圆上像素点的坐标都是有限的，而双曲线和抛物线上像素点的坐标会延伸至无穷远处，所以利用仿射变换可将圆映射为椭圆而不能将圆映射为双曲线或抛物线。

解析2：

仿射变换是平移、旋转和非各向同性缩放的组合。平移和旋转都不会改变目标形状。

不同方向的缩放只能改变目标的对称性或尺寸比,所以圆只可能被映射为一个椭圆。缩放不会改变目标轮廓的封闭性质,所以圆不可能被映射为双曲线或抛物线这样不封闭的几何图形。

解析 3:

仿射变换的一般表达式可以写为

$$q_x = a_{11}p_x + a_{12}p_y + t_x$$
$$q_y = a_{21}p_x + a_{22}p_y + t_y$$

从中可解得

$$p_x = \frac{a_{22}q_x - a_{12}q_y - a_{22}t_x - a_{12}t_y}{a_{11}a_{22} - a_{12}a_{21}}$$

$$p_y = \frac{a_{21}q_x - a_{11}q_y - a_{21}t_x - a_{11}t_y}{a_{12}a_{21} - a_{11}a_{22}}$$

代入圆方程 $p_x{}^2 + p_y{}^2 = r^2$,得

$$\left(\frac{a_{22}q_x - a_{12}q_y - a_{22}t_x - a_{12}t_y}{a_{11}a_{22} - a_{12}a_{21}}\right)^2 + \left(\frac{a_{21}q_x - a_{11}q_y - a_{21}t_x - a_{11}t_y}{a_{12}a_{21} - a_{11}a_{22}}\right)^2 = r^2$$

这是一个椭圆方程,所以仿射变换可以将圆映射为椭圆,但也仅能映射为椭圆。

3-6 仿射变换下的线段长度比

➤ **题面:**

(1) 证明两条平行线段的长度比在**仿射变换**下不会发生变化。

(2) 证明两条不平行线段的长度比在仿射变换下会发生变化。

➤ **解析:**

(1) 设两条平行线段分别为 $\boldsymbol{p}_1$ 和 $\boldsymbol{p}_2$。因为它们平行,所以应有 $\boldsymbol{p}_1 = k\boldsymbol{p}_2$。根据仿射变换式 $\boldsymbol{q} = \boldsymbol{H}_A\boldsymbol{p}$ 可得:$\boldsymbol{q}_2 = \boldsymbol{H}_A\boldsymbol{p}_2$ 和 $\boldsymbol{q}_1 = \boldsymbol{H}_A\boldsymbol{p}_1 = k\boldsymbol{H}_A\boldsymbol{p}_2$,即 $\boldsymbol{q}_1 = k\boldsymbol{q}_2$。可见两条平行线段的长度比在仿射变换下没有发生变化。

(2) 设两条不平行线段分别为 $\boldsymbol{p}_3$ 和 $\boldsymbol{p}_4$。它们上面的点在仿射变换后分别为

$$\begin{cases} q_{3x} = a_{11}p_{3x} + a_{12}p_{3y} + t_{3x} \\ q_{3y} = a_{21}p_{3x} + a_{22}p_{3y} + t_{3y} \end{cases}$$

$$\begin{cases} q_{4x} = a_{11}p_{3x} + a_{12}p_{4y} + t_{4x} \\ q_{4y} = a_{21}p_{4x} + a_{22}p_{4y} + t_{4y} \end{cases}$$

它们的长度分别为

$$\sqrt{(a_{11}p_{3x} + a_{12}p_{3y} + t_{3x})^2 + (a_{21}p_{3x} + a_{22}p_{3y} + t_{3y})^2}$$
$$\sqrt{(a_{11}p_{3x} + a_{12}p_{4y} + t_{4x})^2 + (a_{21}p_{4x} + a_{22}p_{4y} + t_{4y})^2}$$

要使两条线段的长度比不变,应该有

$$\frac{\sqrt{(a_{11}p_{3x} + a_{12}p_{3y} + t_{3x})^2 + (a_{21}p_{3x} + a_{22}p_{3y} + t_{3y})^2}}{\sqrt{(a_{11}p_{3x} + a_{12}p_{4y} + t_{4x})^2 + (a_{21}p_{4x} + a_{22}p_{4y} + t_{4y})^2}} = \frac{\sqrt{p_{3x}^2 + p_{3y}^2}}{\sqrt{p_{4x}^2 + p_{4y}^2}}$$

如果令 $a_{11} = a_{12} = a_{21} = a_{22} = 1$,$t_x = t_y = 0$ 并代入上式,得到 $p_{3x}/p_{3y} = p_{4x}/p_{4y}$,这表明 $\boldsymbol{p}_3$ 和 $\boldsymbol{p}_4$ 平行,与先前的假设矛盾。由此可见,两条不平行线段的长度比在仿射变换下会发生变化。

3-7　仿射变换矩阵的参数

> **题面：**

仿射变换矩阵可看作：

(1) 使用平移量(X_0,Y_0)进行**平移变换**的矩阵。

(2) 用S_x和S_y沿X和Y轴进行**放缩变换**的矩阵。

(3) 用γ角绕Z坐标轴进行**旋转变换**的通用矩阵。

试分别写出对应上面 3 种变换时变换矩阵中参数$a_{11},a_{12},a_{21},a_{22},t_x,t_y$的各自取值。

> **解析：**

(1) 平移变换：$a_{11}=1,a_{12}=0,a_{21}=0,a_{22}=0,t_x=X_0,t_y=Y_0$。

(2) 放缩变换：$a_{11}=S_x,a_{12}=0,a_{21}=0,a_{22}=S_y,t_x=0,t_y=0$。

(3) 绕Z坐标轴旋转变换：$a_{11}=\cos\gamma,a_{12}=\sin\gamma,a_{21}=-\sin\gamma,a_{22}=\cos\gamma,t_x=0,t_y=0$。

3-8　投影变换及其特例的特点对比

> **题面：**

试比较**投影变换**及其特例，包括**仿射变换**、**相似变换**、**等距变换**、**欧氏变换**的一些特点。

> **解析：**

表解 3-8 对比列出了这些变换的一些性质和特点。在表解 3-8 中，矩阵$\boldsymbol{A}=[a_{ij}]$是一个2×2的非奇异矩阵；$\boldsymbol{R}=[r_{ij}]$是一个2×2的旋转矩阵；$\boldsymbol{T}=[t_x,t_y]^{\mathrm{T}}$是一个$2\times1$的平移矢量；$\boldsymbol{v}=[t_x,t_y]^{\mathrm{T}}$是一个$2\times1$的矢量，$u$是一个标量（因为$u$可取零值，所以并不总可以对矩阵进行尺度变换以使$u$等于 1）。它们的组合给出一个$3\times3$的投影变换矩阵$\boldsymbol{P}$。

表解 3-8　投影变换及其特例的性质和特点对比

性质	变换				
	投影变换	仿射变换	相似变换	等距变换	欧氏变换
变换矩阵	$\begin{bmatrix} \boldsymbol{A} & \boldsymbol{T} \\ \boldsymbol{v}^{\mathrm{T}} & u \end{bmatrix}$	$\begin{bmatrix} \boldsymbol{A} & \boldsymbol{T} \\ \boldsymbol{0}^{\mathrm{T}} & 1 \end{bmatrix}$	$\begin{bmatrix} s\boldsymbol{R} & \boldsymbol{T} \\ \boldsymbol{0}^{\mathrm{T}} & 1 \end{bmatrix}$	$\begin{bmatrix} e\boldsymbol{R} & \boldsymbol{T} \\ \boldsymbol{0}^{\mathrm{T}} & 1 \end{bmatrix}$	$\begin{bmatrix} \boldsymbol{R} & \boldsymbol{T} \\ \boldsymbol{0}^{\mathrm{T}} & 1 \end{bmatrix}$
变换约束	变换矩阵的行列式不为零	$\det\boldsymbol{A}\neq0$	$\boldsymbol{R}^{\mathrm{T}}\boldsymbol{R}=\boldsymbol{I}$，$\det\boldsymbol{R}=1,s>0$	$\boldsymbol{R}^{\mathrm{T}}\boldsymbol{R}=\boldsymbol{I}$，$\det\boldsymbol{R}=1$	$\boldsymbol{R}^{\mathrm{T}}\boldsymbol{R}=\boldsymbol{I},\det\boldsymbol{R}=1$
变换层次	最一般	投影变换的特例	仿射变换的特例	相似变换的特例	等距变换的特例
独立参数	8	6	4	4	3
几何意义	自由变形	旋转和非各向同性放缩	保持角度不变和形状相似	保持区域中两个点之间的所有距离	平移和旋转的组合

性质	变换				
	投影变换	仿射变换	相似变换	等距变换	欧氏变换
对正方形变换后的结果示例	(图示)	(图示)	(图示)	(图示)	(图示)
不变量	共线性,切线,交叉比	投影不变量＋平行性,＋平行长度比,＋面积配比,＋矢量重心的线性组合	仿射不变量＋角度,＋长度比	仿射不变量＋长度,＋面积	仿射不变量＋长度,＋面积
变换结果	原始平行直线可能变成汇聚直线	保持直线的平行关系但不保持垂直关系,圆变成椭圆	保持直线之间角度及直线的平行关系和垂直关系	保持直线的长度、直线之间角度和区域的面积,可反向	保持直线的长度、直线之间角度和区域的面积

3-9　图像平面与世界坐标系的映射

➤ **题面**：

图像采集时,世界坐标系中的一个 3-D 点会投影变换为图像平面上的一个 2-D 点。为什么逆投影变换不能将图像平面上的一个 2-D 点唯一地映射到**世界坐标系**中的一个 3-D 点上？讨论一下当满足什么条件时这种情况变为可能(可画一个示意图帮助解释和讨论)。

➤ **解析**：

投影变换将处在空间点 (X, Y, Z) 到镜头中心 $(0, 0, \lambda)$ 的射线上的所有世界坐标系中的 3-D 点都投影到图像平面上的同一个点 (x, y) 上,如图解 3-9 所示。反过来说,点 (x, y) 对应射线上所有的 3-D 点,并不能借助逆投影变换唯一地对应或确定出任何一个 3-D 点。

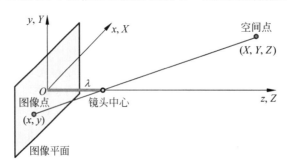

图解 3-9　投影变换示意图

如果已经知道投影到图像平面点 (x, y) 的空间点的 Z 坐标,则可以确定该点的 X 坐标和 Y 坐标。更一般地说，如果知道了空间点的 3 个坐标之一，那么另两个坐标点也是可以确定的。

3-10　3-D 投影几何和变换不变量

> **题面**：

试比较空间中的**投影变换**及其特例，包括**仿射变换**、**相似变换**、**欧氏变换**的几何性质不变性质。

> **解析**：

先给出各类变换及其不变性质在 2-D 空间中的情况，如表解 3-10(1)所示。在表中，下面的变换是上面变换的特例，并继承了上面变换的不变性质。表中的变形列给出了对正方体的典型变换效果。表中列在上面的变换可以产生其下变换的所有效果。例如，投影变换可将正方形变换成任意的四边形(只要没有 3 个点共线)，而欧氏变换只能将正方形平移或旋转。

表解 3-10(1)　常见变换中 2-D 空间不变量的性质

变　　换	矩　　阵	变　　形	不变性质/不变量
投影 8 个自由度	$\begin{bmatrix} h_{11} & h_{12} & h_{13} \\ h_{21} & h_{22} & h_{23} \\ h_{31} & h_{32} & h_{33} \end{bmatrix}$		共点性，共线性，接触的阶：交点(1 阶)；切点(2 阶)；拐点(3 阶)；切线间断性和对应性。交叉比(长度比的比)
仿射 6 个自由度	$\begin{bmatrix} a_{11} & a_{12} & t_x \\ a_{21} & a_{22} & t_y \\ 0 & 0 & 1 \end{bmatrix}$		平行性，面积比，共线或平行线线段的长度比(如中点)，矢量的线性组合(如重心)
相似 4 个自由度	$\begin{bmatrix} sr_{11} & sr_{12} & t_x \\ sr_{21} & sr_{22} & t_y \\ 0 & 0 & 1 \end{bmatrix}$		长度比，角度
欧氏 3 个自由度	$\begin{bmatrix} r_{11} & r_{12} & t_x \\ r_{21} & r_{22} & t_y \\ 0 & 0 & 1 \end{bmatrix}$		长度，面积

接下来给出投影变换及其特例在空间中的情况，如表解 3-10(2)所示。这里每个特例都是一个子组，并且可以用矩阵形式或等价的不变量来确定。表解 3-10(2)仅给出在 3-D 空间中变换比在 2-D 空间中变换多出来的性质(3-D 空间中变换所具有的不变量仍有表解 3-10(1)所给出的对应 2-D 空间中变换的那些不变量)。在表解 3-10(2)中，矩阵 $\boldsymbol{A}$ 是一个 3×3 的非奇异矩阵；$\boldsymbol{R}$ 是一个 3×3 的非奇异矩阵；$\boldsymbol{T} = [t_x, t_y, t_z]^T$ 是一个 3×1 的平移矢量；v 是一个 3×1 的矢量；u 是一个标量；$\boldsymbol{0} = [0, 0, 0]^T$ 是一个 3×1 的零矢量。表解 3-10(2)中变形列给出对立方体的典型变换效果。表中列在上面的变换可以产生其下变换的所有效果。只要没有 3 个点共线或 4 个点共面，则投影变换可将任意 5 个点变换到任意其他 5 个点。

变　换　组	矩　　阵	变　形	不　变　性　质
投影 15 个自由度	$\begin{bmatrix} A & t \\ v^T & u \end{bmatrix}$		相接触曲面的交点和切线。高斯曲率的符号
仿射 12 个自由度	$\begin{bmatrix} A & t \\ 0^T & 1 \end{bmatrix}$		平面的平行性，体积比例，重心。无穷远平面
相似 7 个自由度	$\begin{bmatrix} sR & t \\ 0^T & 1 \end{bmatrix}$		绝对圆锥曲线
欧氏 6 个自由度	$\begin{bmatrix} R & t \\ 0^T & 1 \end{bmatrix}$		体积

在投影变换的 15 个自由度中，7 个有关相似变换（3 个旋转，3 个平移，1 个为各向同性放缩），5 个有关仿射放缩，3 个有关变换的投影。刻画上述变换常根据两点进行：平行性和角度。例如，经过仿射变换，原来平行的线保持平行，但角度发生变化；而经过投影变换，平行性就消失了。

3-11　透视投影中的歧义

➤ **题面：**

使用**透视投影**或**弱透视投影**时，对图像中不同点的判断会出现**姿态歧义**（目标朝向）的问题。试列出各种歧义情况，注意需要既考虑共面点也考虑非共面点，并明确在每种情况下如果目标点的个数为无穷时各有几种歧义，举例说明。

➤ **解析：**

这里产生歧义的原因是由于目标点都共面时相对于视线的正倾斜和负倾斜区分不开，即 $\cos(-\alpha)=\cos\alpha$。所以如果增加共面的点并不带来新信息（因为新点的位置可从已有点推断出来），也不能解决歧义问题（甚至在目标点个数为无穷时）。如果增加的点与其他已有点不在同一平面，则区分 $-\alpha$ 和 α，就可以消除歧义。

下面进一步对共面情况和非共面情况分别举例讨论。

（1）共面情况下的姿态歧义。

① 两个点的姿态歧义。当两个目标点成像如图解 3-11（1a）所示时，无法确定这两个点距离观察者的相对远近，即无法判断三角形点距离观察者近还是圆形点距离观察者近。

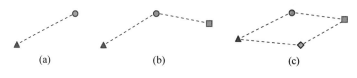

（a）　　　　　　　　　（b）　　　　　　　　　（c）

图解 3-11（1）　共面时的歧义情况

② 3 个点的姿态歧义。当 3 个目标点成像如图解 3-11（1b）所示时，无法确定这 3 个点

所组成图形的开口方向，所以无法判断是三角形点距离观察者最近，还是圆形点距离观察者最近，或是正方形点距离观察者最近。

③ 共面多个点的姿态歧义。当共面 4 个目标点成像如图解 3-11(1c)所示时，四边形的朝向仍然无法确定，所以也就无法确定 4 个点中哪个距离观察者最近。同理，当共面点为 5 个或更多时，仍然无法确定这些点为顶点的多边形的朝向。

（2）非共面情况下的姿态歧义。

① 一个点与其他点不共面的姿态歧义。当 4 个目标点成像如图解 3-11(2a)所示时，无法确定中间那个圆形点相对于其他 3 个点组成的平面（纸面）是在纸面里还是在纸面外。

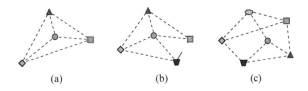

(a)   (b)   (c)

图解 3-11(2) 非共面时的歧义情况

推广一下，当一个点不在其余点组成的平面上时，也会出现姿态歧义。如图解 3-11(2b)中，也无法确定中间那个圆形点相对于其他 4 个点组成的平面（纸面）是在纸面里还是在纸面外。

② 多点不共面的姿态歧义。图解 3-11(2c)中对各个点不施加共面的限制，但也会出现姿态歧义。如果无法确定中间那个圆形点或上方那个椭圆形点相对于其他点的深度，则也无法确定这两个点间连线的朝向。如果再增加的点与原来的点共线或共面，则这种歧义姿态的问题不能得到解决。

第4章 图像变换

图像变换在这里代表对图像在不同空间之间进行的转换。变换是一种映射,它可将图像从一个空间映射到另一个空间。为了有效和快速地对图像进行加工,常常需要将原定义在图像(坐标)空间的图像以某种形式转换到另外一些空间中,并利用在这些空间的特有性质方便地进行一定的操作,最后再转换回图像空间以得到所需的加工效果。常见的变换包括傅里叶变换、沃尔什/哈达玛变换、斯拉特变换、离散余弦变换、拉东(Radon)变换、盖伯(Gabor)变换、哈尔变换、小波变换、哈夫(Hough)变换、霍特林(Hotelling)变换等。

许多变换可借助矩阵形式来表示,如果一个变换矩阵可以分解成为若干个具有较少元素的矩阵的乘积,则常常可以减少表达的冗余,既便于理解也可减少操作次数。

本章的问题涉及上述图像变换多个方面的概念。

4-1 奇 偶 函 数

➤ **题面:**

每个**实函数** $f(x)$ 都可以分解成为 1 个**奇函数** $f_{odd}(x)$ 和 1 个**偶函数** $f_{even}(x)$ 的(加权)和。

(1) 证明 $f_{even}(x)=[f(x)+f(-x)]/2, f_{odd}(x)=[f(x)-f(-x)]/2$。

(2) 证明 $\mathcal{F}[f_{even}(x)]=\text{Re}\{\mathcal{F}[f(x)]\}, \mathcal{F}[f_{odd}(x)]=\text{jIm}\{\mathcal{F}[f(x)]\}$。

➤ **解析:**

(1) 由 $f(x)=f_{even}(x)+f_{odd}(x)$,得到

$$f(-x)=f_{even}(-x)+f_{odd}(-x)=f_{even}(x)+f_{odd}(-x)=f_{even}(x)-f_{odd}(x)$$

将 $f(x)$ 和 $f(-x)$ 相加,得

$$f_{even}(x)=[f(x)+f(-x)]/2$$

将 $f(x)$ 和 $f(-x)$ 相减,得

$$f_{odd}(x)=[f(x)-f(-x)]/2$$

(2) 根据共扼对称性,有

$$\mathcal{F}[f(x)]=F^*(u)=F(-u)$$

利用(1)中的结果,有

$$\mathcal{F}[f_{even}(x)]=\mathcal{F}\{[f(x)+f(-x)]/2\}=[F(u)+F^*(u)]/2=\text{Re}\{\mathcal{F}[f(x)]\}$$

同理,有

$$\mathcal{F}[f_{odd}(x)]=\mathcal{F}\{[f(x)-f(-x)]/2\}=[F(u)-F^*(u)]/2=\text{jIm}\{\mathcal{F}[f(x)]\}$$

4-2   傅里叶变换对的平移性质

> **题面：**

试证明下面两个**傅里叶变换**对的平移性质成立：

(1) $f(x,y)\exp[\mathrm{j}2\pi(u_0x+v_0y)/N]\Leftrightarrow F(u-u_0,v-v_0)$。

(2) $f(x-x_0,y-y_0)\Leftrightarrow F(u,v)\exp[-\mathrm{j}2\pi(ux_0+vy_0)/N]$。

> **解析：**

(1)

$$\mathcal{F}\{f(x,y)\exp[\mathrm{j}2\pi(u_0x+v_0y)/N]\}$$

$$=\frac{1}{N}\sum_{x=0}^{N-1}\sum_{y=0}^{N-1}f(x,y)\exp[\mathrm{j}2\pi(u_0x+v_0y)/N]\exp[-\mathrm{j}2\pi(ux+vy)/N]$$

$$=\frac{1}{N}\sum_{x=0}^{N-1}\sum_{y=0}^{N-1}f(x,y)\exp\{-\mathrm{j}2\pi[(u-u_0)x+(v-v_0)y]/N\}$$

$$=F[(u-u_0),(v-v_0)]$$

(2)

$$\mathcal{F}\{f(x-x_0,y-y_0)\}$$

$$=\frac{1}{N}\sum_{u=0}^{N-1}\sum_{v=0}^{N-1}F(u,v)\exp\{\mathrm{j}2\pi[u(x-x_0)+v(y-y_0)]/N\}$$

$$=\frac{1}{N}\sum_{u=0}^{N-1}\sum_{v=0}^{N-1}F(u,v)\exp\{-\mathrm{j}2\pi[ux_0+vy_0]/N\}\exp\{\mathrm{j}2\pi[ux+vy]/N\}$$

$$=F(u,v)\exp\{-\mathrm{j}2\pi[ux_0+vy_0]/N\}$$

4-3   函数的傅里叶变换公式

> **题面：**

给定函数 $f(x,y)=H\exp\{-\pi[(x/a)^2+(y/b)^2]\}$。

(1) 写出它的**傅里叶变换**公式。

(2) 计算它的傅里叶变换公式在原点的值，并借此验证变换公式的正确性。

> **解析：**

(1) $F(u,v)=Hab\exp\{-\pi[(au)^2+(bv)^2]\}$。

(2) 由上式可得到 $F(0,0)=H|ab|$，它正是高斯函数 $H\exp\{-\pi[(x/a)^2+(y/b)^2]\}$ 下的体积。

4-4   沃尔什变换计算

> **题面：**

对**沃尔什变换** $W(u)$，以 $N=4$ 为例，验证下面两个关系式（$W_{\mathrm{even}}(u)$ 为偶函数，$W_{\mathrm{odd}}(u)$ 为偶函数）：

$$W(u)=\frac{1}{2}[W_{\mathrm{even}}(u)+W_{\mathrm{odd}}(u)]$$

$$W(u+N/2) = \frac{1}{2}\big[W_{\text{even}}(u) - W_{\text{odd}}(u)\big]$$

➤ 解析:

在 $N=4$ 时,沃尔什变换核的数值如表解 4-4 所示(正负号分别代表 +1 和 -1):

表解 4-4　沃尔什变换核

u ＼ x	0	1	2	3
0	+	+	+	+
1	+	+	−	−
2	+	−	+	−
3	+	−	−	+

取 $u=0$ 进行验证:

$$W(0) = \frac{1}{4}\big[f(0)+f(1)+f(2)+f(3)\big] = \frac{1}{2}\big[f(0)+f(2)\big] + \frac{1}{2}\big[f(1)+f(3)\big]$$

$$W(2) = \frac{1}{4}\big[f(0)-f(1)+f(2)-f(3)\big] = \frac{1}{2}\big[f(0)+f(2)\big] - \frac{1}{2}\big[f(1)+f(3)\big]$$

4-5　哈达玛变换矩阵

➤ 题面:

哈达玛变换具有迭代性质,试借此写出 $N=4$ 阶的哈达玛矩阵。

➤ 解析:

哈达玛变换的迭代性质可以用 M 阶矩阵 $\boldsymbol{H}_M$ 与 $2M$ 阶矩阵 $\boldsymbol{H}_{2M}$ 之间的下列迭代关系表示:

$$\boldsymbol{H}_{2M} = \begin{bmatrix} \boldsymbol{H}_M & \boldsymbol{H}_M \\ \boldsymbol{H}_M & -\boldsymbol{H}_M \end{bmatrix}$$

因为 $\boldsymbol{H}_2 = \begin{bmatrix} 1 & 1 \\ 1 & -1 \end{bmatrix}$,所以

$$\boldsymbol{H}_4 = \begin{bmatrix} \boldsymbol{H}_2 & \boldsymbol{H}_2 \\ \boldsymbol{H}_2 & -\boldsymbol{H}_2 \end{bmatrix} = \begin{bmatrix} 1 & 1 & 1 & 1 \\ 1 & -1 & 1 & -1 \\ 1 & 1 & -1 & -1 \\ 1 & -1 & -1 & 1 \end{bmatrix}$$

4-6　斯拉特变换矩阵

➤ 题面:

试写出 $N=8$ 阶的**斯拉特变换**矩阵。

解析:

先计算变换系数:

$$a_N = \left[\frac{3 \times 8^2}{4(8^2 - 1)}\right]^{1/2} = \frac{4}{\sqrt{21}}, \quad b_N = \left[\frac{8^2 - 4}{4(8^2 - 1)}\right]^{1/2} = \sqrt{\frac{5}{21}}$$

令

$$\boldsymbol{A}_1 = \begin{bmatrix} 1 & 0 \\ a_N & b_N \end{bmatrix} = \begin{bmatrix} 1 & 0 \\ 4/\sqrt{21} & \sqrt{5/21} \end{bmatrix}$$

$$\boldsymbol{A}_3 = \begin{bmatrix} 1 & 0 \\ -b_N & a_N \end{bmatrix} = \begin{bmatrix} 1 & 0 \\ -\sqrt{5/21} & 4/\sqrt{21} \end{bmatrix}$$

$$\boldsymbol{A}_2 = \begin{bmatrix} 1 & 0 \\ -a_N & b_N \end{bmatrix} = \begin{bmatrix} 1 & 0 \\ -4/\sqrt{21} & \sqrt{5/21} \end{bmatrix}$$

$$\boldsymbol{A}_4 = \begin{bmatrix} 0 & -1 \\ b_N & a_N \end{bmatrix} = \begin{bmatrix} 0 & -1 \\ \sqrt{5/21} & 4/\sqrt{21} \end{bmatrix}$$

$$\boldsymbol{B}_1 = \begin{bmatrix} 1 & 1 \\ 3/\sqrt{5} & 1/\sqrt{5} \end{bmatrix}, \quad \boldsymbol{B}_2 = \begin{bmatrix} 1 & 1 \\ -1/\sqrt{5} & -3/\sqrt{5} \end{bmatrix}$$

$$\boldsymbol{B}_3 = \begin{bmatrix} 1 & -1 \\ 1/\sqrt{5} & -3/\sqrt{5} \end{bmatrix}, \quad \boldsymbol{B}_4 = \begin{bmatrix} -1 & 1 \\ 3/\sqrt{5} & -1/\sqrt{5} \end{bmatrix}$$

则 8 阶的斯拉特变换矩阵可写为($\vec{I}_2$ 为 2×2 单位矩阵)

$$\boldsymbol{S}_8 = \frac{1}{\sqrt{8}} \begin{bmatrix} \boldsymbol{A}_1 & 0 & \boldsymbol{A}_2 & 0 \\ 0 & \boldsymbol{I}_2 & 0 & \boldsymbol{I}_2 \\ \boldsymbol{A}_3 & 0 & \boldsymbol{A}_4 & 0 \\ 0 & \boldsymbol{I}_2 & 0 & -\boldsymbol{I}_2 \end{bmatrix} \begin{bmatrix} \boldsymbol{B}_1 & \boldsymbol{B}_2 & 0 & 0 \\ \boldsymbol{B}_3 & \boldsymbol{B}_4 & 0 & 0 \\ 0 & 0 & \boldsymbol{B}_1 & \boldsymbol{B}_2 \\ 0 & 0 & \boldsymbol{B}_3 & \boldsymbol{B}_4 \end{bmatrix}$$

$$= \frac{1}{\sqrt{8}} \begin{bmatrix} 1 & 1 & 1 & 1 & 1 & 1 & 1 & 1 \\ 7/\sqrt{21} & 5/\sqrt{21} & 3/\sqrt{21} & 1/\sqrt{21} & -1/\sqrt{21} & -3/\sqrt{21} & -5/\sqrt{21} & -7/\sqrt{21} \\ 1 & -1 & -1 & 1 & 1 & -1 & -1 & 1 \\ 1/\sqrt{5} & -3/\sqrt{5} & 3/\sqrt{5} & -1/\sqrt{5} & 1/\sqrt{5} & -3/\sqrt{5} & 3/\sqrt{5} & -1/\sqrt{5} \\ 3/\sqrt{5} & 1/\sqrt{5} & -1/\sqrt{5} & -3/\sqrt{5} & -3/\sqrt{5} & -1/\sqrt{5} & 1/\sqrt{5} & 3/\sqrt{5} \\ 7/\sqrt{105} & -1/\sqrt{105} & -9/\sqrt{105} & -17/\sqrt{105} & 17/\sqrt{105} & 9/\sqrt{105} & 1/\sqrt{105} & -7/\sqrt{105} \\ 1 & -1 & -1 & 1 & -1 & 1 & 1 & -1 \\ 1/\sqrt{5} & -3/\sqrt{5} & 3/\sqrt{5} & -1/\sqrt{5} & -1/\sqrt{5} & 3/\sqrt{5} & -3/\sqrt{5} & 1/\sqrt{5} \end{bmatrix}$$

4-7 多种变换的计算

> **题面：**

给出一个取 4 个值的函数 $f(x)$，其中 $f(0) = 0, f(1) = 1, f(2) = 1, f(3) = 2$。

(1) 计算该函数的**沃尔什变换**。

(2) 计算该函数的**哈达玛变换**。

(3) 计算该函数的**离散余弦变换**。

➤ **解析：**

(1) $W(0) = 1, W(1) = -1/2, W(2) = -1/2, W(3) = 0$，其中：

$$W(0) = \frac{1}{4} \sum_{x=0}^{3} f(x) \prod_{i=0}^{1} (-1)^{b_i(x)b_{1-i}(0)}$$

$$= \frac{1}{4} \big[f(1) (-1)^{b_0(1)b_1(0)} (-1)^{b_1(1)b_0(0)} + f(2) (-1)^{b_0(2)b_1(0)} (-1)^{b_1(2)b_0(0)} +$$

$$f(3) (-1)^{b_0(3)b_1(0)} (-1)^{b_1(3)b_0(0)} \big]$$

$$= \frac{1}{4} [1 \times 1 \times 1 + 1 \times 1 \times 1 + 2 \times 1 \times 1] = 1$$

(2) $H(0) = 1, H(1) = -1/2, H(2) = -1/2, H(3) = 0$，其中：

$$H(1) = \frac{1}{4} \sum_{x=0}^{3} f(x) (-1)^{\sum_{i=0}^{1} b_i(x)b_i(1)}$$

$$= \frac{1}{4} \big[f(1) (-1)^{b_0(1)b_0(1)+b_1(1)b_1(1)} + f(2) (-1)^{b_0(2)b_0(1)+b_1(2)b_1(1)} +$$

$$f(3) (-1)^{b_0(3)b_0(1)+b_1(3)b_1(1)} \big]$$

$$= \frac{1}{4} [1 \times (-1) + 1 \times 1 + 2 \times 1] = -\frac{1}{2}$$

(3) $C(0) = 2, C(1) = 2^{1/2} \cos(\pi/8), C(2) = 2^{1/2} \cos(\pi/4), C(3) = -2^{1/2} \sin(\pi/8)$，其中：

$$C(2) = \frac{1}{\sqrt{2}} \sum_{x=0}^{3} f(x) \cos\left[\frac{2(2x+1)\pi}{8} \right]$$

$$= \frac{1}{\sqrt{2}} \left[f(1) \cos\left(\frac{3\pi}{4} \right) + f(2) \cos\left(\frac{5\pi}{4} \right) + f(3) \cos\left(\frac{7\pi}{4} \right) \right]$$

$$= \sqrt{2} \cos\left(\frac{\pi}{4} \right)$$

4-8 哈尔变换的基函数

➤ **题面：**

试画出**哈尔小波**的一组正交归一化基函数。

➤ **解析：**

哈尔变换的基函数全部通过对一个基本小波进行平移和伸缩来实现。基本小波以 2 的乘方减小尺度而逐渐变窄（其幅度以 $2^{1/2}$ 的乘方增加以保持正交归一性），而每一个变小的小波以它的宽度为增量来平移，这样在任何尺度上一组完整的小波都可以完全覆盖整个区间。图解 4-8 给出哈尔小波的一组正交归一化基函数。

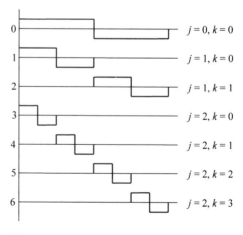

图解 4-8　哈尔小波的一组正交归一化基函数

4-9 哈尔变换矩阵

> **题面**：

试写出 $N=8$ 阶的**哈尔变换**矩阵。

> **解析**：

对 $k=0,1,2,3,4,5,6,7$,可算得 $p=0,0,1,1,2,2,2,2$ 和 $q=0,1,1,2,1,2,3,4$,所以哈尔矩阵

$$A_8 = \frac{1}{\sqrt{8}} \begin{bmatrix} 1 & 1 & 1 & 1 & 1 & 1 & 1 & 1 \\ 1 & 1 & 1 & 1 & -1 & -1 & -1 & -1 \\ \sqrt{2} & \sqrt{2} & -\sqrt{2} & -\sqrt{2} & 0 & 0 & 0 & 0 \\ 0 & 0 & 0 & 0 & \sqrt{2} & \sqrt{2} & -\sqrt{2} & -\sqrt{2} \\ 2 & -2 & 0 & 0 & 0 & 0 & 0 & 0 \\ 0 & 0 & 2 & -2 & 0 & 0 & 0 & 0 \\ 0 & 0 & 0 & 0 & 2 & -2 & 0 & 0 \\ 0 & 0 & 0 & 0 & 0 & 0 & 2 & -2 \end{bmatrix}$$

4-10 哈尔函数计算

> **题面**：

计算 $N=8$ 时**哈尔函数**的各项。

> **解析**：

计算结果如表解 4-10 所示。

表解 4-10　$N=8$ 时的哈尔函数

k	0	1	2	3	4	5	6	7
p	0	0	1	1	2	2	2	2
q	0	1	1	2	1	2	3	4
2^p	0	1	2	2	4	4	4	4
$(q-1)/2^p$	-1	0	0	1/2	0	1/4	2/4	3/4
$(q-1/2)/2^p$	$-1/2$	1/2	1/4	3/4	1/8	3/8	5/8	7/8
$q/2^p$	0	1	1/2	1	1/4	2/4	3/4	1
$2^{p/2}$	1	1	$2^{1/2}$	$2^{1/2}$	2	2	2	2
$h_{pq}(0/8)$	1	1	$2^{1/2}$	0	2	0	0	0
$h_{pq}(1/8)$	1	1	$2^{1/2}$	0	-2	0	0	0
$h_{pq}(2/8)$	1	1	$-2^{1/2}$	0	0	2	0	0
$h_{pq}(3/8)$	1	1	$-2^{1/2}$	0	0	-2	0	0
$h_{pq}(4/8)$	1	-1	0	$2^{1/2}$	0	0	2	0
$h_{pq}(5/8)$	1	-1	0	$2^{1/2}$	0	0	-2	0
$h_{pq}(6/8)$	1	-1	0	$-2^{1/2}$	0	0	0	2
$h_{pq}(7/8)$	1	-1	0	$-2^{1/2}$	0	0	0	-2

4-11　矩阵的哈尔变换计算

➤ **题面**：

对 2-D 矩阵 $\begin{bmatrix} 1 & 2 \\ 3 & 4 \end{bmatrix}$ 计算其**哈尔变换**。

➤ **解析**：

哈尔变换是可分离和对称的变换，所以可利用矩阵形式 $\boldsymbol{Y} = \boldsymbol{HXH}$ 来计算，即

$$\boldsymbol{Y} = \boldsymbol{HXH} = \frac{1}{\sqrt{2}}\begin{bmatrix} 1 & 1 \\ 1 & -1 \end{bmatrix}\begin{bmatrix} 1 & 2 \\ 3 & 4 \end{bmatrix}\frac{1}{\sqrt{2}}\begin{bmatrix} 1 & 1 \\ 1 & -1 \end{bmatrix} = \begin{bmatrix} 5 & -1 \\ -2 & 0 \end{bmatrix}$$

4-12　哈尔变换和哈达玛变换的计算

➤ **题面**：

给定 $f(x,y) = \begin{bmatrix} 2 & 4 \\ 6 & 12 \end{bmatrix}$。

(1) 列式计算 $f(x,y)$ 的**哈尔变换**。

(2) 将上面得到的哈尔变换结果看成是对 $g(x,y)$ 的**哈达玛变换**结果，列式计算 $g(x,y)$。

➤ **解析**：

(1) 用矩阵形式：

$$\boldsymbol{Y} = \boldsymbol{HXH} = \frac{1}{\sqrt{2}}\begin{bmatrix} 1 & 1 \\ 1 & -1 \end{bmatrix}\begin{bmatrix} 2 & 4 \\ 6 & 12 \end{bmatrix}\frac{1}{\sqrt{2}}\begin{bmatrix} 1 & 1 \\ 1 & -1 \end{bmatrix} = \begin{bmatrix} 12 & -4 \\ -6 & 2 \end{bmatrix}$$

(2) $g(0,0) = \{H(0,0) + H(0,1) + H(1,0) + H(1,1)\}/2 = \{12 - 4 - 6 + 2\}/2 = 2$

$\quad g(0,1) = \{H(0,0) - H(0,1) + H(1,0) - H(1,1)\}/2 = \{12 + 4 - 6 - 2\}/2 = 4$

$\quad g(1,0) = \{H(0,0) + H(0,1) - H(1,0) - H(1,1)\}/2 = \{12 - 4 + 6 - 2\}/2 = 6$

$\quad g(1,1) = \{H(0,0) - H(0,1) - H(1,0) + H(1,1)\}/2 = \{12 + 4 + 6 + 2\}/2 = 12$

4-13　哈尔小波函数及其傅里叶变换

➤ **题面**：

用门函数来表示**哈尔小波**函数，并画出其**傅里叶变换**。

➤ **解析**：

哈尔小波可看作由两个门函数组成（如图解 4-13(a)所示）：

$$h(t) = \text{rect}\left[2\left(t - \frac{1}{4}\right)\right] - \text{rect}\left[2\left(t - \frac{3}{4}\right)\right]$$

它以 $t = 1/2$ 为中心，是一个奇对称实函数，其傅里叶变换为（如图 4-13(b)所示）：

$$H(u) = 2\mathrm{j}\frac{1 - \cos(\pi u)}{\pi u}\exp(-\mathrm{j}\pi u)$$

它的模是正的偶函数，以 $u = 0$ 为对称轴。

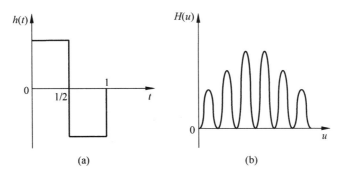

图解 4-13 哈尔小波函数及其傅里叶变换

4-14 时域窗和频域窗

➢ 题面：

计算**窗函数** $g_a(t) = \exp(-at^2)$，$a > 0$ 在时域中和频域中窗口的宽度，并据此验证不确定性原理。

➢ 解析：

先考虑时域，因为 $g_a(t)$ 是一个偶函数，所以可知 $t^* = 0$。进一步计算：

$$\Delta_g = \frac{1}{\|g_a(t)\|}\left[\int_{-\infty}^{\infty} t^2 \exp(-2at^2)\,\mathrm{d}t\right]^{1/2}$$

$$= \frac{1}{\|g_a(t)\|}\left\{-\frac{1}{4a}\left[t\exp(-2at^2)\,\Big|_{-\infty}^{\infty} - \int_{-\infty}^{\infty}\exp(-2at^2)\,\mathrm{d}t\right]\right\}^{1/2}$$

$$\Delta_g = \frac{1}{\|g_a(t)\|}\left\{-\frac{1}{4a}\left[\int_{-\infty}^{\infty}\exp(-2at^2)\,\mathrm{d}t\right]\right\}^{1/2} = \frac{1}{\|g_a(t)\|}\left\{\frac{1}{4a}\right\}^{1/2}\|g_a(t)\| = \frac{1}{2\sqrt{a}}$$

再考虑时域，窗函数 $g_a(t)$ 的傅里叶变换为

$$G_a(w) = \sqrt{\frac{\pi}{a}}\exp\left(-\frac{w^2}{4a}\right)$$

类似对 Δ_g 的分析和计算，可得到 $w^* = 0$ 和 $\Delta_G = a^{1/2}$。其中，对 Δ_G 的计算可令 $a = 1/4a$ 并代入 Δ_g 的结果而得到。

因为 $\Delta_g \Delta_G = 1/2$，所以满足不确定性原理。

4-15 盖伯变换滤波图像

➢ 题面：

选取实际图像，计算不同尺度和不同朝向的**盖伯变换**滤波图像。

➢ 解析：

选取的一幅 128×128 像素的实际图像如图解 4-15(1) 所示。

计算共选取了 5 个尺度和 6 个朝向，所以得到 30 幅盖伯

图解 4-15(1) 一幅实际图像

变换滤波图像。这30幅图像如图解4-15(2)所示,其中每行对应一个尺度(从粗到细),每列对应一个朝向(角度),分别是 0°、30°、60°、90°、120°、150°(根据对称性,这也覆盖了 180° 到 330°)。

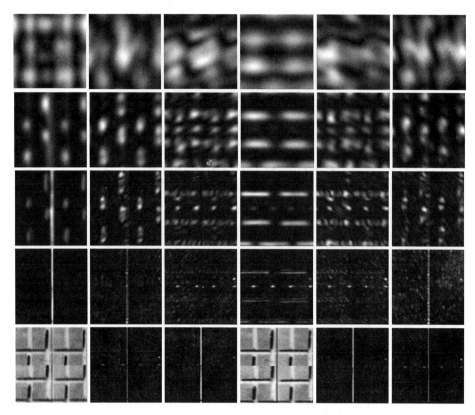

图解 4-15(2)　30 幅盖伯变换滤波图像

由图解 4-15(2)可见,对每一行(具有相同尺度),盖伯变换滤波图像中的边缘线条会随着朝向角度的变化而顺时针旋转;对每一列(具有相同朝向角度),盖伯变换滤波图像中的边缘线条会随着尺度从粗到细的变化而逐渐变细。对应小尺度的图像中有更多(较暗的)细节,而在对应大尺度的图像中只能看到比较模糊(但比较亮)的粗结构。

4-16　缩放函数和小波函数

> **题面:**

请用属于 U_0 的**缩放函数**和属于 V_0 的**小波函数**来表达下面的 $f(x)$:

$$f(x) = \begin{cases} 1, & 0.5 \leqslant x \leqslant 2 \\ -1, & 2.5 \leqslant x \leqslant 3 \\ 0, & 其他 \end{cases}$$

(1) 画出 $f(x)$ 的示意图。

(2) 分别画出缩放函数与小波函数的示意图。

(3) 分别给出缩放函数的和与小波函数的和的表达式。

> **解析:**

(1) $f(x)$ 的示意图如图解 4-16(1)所示。

(2) 哈尔缩放函数和哈尔小波函数的示意图分别如图解 4-16(2a)和图解 4-16(2b)所示。

(3) 哈尔缩放函数的和与哈尔小波函数的和的表达式分别为

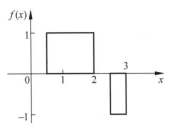

图解 4-16(1)　原始函数

$$f_{\mathrm{a}}(x) = \frac{1}{2}u_{0,0}(x) + u_{0,1}(x) - \frac{1}{2}u_{0,2}(x)$$

$$f_{\mathrm{d}}(x) = -\frac{1}{2}v_{0,0}(x) + \frac{1}{2}v_{0,2}(x)$$

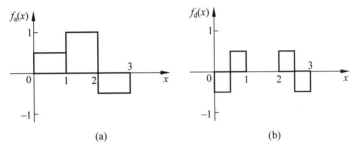

(a) (b)

图解 4-16(2)　哈尔缩放函数和哈尔小波函数

4-17　小波变换和反变换

> **题面:**

给出一个取 4 个值的函数 $f(x)$，其中 $f(0)=1,f(1)=4,f(2)=-3,f(3)=0$。

(1) 列式计算该函数的离散**小波变换**的近似系数和细节系数。

(2) 进一步列式计算(1)中结果的离散**小波反变换**，以验证(1)中的结果。

> **解析:**

(1) 先将 $f(x)$ 的值代入近似系数和细节系数的计算公式，因为 $M=4$，所以可得到

$$W_u(0,k) = \frac{1}{\sqrt{M}}\sum_x f(x)u_{0,k}(x)$$

$$= \frac{1}{2}[1 \times u_{0,k}(0) + 4 \times u_{0,k}(1) - 3 \times u_{0,k}(2) + 0 \times u_{0,k}(3)]$$

$$W_v(j,k) = \frac{1}{\sqrt{M}}\sum_x f(x)v_{j,k}(x)$$

$$= \frac{1}{2}[1 \times v_{j,k}(0) + 4 \times v_{j,k}(1) - 3 \times v_{j,k}(2) + 0 \times v_{j,k}(3)]$$

这里只取 $j=0$ 和 $j=1$，对应的 k 分别为 $k=0$ 和 $k=0,1$。如果取缩放函数 $u_{0,0}(x)=\{1,1,1,1\}$，小波函数 $v_{0,0}(x)=\{1,1,-1,-1\}$，$v_{1,0}(x)=\{\sqrt{2},-\sqrt{2},0,0\}$，$v_{1,1}(x)=\{1,1,1,1\}$，则有

近似系数：$W_u(0,0)=\dfrac{1}{2}[1\times1+4\times1-3\times1+0\times1]=1$

细节系数：$W_v(0,0) = \frac{1}{2}\left[1 \times 1 + 4 \times 1 + 3 \times 1 - 0 \times 1\right] = 4$

$$W_v(1,0) = \frac{1}{2}\left[1 \times \sqrt{2} - 4 \times \sqrt{2} + 3 \times 0 - 0 \times 0\right] = -\frac{3}{2}\sqrt{2}$$

$$W_v(1,1) = \frac{1}{2}\left[1 \times 0 + 4 \times 0 + 3 \times \sqrt{2} - 0 \times \sqrt{2}\right] = -\frac{3}{2}\sqrt{2}$$

（2）根据对 $f(x)$ 的展开式，利用上面算得的近似系数和细节系数，可写出

$$f(x) = \frac{1}{2}\left[1 \times u_{0,0}(x) + 4 \times v_{0,0}(x) - 3 \times v_{1,0}(x) + 0 \times v_{1,1}(x)\right]$$

将上面的缩放函数和小波函数代入，得到

$$f(0) = \frac{1}{2}\left[1 \times 1 + 4 \times 1 - \frac{3\sqrt{2}}{2} \times \sqrt{2} - \frac{3\sqrt{2}}{2} \times 0\right] = 1$$

$$f(1) = \frac{1}{2}\left[1 \times 1 + 4 \times 1 + \frac{3\sqrt{2}}{2} \times \sqrt{2} - \frac{3\sqrt{2}}{2} \times 0\right] = 4$$

$$f(2) = \frac{1}{2}\left[1 \times 1 - 4 \times 1 + \frac{3\sqrt{2}}{2} \times 0 - \frac{3\sqrt{2}}{2} \times \sqrt{2}\right] = -3$$

$$f(3) = \frac{1}{2}\left[1 \times 1 - 4 \times 1 + \frac{3\sqrt{2}}{2} \times 0 + \frac{3\sqrt{2}}{2} \times \sqrt{2}\right] = -3$$

可见，函数 $f(x)$ 得到了复原。

4-18　小波变换系数的计算

➤ 题面：

（1）先考虑两级离散**小波变换**。如果输入信号为 $f(x) = 0$，$x = 0, 1, 2, 3$，$f(x) = 1$，$x = 4, 5, 6, 7$，设最高尺度为 J，试计算 $W_v(J-1, k)$、$W_u(J-1, k)$、$W_v(J-2, k)$、$W_u(J-2, k)$。这时对信号的表达有多少个尺度？

（2）再将两级离散小波变换扩展到三级离散小波变换，如果输入信号为 $f(x) = 1$，$x = 0, 1, 2, 3, 4, 5, 6, 7$，进一步计算 $W_u(J-3, k)$、$W_v(J-3, k)$。

➤ 解析：

（1）借助多分辨率细化方程，可得

$$h_u(k) = \begin{cases} 1/\sqrt{2}, & k = 0, 1 \\ 0, & \text{其他} \end{cases}$$

$$h_v(k) = \begin{cases} 1/\sqrt{2}, & k = 0 \\ -1/\sqrt{2}, & k = 1 \\ 0, & \text{其他} \end{cases}$$

由原始函数 $W_u(J, k) = f(k)$，则

$$W_v(J-1, k) = \sum_n h_v(n - 2k) W_u(J, n) = 0$$

$$W_u(J-1, k) = \sum_n h_u(n - 2k) W_u(J, n) = \begin{cases} \sqrt{2}, & k = 2, 3 \\ 0, & \text{其他} \end{cases}$$

$$W_v(J-2,k) = \sum_n h_v(n-2k)W_u(J-1,n) = 0$$

$$W_u(J-2,k) = \sum_n h_u(n-2k)W_u(J-1,n) = \begin{cases} 2, & k=1 \\ 0, & \text{其他} \end{cases}$$

因为尺度参数可取 J、$J-1$、$J-2$，所以对尺度的表达共有 3 个尺度。

（2）由第一级变换可得

$$W_u(J-1,k) = \sum_n h_u(n-2k)W_u(J,n) = \begin{cases} \sqrt{2}, & k=0,1,2,3 \\ 0, & \text{其他} \end{cases}$$

由第二级变换可得

$$W_u(J-2,k) = \sum_n h_u(n-2k)W_u(J-1,n) = \begin{cases} 2, & k=0,1 \\ 0, & \text{其他} \end{cases}$$

由第三级变换可得

$$W_u(J-3,k) = \sum_n h_u(n-2k)W_u(J-2,n) = \sum_n h_v(n-2k)W_u(J-2,n)$$

最后得到

$$W_u(J-3,k) = \begin{cases} 2\sqrt{2}, & k=0 \\ 0, & \text{其他} \end{cases}$$

$$W_v(J-3,k) = 0, \quad k=0,1,2,3,4,5,6,7$$

4-19　拉东变换的计算

➤ 题面：

计算 $f(x，y)=\exp\{-(x/a)^2-(y/b)^2\}$ 的拉东变换。

解析：

$$\begin{aligned} R_f(p,\theta) &= \int_{-\infty}^{\infty} f(x,y)\mathrm{d}l = \int_{-\infty}^{\infty}\int_{-\infty}^{\infty} \exp[-(x/a)^2-(y/b)^2]\mathrm{d}x\mathrm{d}y \\ &= \int_{-\infty}^{\infty} \exp\left[-\left(\frac{t^2+p^2-2pt\cos\theta}{\sin^2\theta}\right)\right]\frac{1}{\sin\theta}\mathrm{d}t \\ &= \frac{1}{\sin\theta}\exp\left(\frac{p^2}{\sin^2\theta}\right)\int_{-\infty}^{\infty} \exp\left[-\left(\frac{t^2-2pt\cos\theta}{\sin^2\theta}\right)\right]\mathrm{d}t \\ &= \frac{1}{\sin\theta}\exp\left(\frac{p^2}{\sin^2\theta}\right)\int_{-\infty}^{\infty} \exp\left[-\left(\frac{(t-p\cos\theta)^2}{\sin^2\theta}\right)\right]\mathrm{d}t \\ &= \exp(-p^2)\int_{-\infty}^{\infty} \exp[-u^2]\mathrm{d}u = \sqrt{\pi}\exp(-p^2) \end{aligned}$$

4-20　霍特林反变换

➤ 题面：

霍特林变换的定义式为 $y=A(x-m_x)$，其中 A 是将 x 转换为 y 的变换矩阵，m_x 是 x 矢量的均值。霍特林变换可将 x 映射到 y。如果只知道 y 的信息，而不知道原始 x 的任何信息，能否进行霍特林反变换由 y 求得 x？为什么？

> 解析：

由霍特林变换定义式可得 $x = A^{\mathrm{T}} y + m_x$。可见为从 y 求得 x 必须要知道 x 的统计信息，包括均值矢量 m_x 和协方差矩阵 C_x（由 C_x 计算 A 需要知道 C_x）。所以，如果不知道原始 x 的必要信息，并不能由 y 求得 x。事实上，霍特林反变换是不存在的。

4-21　霍特林变换的证明

> 题面：

霍特林变换的定义式为 $y = A(x - m_x)$，其中 A 是将 x 转换为 y 的变换矩阵，m_x 是 x 矢量的均值。证明：

（1）由这个变换得到的 y 矢量的均值 m_y 是零。

（2）y 矢量的协方差矩阵 C_y 可由 A 和 x 矢量的协方差矩阵 C_x 得到。

（3）C_y 是一个对角矩阵，它的主对角线上的元素正是 C_x 的特征值。

> 解析：

（1）$m_y = E\{y\} = E\{A(x - m_x)\} = E\{Ax\} - E\{Am_x\} = Am_x - Am_x = 0$

（2）$C_y = E\{(y - m_y)(y - m_y)^{\mathrm{T}}\}$
$$= E\{A(x - m_x)(x - m_x)^{\mathrm{T}} A^{\mathrm{T}}\} = AE\{(x - m_x)(x - m_x)^{\mathrm{T}}\} A^{\mathrm{T}} = AC_x A^{\mathrm{T}}$$

（3）因为 A 是由 C_x 的特征矢量组成其各行的矩阵，所以 $AC_x A^{\mathrm{T}}$ 为对角矩阵，由（2），C_y 是一个对角矩阵。进一步，$AC_x A^{\mathrm{T}}$ 主对角线上的元素是 C_x 的特征值，所以 C_y 的形式为

$$
C_y = \begin{bmatrix} \lambda_1 & & & 0 \\ & \lambda_2 & & \\ & & \ddots & \\ 0 & & & \lambda_N \end{bmatrix}
$$

它的主对角线以外的元素均为零，即 y 矢量的各元素是不相关的。考虑到 λ_i 也是 C_x 的特征值，并且沿对角矩阵的主对角线上的元素是它的特征值，所以 C_x 和 C_y 具有相同的特征值和相同的特征矢量。

4-22　霍特林变换的计算

> 题面：

设有一组随机矢量 $x = [x_1\ x_2\ x_3]^{\mathrm{T}}$，其中 $x_1 = [0\ 0\ 1]^{\mathrm{T}}$，$x_2 = [0\ 1\ 0]^{\mathrm{T}}$，$x_3 = [1\ 0\ 0]^{\mathrm{T}}$，请分别给出 x 的协方差矩阵和经**霍特林变换**所得到的矢量 y 的协方差矩阵。

> 解析：

均值矢量为

$$m_x = \frac{1}{3}[1\ 1\ 1]^{\mathrm{T}}$$

x 的协方差矩阵为

$$C_x = \frac{1}{9} \begin{bmatrix} 2 & -1 & -1 \\ -1 & 2 & -1 \\ -1 & -1 & 2 \end{bmatrix}$$

C_x 的特征矩阵为

$$C_x - \lambda I = \begin{bmatrix} 2-\lambda & -1 & -1 \\ -1 & 2-\lambda & -1 \\ -1 & -1 & 2-\lambda \end{bmatrix}$$

所以特征多项式为

$$\begin{vmatrix} 2-\lambda & -1 & -1 \\ -1 & 2-\lambda & -1 \\ -1 & -1 & 2-\lambda \end{vmatrix} = (2-\lambda)^3 - 3(2-\lambda) - 2$$

特征值所满足的特征方程为

$$(2-\lambda)^3 - 3(2-\lambda) - 2 = 0$$

解上述一元三次方程,得到 3 个特征值:

$$\lambda_1 = 0, \quad \lambda_2 = 3, \quad \lambda_3 = 3$$

经霍特林变换所得到的矢量 y 的协方差矩阵的对角元素就是 C_x 的特征值,所以

$$C_y = \begin{bmatrix} 3 & 0 & 0 \\ 0 & 3 & 0 \\ 0 & 0 & 0 \end{bmatrix}$$

4-23 用霍特林变换重建的均方误差

> **题面:**

设有一组 64×64 像素的图像,如果它们的协方差矩阵是单位矩阵,那么当仅使用一半的原始特征值利用**霍特林变换**计算重建图像时,原始图和重建图之间的均方误差是多少?

> **解析:**

对 64×64 像素的图像,其协方差矩阵是 $(64 \times 64) \times (64 \times 64)$ 的矩阵,所以均方误差

$$e_{\mathrm{ms}} = \sum_{j=1}^{64 \times 64} \lambda_j - \sum_{j=1}^{32 \times 64} \lambda_j = \sum_{j=32 \times 64+1}^{64 \times 64} \lambda_j = \sum_{j=2049}^{4096} 1 = 2048$$

第 2 单元　图 像 处 理

本单元包括 4 章：

第 5 章　图像增强

第 6 章　图像恢复

第 7 章　图像编码

第 8 章　拓展技术

覆盖范围/内容简介

　　图像处理对应图像工程的第一层次。作为图像工程的最低层次，图像处理的抽象性比较弱，语义层次也处在低层，它主要在图像的像素级别上进行操作，处理的数据量比图像分析和图像理解都大。虽然近年来又有许多新的图像处理技术得到了研究和应用，原有的图像处理技术又有了许多更新和扩展，但上述几个特性仍然得到了保留。

　　可将图像处理看作一大类图像技术的代表，它着重强调在图像之间进行的操作转换(操作的输入和输出都是图像)。虽然人们常用图像处理泛指各种图像技术，但比较狭义的图像处理技术的主要目标是要对图像进行各种加工以改善图像的视觉效果并为其后的目标分析和场景解释打基础，或对图像进行压缩编码以减少图像存储所需的空间或图像传输所需的时间(从而也降低了对传输通路的带宽要求)。图像处理是图像分析和图像理解的基础，也常常作为它们的预处理手段。本单元主要围绕狭义的图像处理进行讨论。

　　图像处理的主要技术基本上可分成 3 大类：图像增强、图像恢复、图像编码。在这些基本技术的基础上，可向许多方向进行推广。例如，将一些特定信息嵌入图像或从图像中提取出来就能实现图像水印、信息隐藏、图像认证；将图像属性从灰度推广到彩色，就是彩色图像处理；将图像坐标从空间推广到时间，就是视频图像处理；将对图像的表达从单个分辨率扩展到多个分辨率,就可进行多尺度图像处理。

参考书目/配合教材

与本单元内容相关的一些参考书目,以及本单元内容可与之配合学习的典型教材包括:

➢ 科斯汗,阿比狄(美).彩色数字图像处理.章毓晋,译.北京:清华大学出版社,2010.

➢ 马奎斯(美).实用 MATLAB 图像和视频处理.章毓晋,译.北京:清华大学出版社,2013.

➢ 彼得鲁,彼得鲁(英,希).图像处理基础.2 版.章毓晋,译.北京:清华大学出版社,2013.

➢ 章毓晋.图象工程(上册)—— 图象处理和分析.北京:清华大学出版社,1999.

➢ 章毓晋.图像工程(上册)——图像处理.2 版.北京:清华大学出版社,2006.

➢ 章毓晋.图像工程(上册)——图像处理.3 版.北京:清华大学出版社,2012.

➢ 章毓晋.图像工程(上册)——图像处理.4 版.北京:清华大学出版社,2018.

➢ 章毓晋.英汉图像工程辞典.2 版.北京:清华大学出版社,2015.

➢ 章毓晋.图像处理基础教程.北京:电子工业出版社,2012.

➢ 章毓晋.图像处理和分析技术.3 版.北京:高等教育出版社,2014.

➢ 章毓晋.图像处理和分析教程.2 版.北京:人民邮电出版社,2016.

➢ Castleman K R. *Digital Image Processing*. UK London:Prentice-Hall,1996.

➢ Gonzalez R C,Woods R E. *Digital Image Processing*,4th Ed. UK Cambridge:Pearson,2018.

➢ Jähne B. *Digital Image Processing—Concepts, Algorithms and Scientific Applications*. New York:Springer,1997.

➢ Pratt W K. *Digital Image Processing:PIKS Scientific inside*. 4th Ed. Wiley Interscience,2007.

➢ Rosenfeld A,Kak A C. *Digital Picture Processing*. USA Maryland:Academic Press,1976.

➢ Russ J C,Neal F B. *The Image Processing Handbook*. 7th Ed. CRC Press,2016.

➢ Sonka M,Hlavac V,Boyle R. *Image Procesing, Analysis, and Machine Vision*. 4th Ed. Cengage Learning,2014.

➢ Zhang Y J. *Image Engineering:Processing, Analysis, and Understanding*. Cengage Learning,Singapore. 2009.

➢ Zhang Y J. *Image Engineering, Vol.1:Image Processing*. De Gruyter,2017.

第5章 图像增强

图像增强技术是最基本和最常用的一大类图像处理技术,也常常作为使用其他图像技术之前的预处理手段。图像增强的目的是通过对图像的特定加工,将被处理的图像转化为对具体应用来说视觉质量和效果更"好"或更"有用"的图像。由于各个具体应用的目的和要求不同,因此这里"好"和"有用"的含义也不完全相同。从根本上说,并没有图像增强的通用标准。对每种图像处理应用,观察者都是增强技术优劣的最终判断者。图像增强技术常常考虑和借助人类视觉系统的特性以取得看起来较好的视觉结果。由于视觉观察和评价是相当主观的过程,所以"好图像"的定义并不是固定的,常因人而异。

随着图像获取设备日新月异地发展,人们所采集到的图像的种类逐渐增加,它们代表的场景不同、获取的方式不同,其视觉质量也不相同,所以对它们的增强要依据不同的原理进行。多年来人们已研究出许多图像增强技术,对这些技术有不同的分类标准和方法。

目前常用的图像增强技术根据其处理所进行的空间不同,可分为基于空域(图像域)的方法和基于变换域的方法两类。其中基于空域的方法有很多,根据增强运算的特点,还可以分为基于点操作和基于模板操作的两组。在基于点操作的空域增强方法中,基于图像坐标变换的方法、利用图像之间(算术和逻辑)运算的方法、借助图像灰度(分布)映射的方法和利用统计直方图变换的方法都是基本的。在基于模板操作的空域增强方法中,以一个像素及其相邻像素为基本单元进行操作,可以利用模板实现各种线性滤波和非线性滤波。在基于变换域增强技术中,利用傅里叶变换得到的频率域最为典型。在频率域中,可以方便地对图像进行低通、高通、带通、带阻和同态滤波以实现图像增强的目的。

本章的问题涉及上述图像增强多个方面的概念。

5-1 图像增强方法辨析

> **题面**:

判断下面各个有关**图像增强**的说法正确与否,并说明原因:

(1)基于频域的图像增强方法可以获得和基于空域的图像增强方法同样的图像增强效果。

(2)基于像素的图像增强方法是一种对图像灰度的线性变换方法。

(3)基于像素的图像增强方法是基于像素邻域的图像增强方法的一种。

> **解析**:

(1)一般正确。因为对图像的增强既可以在频域进行也可以在空域进行,借助傅里叶变换可以建立它们的关系,所以理论上说在频域和在空域进行的增强可以有同样的效果。

不过,以上分析仅对空域的线性增强原则上正确,因为要对空域的非线性增强都在频域找到对应的操作常常很困难,例如直方图均衡在频域中就很难实现。

（2）不正确。对图像灰度的线性变换可以用于图像增强,但基于像素的图像增强也可以通过对图像灰度进行非线性变换来实现,并不能说基于像素的方法一定是线性的方法。

（3）从理论上讲是正确的。因为像素邻域指一组相邻的像素,单个像素可以看作是一组像素的特例。但在实际应用中,"基于像素"一般用来指基于单个像素,与"基于像素邻域"（包含多个像素）是有区别的。

5-2 位面提取函数

> 题面:

用**位面提取函数** $T(r)=0$, $r \in [0, 127]$；$T(r)=255$, $r \in [128, 255]$能从 1 幅有 8 个位面的图像中提取出其第 7 个位面。提取该图像的其他各个位面需要使用什么函数？

> 解析:

如果图像有 8 个位面,则提取图像第 n 个位面的通式为

$$T_n(r) = \begin{cases} 0, & \text{int}[r/2^n] \text{为偶数或零} \\ 255, & \text{int}[r/2^n] \text{为奇数} \end{cases}$$

以第 6 个位面为例,有

$$T_6(r) = \begin{cases} 0, & \text{int}[r/64] \text{为偶数或零} \\ 255, & \text{int}[r/64] \text{为奇数} \end{cases}$$

等价于

$$T_6(r) = \begin{cases} 0, & r \in [0, 63] \text{ 或 } r \in [128, 191] \\ 255, & r \in [64, 127] \text{ 或 } r \in [192, 255] \end{cases}$$

5-3 灰度映射曲线的分析

> 题面:

给定如图题 5-3(a)所示的两条**灰度映射曲线** $E_1(s)$ 和 $E_2(s)$。

（1）讨论这两条曲线的特点、功能及适合应用的场合。

（2）设 $L=8$, $E_1(s) = \text{int}[(7s)^{1/2} + 0.5]$,对图题 5-3(b)中直方图所对应的图像进行灰度映射,给出映射后图像的直方图（可画图或列表,标出数值）。

（3）设 $L=8$, $E_2(s) = \text{int}[s^2/7 + 0.5]$,对图题 5-3(b)中直方图所对应的图像进行灰度映射,给出映射后图像的直方图（可画图或列表,标出数值）。

> 解析:

（1）下面分别进行讨论。

$E_1(s)$：在 $t=s$ 直线的上方,能较大地提高原图中灰度较小像素的灰度（及这些像素之间的灰度差）,但会减少原图中灰度较大像素的灰度（及这些像素之间的灰度差）,所以可用来减少或压缩原图的动态范围以及原图明亮部分的反差,适合应用于原图动态范围过大或

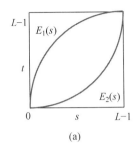
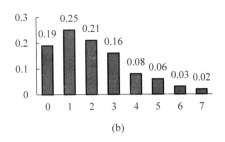

(a)   (b)

图题 5-3　灰度映射曲线和实验直方图

原图(背景)偏暗的场合。

$E_2(s)$：在 $t=s$ 直线的下方，能较大地提高原图中灰度较大像素的灰度(及这些像素之间的灰度差)，但会减少原图中灰度较小像素的灰度(及这些像素之间的灰度差)，所以可用来增加原图的灰度对比度以及原图明亮部分的反差，适合应用于原图动态范围过小或原图(背景)偏亮的场合。

(2) 计算结果如表解 5-3(1)所示。

表解 5-3（1）　用 $E_1(s)$ 映射得到的结果

s	0	1	2	3	4	5	6	7
$(7s)^{1/2}$	0	2.6458	3.7417	4.5826	5.2915	5.9161	6.4807	7
$E_1(s)$	0	3	4	5	5	6	6	7
$P(n_k)$	0.19			0.25	0.21	0.24	0.09	0.02

(3) 计算结果如表解 5-3(2)所示。

表解 5-3（2）　用 $E_2(s)$ 映射得到的结果

s	0	1	2	3	4	5	6	7
$s^2/7$	0	0.1429	0.5714	1.2857	2.2857	3.5714	5.1428	7
$E_2(s)$	0	0	1	1	2	4	5	7
$P(n_k)$	0.44	0.37	0.08		0.06	0.03		0.02

5-4　调整灰度映射曲线的效果

➤ 题面：

给定如图题 5-4 所示的门形**灰度映射曲线** $E(s)$。

(1) 用它对图像灰度进行映射，映射后的图像相比原图像有什么特点？

(2) 保持折线 $E(s)$ 的基本形状不变，将在 s_1 的垂直线段左移一个单位，将在 s_2 的垂直线段右移一个单位，用新映射函数增强的图像与用原始映射函数增强的图像相比有什么特点？

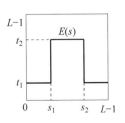

图题 5-4　门形灰度映射函数

（3）保持折线 $E(s)$ 的基本形状不变,将在 s_1 的垂直线段右移一个单位,将在 s_2 的垂直线段左移一个单位,用新映射函数增强的图像与用原始映射函数增强的图像相比有什么特点?

（4）保持折线 $E(s)$ 的基本形状不变,将在 s_1 的垂直线段左移一个单位,将在 s_2 的垂直线段也左移一个单位,用新映射函数增强的图像与用原始映射函数增强的图像相比有什么特点?

（5）保持折线 $E(s)$ 的基本形状不变,将在 s_1 的垂直线段右移一个单位,将在 s_2 的垂直线段也右移一个单位,用新映射函数增强的图像与用原始映射函数增强的图像相比有什么特点?

（6）保持折线 $E(s)$ 的基本形状不变,将在 t_1 的两段水平线段上移一个单位,将在 t_2 的水平线段下移一个单位,用新映射函数增强的图像与用原始映射函数增强的图像相比有什么特点?

（7）保持折线 $E(s)$ 的基本形状不变,将在 t_1 的两段水平线段下移一个单位,将在 t_2 的水平线段上移一个单位,用新映射函数增强的图像与用原始映射函数增强的图像相比有什么特点?

（8）保持折线 $E(s)$ 的基本形状不变,将在 t_1 的两段水平线段上移一个单位,将在 t_2 的水平线段也上移一个单位,用新映射函数增强的图像与用原始映射函数增强的图像相比有什么特点?

（9）保持折线 $E(s)$ 的基本形状不变,将在 t_1 的两段水平线段下移一个单位,将在 t_2 的水平线段也下移一个单位,用新映射函数增强的图像与用原始映射函数增强的图像相比有什么特点?

➤ **解析:**

（1）映射后的图像中对应原始图像中灰度级位于中间的那些像素会变得较亮,而对应原始图像中灰度级位于两端(偏黑和偏白)的那些像素会具有较暗的相同亮度。

（2）如此移动以后门将变宽。由于有更多的原来低灰度像素的灰度变高,所以这样增强后的图像与用原始映射函数得到的增强图像相比全局亮度更高,图像显得较亮。

（3）如此移动以后门将变窄。由于有更多的原来高灰度像素的灰度变低,所以这样增强后的图像与用原始映射函数得到的增强图像相比全局亮度更低,图像显得较暗。

（4）如此移动以后门的宽度不变,但门的位置更偏左。相比用原始映射函数增强的图像,部分较低灰度像素的灰度变高,部分较高灰度像素的灰度变低,但图像的整体亮度值没有变化。

（5）如此移动以后门的宽度不变,但门的位置更偏右。相比用原始映射函数增强的图像,部分较低灰度像素的灰度变低,部分较高灰度像素的灰度变高,但图像的整体亮度值没有变化。

（6）如此移动以后门的宽度不变,但门的高度减少。相比用原始映射函数增强的图像,灰度级位于中间的那些像素会更暗一些,灰度级位于两端(偏黑和偏白)的那些像素会更亮一些,图像的整体对比度会减小。

（7）如此移动以后门的宽度不变,但门的高度增加。相比用原始映射函数增强的图像,灰度级位于中间的那些像素会更亮一些,灰度级位于两端(偏黑和偏白)的那些像素会更暗一些,图像的整体对比度会增加。

（8）如此移动以后门的宽度和高度都不变，但整体提升了一个单位。相比用原始映射函数增强的图像，灰度级位于中间的那些像素会更亮一些，灰度级位于两端（偏黑和偏白）的那些像素也会更亮一些，图像整体要更亮一些，但相对对比度不变。

（9）如此移动以后门的宽度和高度都不变，但整体下降了一个单位。相比用原始映射函数增强的图像，灰度级位于中间的那些像素会更暗一些，灰度级位于两端（偏黑和偏白）的那些像素也会更暗一些，图像整体要更暗一些，但相对对比度不变。

5-5 直方图均衡化的变型

> **题面：**

一般**直方图均衡化**中所采用的取整扩展函数是线性的，可获得接近均匀分布的结果。现在考虑直方图$\{0.19, 0.25, 0.21, 0.16, 0.08, 0.06, 0.03, 0.02\}$。

（1）如果采用逼近指数分布的取整扩展函数 $t_k = \mathrm{int}[(L-1)\lg(1+9t_k)+0.5]$，列表给出直方图均衡化的过程和结果。

（2）如果采用逼近对数分布的取整扩展函数 $t_k = \mathrm{int}[(L-1)\exp(t_k-1)+0.5]$，列表给出直方图均衡化的过程和结果。

> **解析：**

（1）指数分布直方图均衡化的过程和结果如表解 5-5（1）所示。

表解 5-5（1）　指数分布直方图均衡化计算列表

序号	运　算	步骤和结果							
1	原始图像灰度级 k	0	1	2	3	4	5	6	7
2	原始直方图 s_k	0.19	0.25	0.21	0.16	0.08	0.06	0.03	0.02
3	累积直方图 t_k	0.19	0.44	0.65	0.81	0.89	0.95	0.98	1.00
4	取整扩展：$t_k = \mathrm{int}[(L-1)\lg(1+9t_k)+0.5]$	3	5	6	6	7	7	7	7
5	确定映射对应关系（$s_k \rightarrow t_k$）	0→3	1→5	2,3→6		4,5,6,7→7			
6	根据映射关系计算均衡化直方图				0.19		0.25	0.37	0.19

（2）对数分布直方图均衡化的过程和结果如表解 5-5（2）所示。

表解 5-5（2）　对数分布直方图均衡化计算列表

序号	运　算	步骤和结果							
1	原始图像灰度级 k	0	1	2	3	4	5	6	7
2	原始直方图 s_k	0.19	0.25	0.21	0.16	0.08	0.06	0.03	0.02
3	累积直方图 t_k	0.19	0.44	0.65	0.81	0.89	0.95	0.98	1.00
4	取整扩展：$t_k = \mathrm{int}[(L-1)\lg(1+9t_k)+0.5]$	3	4	5	6	6	7	7	7
5	确定映射对应关系（$s_k \rightarrow t_k$）	0→3	1→4	2→5	3,4,→6		5,6,7→7		
6	根据映射关系计算均衡化直方图				0.19	0.25	0.21	0.24	0.11

5-6　用 1-D 模板实现 2-D 模板的卷积

> 题面：

以**索贝尔模板**为例，证明采用 2-D 模板进行卷积的效果可用 1-D 模板实现。

> 解析：

以水平方向的索贝尔模板为例（垂直方向的类似）。将模板分解如下：

$$\begin{bmatrix} -1 & 0 & 1 \\ -2 & 0 & 2 \\ 1 & 0 & 1 \end{bmatrix} = \begin{bmatrix} 1 \\ 2 \\ 1 \end{bmatrix} \begin{bmatrix} -1 & 0 & 1 \end{bmatrix}$$

可见，先用 1-D 差分模板[−1 0 1]对图像进行卷积，再用 1-D 差分模板[1 2 1]对图像进行卷积，其效果等同于直接用原 2-D 模板进行卷积。

5-7　小尺寸模板与大尺寸模板

> 题面：

试分析在**模板卷积**中，为什么将小尺寸的模板反复使用，也可得到加权大尺寸模板的效果。

> 解析：

设原始图像为 f，小模板为 h，则第一次使用 h 与 f 进行卷积得到的结果为 $g = h \otimes f$。设再次使用 h 与 g 进行卷积得到的结果为 g^2，则 $g^2 = h \otimes g = h \otimes [h \otimes f] = [h \otimes h] \otimes f = h^2 \otimes f$。这里 h^2 代表小模板与小模板卷积得到的结果，实际上对应一个加权大尺寸模板，如图解 5-7 所示。

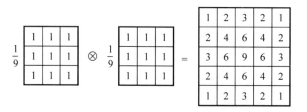

图解 5-7　小模板卷积得到大尺寸模板

5-8　用不同平均来消除噪声

> 题面：

将 M 幅图像借助**图像加法**相加后再求平均值（加法平均）可以获得消除噪声的效果，用一个 $n \times n$ 的模板进行**邻域平均**也可以获得消除噪声的效果，试讨论和比较这两种方法的消噪效果。

> 解析：

噪声消除的效果既与消噪方式有关，也与参与平均消噪的像素数量有关。

先考虑消噪方式。设原始图像为 $f(x,y)$，叠加噪声后的图像为 $g(x,y)=f(x,y)+e(x,y)$。这里设噪声在不同幅图像中独立同分布，零均值，方差为 $S(x,y)$。如果使用 M 幅图像的加法平均，得到

$$A(x,y)=\frac{1}{M}\sum_{i=1}^{M}g_i(x,y)=\frac{1}{M}\sum_{i=1}^{M}f(x,y)+e_i(x,y)=f(x,y)+\frac{1}{M}\sum_{i=1}^{M}e_i(x,y)$$

可见，平均后的结果为原始图像上叠加幅度为原来 $1/M$ 的噪声(噪声方差为原来的 $1/\sqrt{M}$)。可以说，这样的平均后基本保留了原始图像，所叠加的噪声幅度在整幅图像各处都减少了。

如果使用 $n\times n$ 的模板进行邻域平均，则等价于对图像进行低通滤波，所以原始图像会发生变化。这样的平均在滤去高频噪声的同时也滤去了一些图像中的高频信息，会使图像的对比度下降，细节变得模糊。事实上，这样的平均相当于把噪声在邻域范围内进行了平均，原来噪声大的像素上的噪声会减少，但原来噪声小或没有噪声的像素上的噪声有可能增加。另外，低频噪声也不易被滤去。

再考虑参与平均消噪的像素数量。将 M 幅图像进行加法平均利用了 M 幅图像中同一个位置的 M 个像素的平均值，用一个 $n\times n$ 的模板进行邻域平均利用了同一幅图像中的 $n\times n$ 个像素的平均值。一般参与的像素个数越多，消除噪声的能力越强，所以如果 $M>n\times n$，则前者消除噪声的效果较好，反之后者消除噪声的效果较好(这里没有考虑方式不同带来的影响)。

5-9　增强图像中特定统计特性的区域

➢ 题面：

可以根据下式对图像 $f(x,y)$ 中灰度比较小且方差也比较小的区域进行增强，提高**灰度对比度**：

$$g(x,y)=\begin{cases}Ef(x,y),& M_w\leqslant aM_f\quad\text{AND}\quad bS_f\leqslant S_w\leqslant cS_f\\f(x,y),&\text{其他}\end{cases}$$

其中，a、b、c、E 均为系数(一般 $a<0.5$，$b<c<0.5$，$2<E<5$)；M_w 和 S_w 分别是以 (x,y) 为中心的图像窗口 W(常可取 3×3)中的灰度均值和灰度方差；M_f 和 S_f 分别是图像 $f(x,y)$ 的灰度均值和灰度方差。

(1) 分析上述**图像增强**方法的原理，为什么两个不等式可帮助选择期望的区域？

(2) 如果需要增强图像中灰度比较大但方差比较小的区域，应如何调整上式？各系数如何选择？

➢ 解析：

(1) 选择的 3×3 窗口相对于全图比较小，可以刻画局部的特征，而且比较准确地描述局部的均值和方差。在题面公式的条件中，逻辑运算前的第一个不等式帮助选择灰度值低于全图平均值的所有图像区域，逻辑运算后的第二个不等式帮助选择灰度值的方差低于全图平均值的区域。增强时用的乘法操作会使该区域内像素灰度的方差增加，从而可增大对比度，达到增强目的。

(2) 这里需要选择灰度值高于全图平均值，但灰度值的方差仍然低于全图平均值的图像区域。为此，可改逻辑运算前的第一个不等式为 $M_w\geqslant aM_f$，且取 $a>2$，其他系数仍可类

似(1)中选取。

5-10 借助像素梯度进行增强

> **题面：**

可以借助像素的**梯度**来进行图像增强。一种方法是先对原始图像 $f(x,y)$ 进行 3×3 **邻域平均**，再用下式进行增强：

$$h(x,y)=\begin{cases}G[f(x,y)], & G[f(x,y)]\geqslant T \\ f(x,y), & 其他\end{cases}$$

其中，$G[f(x,y)]$ 是 $f(x,y)$ 在 (x,y) 处的梯度（灰度差）；T 是非负的阈值。

(1) 增强图像中哪些地方会得到增强？

(2) 如果改变阈值 T 的数值，对增强效果有哪些影响？

> **解析：**

(1) 这里给出一组实验图像，如图解 5-10(1)所示，其中图解 5-10(1a)、图解 5-10(1b)、图解 5-10(1c)分别为原始图像、邻域平均图像、增强图像（阈值 $T=150$）。可见邻域平均使图像比较柔和，而利用增强式可使图中灰度变化比较剧烈的部分（如各种边缘和轮廓）被突出了出来，但对灰度变化缓慢的部分没有太多影响。

(a)　　　　　　　　(b)　　　　　　　　(c)

图解 5-10(1)　增强的效果

(2) 这里也给出一组实验图像，如图解 5-10(2)所示，其中图解 5-10(2a)、图解 5-10(2b)、图解 5-10(2c)、图解 5-10(2d)分别对应阈值 $T=200$，$T=150$，$T=100$，$T=50$

(a)　　　　　(b)　　　　　(c)　　　　　(d)

图解 5-10(2)　阈值对增强效果的影响

的增强结果。可见原始图像中灰度变化剧烈的区域得到了加强,且加强的范围和程度随着阈值的减小而进一步加剧。换句话说,不仅原来图像中梯度较大的边缘区域得到了加强,而且原来图像中梯度较小的区域,即非边缘或轮廓而仅有纹理的区域(一般是不希望被增强的区域)也被加强了,过度增强导致图像的视觉质量并不好。

5-11　利用单方向灰度差的增强

> **题面**:

有这样一种**图像增强**方式:在每个像素位置,分别计算其水平方向上左边一个位置和右边一个位置的两个像素的灰度差 H 和其垂直方向上高一个位置和低一个位置的两个像素的灰度差 V。如果 $V > H$,则将该像素的灰度变为水平方向上两个像素的灰度之和的平均值;否则,将该像素的灰度变为垂直方向上两个像素的灰度之和的平均值。

(1)该增强方式的特点和效果是什么?

(2)如果反复使用该方式,最终会获得什么样的效果?

> **解析**:

(1)该增强方式在灰度变化较快的方向保留了边缘强度又在灰度变化较慢的方向进行了平滑,所以既能保持一定的细节也能消除一定的噪声。

(2)参见图解 5-11 给出的一组实验图像,其中图解 5-11(a)为原图,图解 5-11(b)到图解 5-11(h)依次为利用 1 次、2 次、3 次、5 次、10 次、100 次和 200 次该方式得到的结果。由图可见,如果反复利用该方式对图像进行增强,那么灰度相差比较小的区域会随着平均次数的增加而细节逐渐消失(变成灰度相同的块区域),图像越来越模糊。另外,原来比较接近水平或竖直的边缘会越来越水平或竖直,图像中会出现许多矩形块区域,产生失真。

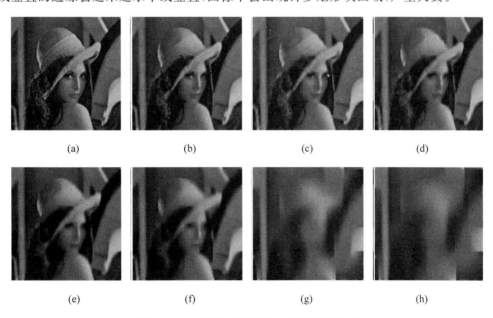

图解 5-11　反复使用增强方式所获得的效果

5-12 用平滑操作实现锐化操作

> 题面：

对图像进行**平滑操作**可得到平滑图像，对图像进行**锐化操作**可得到锐化图像。但是，从原始图像中减去平滑图像也可以获得锐化图像。试在空域中借助 3×3 的滤波模板来验证。

> 解析：

设能获得原始图像、平滑图像和锐化图像的 3×3 滤波模板分别如图解 5-12(a)、图解 5-12(b)和图解 5-12(c)所示。

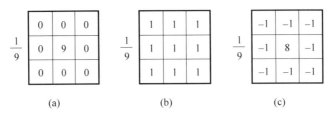

(a)   (b)   (c)

图解 5-12　3 种 3×3 滤波模板

将模板看成数组/矩阵进行相减，就可以得到原始图像－平滑图像＝锐化图像。

5-13 两个平滑操作的差与锐化操作

> 题面：

空域中的**锐化操作**效果可以用两个空域的**平滑操作**的差来实现。设有两个**高斯平滑函数**：$h_1(x) = A\exp(-2\pi^2 2\sigma_1^2 x^2)$ 和 $h_2(x) = B\exp(-2\pi^2 2\sigma_2^2 x^2)$，其中幅度系数 $A \geqslant B$，方差 $\sigma_1 > \sigma_2$。它们的差即 $h(x) = h_1(x) - h_2(x)$ 的效果就是一个**高斯锐化**，其对应模板函数的剖面形状如图题 5-13 所示。讨论方差 σ_1 和 σ_2 的取值变化对该锐化模板函数的形状和锐化功能的影响。

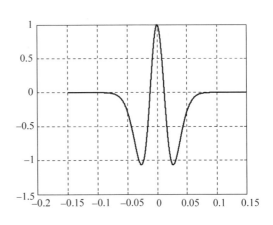

图题 5-13　高斯锐化的模板函数

> 解析：

图解 5-13 给出方差 σ_1 和 σ_2 的取值变化后的一些模板函数形状，其中(a)对应 σ_1 增大，(b)对应 σ_2 增大，(c)对应 σ_1 减小，(d)对应 σ_2 减小。由图可见当 σ_1 或 σ_2 增大时，$h(x)$ 变窄（对应较小模板），即锐化的作用加强；当 σ_1 或 σ_2 减小时，$h(x)$ 变宽（对应较大模板），即锐化的作用减弱。

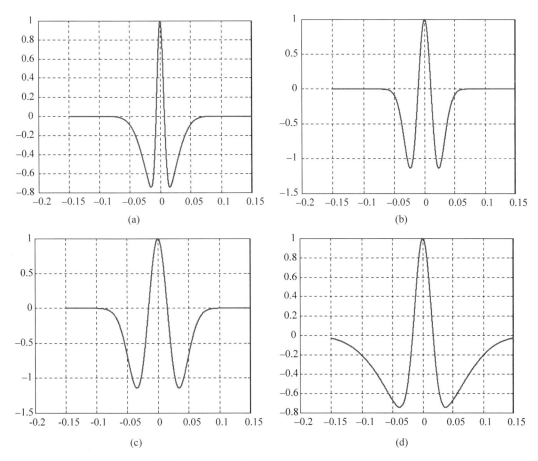

图解 5-13　方差 σ 变化后的高斯锐化模板函数

5-14　用不同模板计算中值

> **题面：**

设有一幅图像如图题 5-14 所示，试分别用 3 种方法计算其中心 3×3 部分的**中值**（画出最终结果，对后两种还画出中间结果）：

(1) 直接使用 3×3 的 2-D 模板。

(2) 先使用 3×1 的 1-D 模板，再使用 1×3 的 1-D 模板。

(3) 先使用 1×3 的 1-D 模板，再使用 3×1 的 1-D 模板。

0	0	0	0	0
0	1	2	0	0
0	4	5	6	0
0	0	8	9	0
0	0	0	0	0

图题 5-14　用于计算中值的图像

> **解析：**

3 种方法的计算结果依次见图解 5-14(a)、图解 5-14(b)、图解 5-14(c)。

0	1	0
1	5	2
0	4	0

1	1	0
4	5	5
0	8	8

1	1	0
1	5	5
0	5	5

1	2	0
1	6	6
0	5	6

1	2	0
1	5	5
0	5	5

(a)　　　　　　　　　(b)　　　　　　　　　(c)

图解 5-14　中值计算结果

5-15　中值滤波中更新中值

> 题面：

在进行**中值滤波**时，要用其模板中心扫过图像中的每个位置并读取对应模板下的像素进行排序。设计一种尽量减少**模板排序**工作量的更新中值的方法。

> 解析：

考虑水平扫描（垂直扫描原理相同）时的情况。每次移动一个 $n \times n$ 的模板，只有其最左一列和最右一列下的像素发生变化（其他模板下的像素仍在模板下，虽然所对应的模板位置不同），即只有这两列像素影响中值的更新。所以，为减少排序工作量，在读取对应模板下的像素时，可以采取先比较模板移动前最左一列下的像素值与当时中值大小的方式来更新中值，再比较模板移动后最右一列下的像素值与当时中值大小的方式来（第二次）更新中值。这样，就可将原本需要的对 n^2 个像素值的比较排序工作减少为对 $2n$ 个像素值的比较排序工作。

因为对 n 个像素值的比较排序需要 n^2 次运算操作，所以采用上面的方法排序，工作量可从 $O(n^4)$ 减少到 $O(n^2)$。例如，当使用 3×3 的模板时，比较数量可以从 81 降到 18；而当使用 5×5 的模板时，比较数量可以从 625 降到 50。

5-16　中值滤波的模板与消除噪声效果

> 题面：

试讨论**中值滤波**的消除噪声效果与所用模板中参与（排序）运算的像素个数有关的原因，为什么它与模板尺寸有关联但又不完全与模板尺寸成比例？

> 解析：

中值滤波通过（排序）计算模板所覆盖范围内像素的中值来工作。如果模板范围内的像素个数比较少，则中值能体现更多的图像细节；如果模板范围内的像素个数比较多，则中值体现更多的图像全局特点。所以中值滤波的效果与模板尺寸有关联。不过模板尺寸只是限制了参与排序像素的最大个数，实际中也可以只使用模板所覆盖范围内的部分像素，这样可减少计算量。所以，中值滤波的效果并不一定与模板尺寸完全成比例。

进一步考虑当只使用模板所覆盖范围内的部分像素时，因为可有许多方法选择这部分像素，所以中值滤波的效果不一定与所使用的模板下像素个数成比例。

5-17　不同滤波方法的特点和对比

> 题面：

(1) 试概述**均值滤波**和**中值滤波**各自的特点并进行相互对比。

(2) 试概述**最大值滤波**和**最频值滤波**各自的特点并进行相互对比。

> 解析：

(1) 均值滤波与中值滤波各自的特点和相互对比见表解 5-17(1)。

表解 5-17(1)　均值滤波与中值滤波的特点和对比

比较项	各 自 特 点	相 互 对 比
均值滤波	均值滤波通过"取长补短"来降低噪声的影响，它更适合用于消除高斯噪声。 均值滤波会模糊边缘，因为它产生背景灰度和前景灰度混合的边缘剖面，所以会减少两个区域之间的局部对比度	均值滤波将所有噪声值都平均加到信号之中；而中值滤波将可将噪声排除在信号之外。 均值滤波将野点也包括在内而盲目地平均所有值；中值滤波有选择地进行统计，忽略了野点
中值滤波	中值滤波通过去除局部灰度的野点来消除噪声的影响，它更适合用于消除脉冲噪声。它能在成功消除噪声的同时不产生任何局部模糊。它趋向于保持单调增/减的信号的顺序不变化。 使用中值滤波有可能引入边缘的移动，有导致产生常数值游程的倾向。中值滤波的计算量很大，至少正比于它所使用的模板的面积	

(2) 最大值滤波与最频值滤波各自的特点和相互对比见表解 5-17(2)。

表解 5-17(2)　最大值滤波与最频值滤波的特点和对比

比较项	各 自 特 点	相 互 对 比
最大值滤波	最大值滤波作用在一幅(暗目标在亮背景上的)图像时，亮的背景区域将扩张，并趋向于减小目标的尺寸，或甚至消除小的目标。 最大值滤波趋向于在图像中产生常数(高)灰度的区域，且在(暗)目标轮廓的角点处趋向于插入目标中	最频值滤波与最大值滤波在高曲率的轮廓附近都会趋向于减小曲率的变化。 不同之处在于最频值滤波对背景和前景进行对称的操作，而最大值滤波仅对高曲率轮廓的暗边产生影响
最频值滤波	最频值滤波不仅可以消除噪声(尤其是脉冲噪声)，还可以锐化边缘。它趋向于保留边缘，且不会显著地移动边缘位置而导致目标尺寸的减少。 最频值滤波在高曲率的轮廓附近会趋向于减小曲率变化	

5-18　用低通滤波实现高通滤波

> 题面：

利用**低通滤波**可以得到低通滤波图像，利用**高通滤波**可以得到高通滤波图像。但是，如果从原始图像中减去低通滤波图像也可以获得高通滤波图像。试在频域中证明这一点。

> 解析：

设原始图像的傅里叶变换为 $F(u, v)$，低通滤波器的转移函数为 $D(u, v)$，高通滤波器的转移函数为 $G(u, v)$。通过设计，可使得 $D(u, v) + G(u, v) = 1$，即低通滤波器和高通滤波器的转移函数互补。这样,在频域内用原始图像的傅里叶变换减去低通滤波图像的傅里叶变换将是 $F(u, v) - F(u, v)D(u, v) = F(u, v) \times [1 - D(u, v)] = F(u, v)G(u, v)$。所以,通过傅里叶反变换转换到空域中就可得到高通滤波图像。

5-19 用两个低通滤波器构建一个高通滤波器

> **题面:**

在频域中,一个**高通滤波器**的效果可以用两个**低通滤波器**来实现。设有两个高斯低通滤波器,即 $H_1(u) = A\exp(-u^2/2\sigma_1^2)$ 和 $H_2(u) = B\exp(-u^2/2\sigma_2^2)$,其中幅度系数 $A \geqslant B$,方差 $\sigma_1 > \sigma_2$。它们的差即 $H(u) = H_1(u) - H_2(u)$ 是一个高斯高通滤波器,其转移函数如图题 5-19 所示。讨论方差 σ_1 和 σ_2 的取值变化对该滤波器形状和滤波功能的影响。

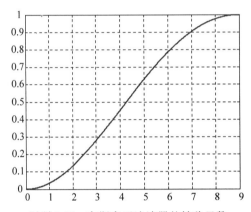

图题 5-19　高斯高通滤波器的转移函数

> **解析:**

图解 5-19 给出方差 σ_1 和 σ_2 的取值变化后的一些转移函数曲线,其中图解 5-19(a)对应 σ_1 增大,图解 5-19(b)对应 σ_2 增大,图解 5-19(c)对应 σ_1 减小,图解 5-19(d)对应 σ_2 减小。由图可见,当 σ_1 或 σ_2 增大时,$H(u)$ 变宽(对应截断频率升高),即可以保留更多的高频部分;当 σ_1 或 σ_2 减小时,$H(u)$ 变窄(对应截断频率降低),即部分高频会被减弱。

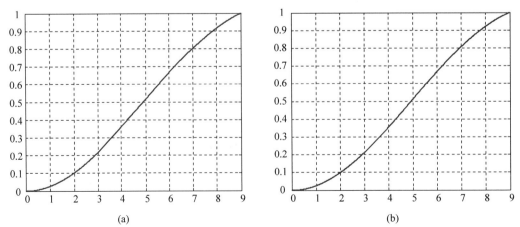

(a)　　　　　　　　　　　　　(b)

图解 5-19　σ 变化后的高斯高通滤波器转移函数

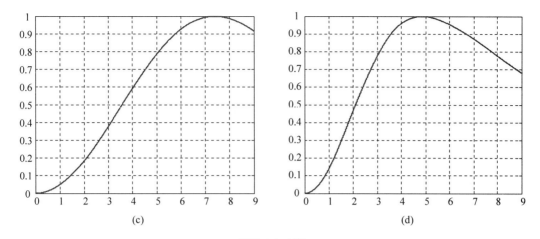

图解 5-19(续)

5-20　巴特沃斯带通滤波器

➤ 题面：

试写出能通过水平频率为 500Hz 和垂直频率为 50Hz 的模式、截断频率为 5Hz 的二阶**巴特沃斯带通滤波器**的表达式。

➤ 解析：

带通滤波器允许通过的频率不以原点为中心,且需要两两对称地工作,所以满足要求的二阶巴特沃斯带通滤波器的表达式为

$$H(u,v) = \frac{1}{1+\left[D_1(u,v)/6\right]^4} + \frac{1}{1+\left[D_2(u,v)/6\right]^4}$$

其中,

$$D_1(u,v) = \left[(u-500)^2 + (v-50)^2\right]^{1/2}$$
$$D_2(u,v) = \left[(u+500)^2 + (v+50)^2\right]^{1/2}$$

5-21　巴特沃斯低通滤波消除虚假轮廓

➤ 题面：

试从空域的角度出发说明为什么使用**巴特沃斯低通滤波器**可以消除**虚假轮廓**。

➤ 解析：

考虑巴特沃斯低通滤波器的转移函数,如果取 $n=1$,忽略高阶量,用泰勒级数将其展开写成

$$H(u,v) = \frac{1}{1+\left[D(u,v)/D_0\right]^2} = \frac{1}{1+\dfrac{u^2+v^2}{D_0^2}} \approx 1 - \frac{u^2+v^2}{D_0^2}$$

这样,滤波输出图像的傅里叶变换为

$$G(u,v) = H(u,v)F(u,v) = \left[1-\frac{u^2+v^2}{D_0^2}\right]F(u,v) = F(u,v) - \frac{u^2}{D_0^2}F(u,v) - \frac{v^2}{D_0^2}F(u,v)$$

对它进行傅里叶反变换,得到输出图像的空域表示,即

$$g(x,y) = f(x,y) - \frac{1}{D_0^2}\left[\frac{\partial^2 f(x,y)}{\partial x^2} + \frac{\partial^2 f(x,y)}{\partial y^2}\right]$$

这个结果相当于从输入图像中减去了一个与二阶偏导之和成正比的项,对应一个拉普拉斯算子。因为拉普拉斯算子可以锐化图像,所以从输入图像中减去锐化结果可平滑图像而消除虚假轮廓。

5-22 邻域平均对应的滤波器

> 题面:

考虑图像中任一个像素点 $f(x,y)$ 的 4 个 4-近邻像素(不算该像素本身),可以借助**邻域平均**来构建一个**低通滤波器**。

(1) 给出它在频域的等价滤波函数 $H(u,v)$。

(2) 证明所得结果确实是一个低通滤波器。

> 解析:

(1) 在空域中进行 4 个 4-近邻像素的邻域平均(设加权系数均为 1),得到

$$g(x,y) = \frac{1}{4}\{f(x+1,y) + f(x,y+1) + f(x-1,y) + f(x,y-1)\}$$

对其进行傅里叶变换(借助平移性质),得

$$G(u,v) = \frac{1}{4}\{F(u,v)\exp(\mathrm{j}2\pi u/N) + F(u,v)\exp(-\mathrm{j}2\pi u/N)\} +$$

$$\frac{1}{4}\{F(u,v)\exp(\mathrm{j}2\pi v/N) + F(u,v)\exp(-\mathrm{j}2\pi v/N)\}$$

$$= \frac{1}{2}F(u,v)[\cos(2\pi u/N) + \cos(2\pi v/N)]$$

所以在频域中的等价滤波函数为

$$H(u,v) = \frac{1}{2}[\cos(2\pi u/N) + \cos(2\pi v/N)]$$

(2) 上述滤波器以 N 为周期,在 $u=0,v=0$ 时取到最大值,在一个周期内,随着频率值的增加其幅值逐渐减小(如图解 5-22 所示),这表明该滤波器的功能相当于一个低通滤波器。

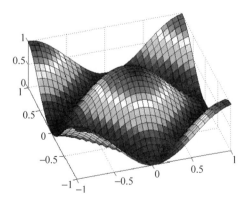

图解 5-22 频域中的等价滤波函数　　　　　　图解 5-22

5-23　邻域差分对应的滤波器

> **题面：**

计算图像中两个相邻像素点 $f(x,y)$ 和 $f(x+1,y)$ 或 $f(x,y)$ 和 $f(x,y+1)$ 的差分可获得**梯度**。

(1) 给出上述操作在频域所对应的滤波器转移函数 $H(u,v)$。

(2) 证明所得结果相当于一个**高通滤波器**的滤波函数。

> **解析：**

(1) 以对 $f(x,y)$ 和 $f(x+1,y)$ 计算差分为例(对 $f(x,y)$ 和 $f(x,y+1)$ 也类似)：
$$g(x,y) = f(x+1,y) - f(x,y)$$
再对结果进行傅里叶变换(借助平移性质)，得到
$$G(u,v) = F(u,v)\{\exp(\mathrm{j}2\pi u/N) - 1\}$$
所以滤波器转移函数 $H(u,v)$ 为
$$H(u,v) = \exp(\mathrm{j}2\pi u/N) - 1$$

(2) 取转移函数 $H(u,v)$ 的模，有
$$\begin{aligned}\| H(u,v) \| &= \| \cos(2\pi u/N) - 1 + \mathrm{j} \cdot \sin(2\pi u/N) \| \\ &= [\cos(2\pi u/N) - 1]^2 + \sin^2(2\pi u/N) = 2[1 - \cos(2\pi u/N)]\end{aligned}$$

由上式可知，转移函数以 N 为周期，在 $u=0,v=0$ 取到最小值，随着频率值在一个周期内的增加而单增，这对应于一个高通滤波器。

图解 5-23 给出对转移函数的幅值函数的一个实验计算结果，符合高通滤波器的情况。

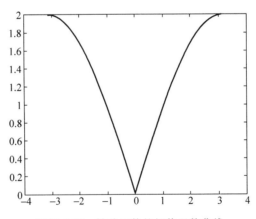

图解 5-23　转移函数的幅值函数曲线

5-24　滤波器分解

> **题面：**

可以证明：如果在连续域中有两个滤波器 h_1 和 h_2，用它们依次对一幅连续图像 f 进行(卷积)滤波得到的结果 $((f \otimes h_1) \otimes h_2)$ 与先将两个**滤波器卷积**得到一个滤波器 $h(h = h_1 \otimes h_2)$

再用 h 对 f 进行(卷积)滤波得到的结果 $(f \otimes (h_1 \otimes h_2))$ 是相同的。这个结果可以推广到离散域中吗?

> 解析:

这个结果可以推广到离散域中,条件是离散图像应是无穷尺寸的。如果离散图像是有限尺寸的,那么滤波结果就会根据处理图像边界上像素方法的不同而不同。

5-25 空域模板的设计

> 题面:

如果给定了滤波器的转移函数 $H(u, v)$,讨论如何根据它设计出对应的空域**模板**,列出主要步骤。

> 解析:

主要步骤有 3 个:

(1) 对 $H(u, v)$ 进行傅里叶反变换,得到 $h(x, y)$。

(2) 根据空域模板的尺寸,对 $h(x, y)$ 进行相应的采样,得到模板各个元素的值。

(3) 对采样归一取整,使最小的模板值为 1,其他值为整数。

5-26 对椒盐噪声的线性滤波

> 题面:

试分析为什么一般**线性滤波**消除**椒盐噪声**的效果会较差。

> 解析:

先从空域角度分析。一般的线性滤波采用一个小模板对图像进行卷积来实现(平滑)滤波。此时椒盐噪声会被(加权)平均而减弱,但同时图像中原来的细节也可能被平滑掉。另外,椒盐噪声取极端的灰度值,所以平均操作会给一个噪声点周围的像素加上一定的噪声,使得噪声产生扩散。它们都会导致图像的视觉效果变差。

再从频域角度分析。消除噪声的线性滤波器在频域中对应低通滤波器(主要保留低频段的频率分量)。椒盐噪声在空域上为脉冲噪声,而在频域上其频谱的范围很广,这样在线性滤波器的作用下只有高频率分量被消除,而未被消除的频率分量在空域上仍表现为噪声,因此线性滤波器消除椒盐噪声的效果会较差。

第6章 图像恢复

图像恢复也称图像复原,是图像处理中的一大类技术。图像恢复的目标是要改善输入图像的视觉质量,不过它的出发点是认为要恢复的图像(质量)是在某种情况/条件下由原始图像退化或恶化(图像品质下降、失真)而得到的,现在需要根据相应的退化模型和知识重建或恢复原始的图像。换句话说,图像恢复技术是要将图像退化的过程模型化,并根据所确定的图像退化模型来进行有针对性的复原,以获得期望的效果。

图像恢复的关键是要建立图像退化的模型。由于造成图像退化的因素很多,如噪声、模糊、干扰、剪切等,所以要对这些退化源进行深入剖析。在模型已确定的情况下,可以采取无约束的技术(如逆滤波)或者有约束的技术(如维纳滤波和有约束最小平方滤波)来进行恢复。图像退化的表现多种多样,图像恢复的工作也不同。例如,图像的几何失真主要表现为像素的相对位置的变化,所以需要恢复像素的空间关系;图像的缺损主要表现为部分像素的缺失,所以需要对图像进行修复和填充。近年来,这类修补技术得到了大量应用。同样得到广泛关注的还有图像去雾的问题,目前主要也是采取图像恢复的思路来改善。通过构建图像降质的模型,借助先验知识有针对性地恢复图像。

图像恢复的基本思想是根据退化原因进行相应的恢复。从这个观点来看,从投影重建图像也是一类特殊的图像恢复技术。这里投影可看成是一种退化过程而重建过程则可看成是一种复原过程。常见的 CT、EIT、MRI 等成像技术将景物内部信息转化为一系列投影,从这些投影可以重建出景物内部的结构分布。常用的方法包括傅里叶反变换法、卷积投影法、代数迭代法等。

本章的问题涉及上述图像恢复多个方面的概念。

6-1　几何失真的双线性校正

> **题面:**

在根据图题 6-1 进行的**几何失真校正**中,左边的失真图 $g(x', y')$ 和右边的校正图 $f(x, y)$ 都以左下角为原点,网格为单位网格。如果 $g(1, 1)=1$,$g(7, 1)=7$,$g(1, 7)=7$,$g(7, 7)=14$,求点 $f(2, 4)$ 在使用双线性几何校正后再用双线性插值得到的灰度值。

> **解析:**

利用双线性几何失真公式,借助 4 对点的对应关系,可得到 8 个一组的线性方程

$$1 = k_1 + k_2 + k_3 + k_4$$
$$2 = k_5 + k_6 + k_7 + k_8$$
$$6 = 7k_1 + k_2 + 7k_3 + k_4$$

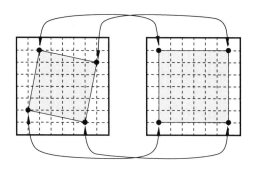

图题 6-1　失真图和校正图

$$1 = 7k_5 + k_6 + 7k_7 + k_8$$
$$7 = 7k_1 + 7k_2 + 49k_3 + k_4$$
$$6 = 7k_5 + 7k_6 + 49k_7 + k_8$$
$$2 = k_1 + 7k_2 + 7k_3 + k_4$$
$$7 = k_5 + 7k_6 + 7k_7 + k_8$$

联立解得：$k_1 = 5/6, k_2 = 1/6, k_3 = 0, k_4 = 0, k_5 = -1/6, k_6 = 5/6, k_7 = 0, k_8 = 4/3$。

利用后向映射，与 $f(x, y)$ 对应的 $g(x', y')$ 是 $g(8/3, 13/3)$。先算得点 $g(2, 4) = 6$，$g(3, 4) = 7, g(3, 5) = 8, g(2, 5) = 7$，再利用双线性插值得到 $f(2, 4) = 7$。

6-2　恢复转移函数的形式

➢ 题面：

常见的**恢复转移函数** $M(u, v)$ 有两种形式。一种是

$$M(u,v) = \begin{cases} 1/H(u,v), & 如 u^2 + v^2 \leqslant w_0^2 \\ 1, & 如 u^2 + v^2 > w_0^2 \end{cases}$$

其中，$H(u, v)$ 是退化函数，对 w_0 的选取原则是将 $H(u, v)$ 中为 0 的点除去。另一种是

$$M(u,v) = \begin{cases} k, & 如 H(u,v) \leqslant d \\ 1/H(u,v), & 其他 \end{cases}$$

其中 k 和 d 均为小于 1 的常数，而且 d 选得较小为好。

（1）哪个恢复转移函数的效果相对较好？

（2）还可用什么样的恢复转移函数以取得更好的效果？

➢ 解析：

（1）后一个恢复转移函数的效果相对较好。这里前一个恢复转移函数将恢复运算的频谱范围进行了限制，类似于门函数的恢复转移函数会导致振铃效应比较明显。后一个恢复转移函数在 $H(u, v)$ 取较小值（有可能出现奇异解）的时候让 $M(u, v)$ 取一个固定的有限值，避免了 $N(u, v)/H(u, v)$ 对恢复结果造成较大的影响，所以效果较好。

（2）如果能对后一个恢复转移函数进行改进，使 k 的值随 $H(u, v)$ 而变化，则有可能进一步减小 $M(u, v)$ 而使 $N(u, v)/H(u, v)$ 对恢复结果造成的影响更小。

6-3 分段换方向运动的转移函数

> 题面：

为消除**匀速直线运动模糊**，需要分析物体的运动情况。如果一个物体先在 X 方向上运动了 T_x 时间，其后转为在 Y 方向上又运动了 T_y 时间，推导这种情况下用于图像恢复的**转移函数**。

> 解析：

在 0 到 T_x 之间采集到的图像为

$$g_x(x,y) = \int_0^{T_x} f[x - x_0(t_x), y]\mathrm{d}t_x$$

在 T_x 到 T_y 之间采集到的图像为

$$g_{xy}(x,y) = \int_0^{T_y} g_x[x, y - y_0(t_y)]\mathrm{d}t_y = \int_0^{T_y}\int_0^{T_x} f[x - x_0(t_x), y - y_0(t_y)]\mathrm{d}t_x\mathrm{d}t_y$$

对它进行傅里叶变换，得到

$$
\begin{aligned}
G(u,v) &= \int_{-\infty}^{\infty}\int_{-\infty}^{\infty} g_x(x,y)\exp[-2\mathrm{j}\pi(ux+vy)]\mathrm{d}x\mathrm{d}y \\
&= \int_0^{T_y}\int_0^{T_x}\left\{\int_{-\infty}^{\infty}\int_{-\infty}^{\infty} f[x-x_0(t_x), y-y_0(t_y)]\exp[-2\mathrm{j}\pi(ux+vy)]\mathrm{d}x\mathrm{d}y\right\}\mathrm{d}t_x\mathrm{d}t_y \\
&= F(u,v)\int_0^{T_y}\int_0^{T_x}\{\exp[-2\mathrm{j}\pi(ux_0(t_x)+vy_0(t_y))]\}\mathrm{d}t_x\mathrm{d}t_y
\end{aligned}
$$

如果定义

$$H(u,v) = \int_0^{T_y}\int_0^{T_x}\{\exp[-2\mathrm{j}\pi(ux_0(t_x)+vy_0(t_y))]\}\mathrm{d}t_x\mathrm{d}t_y$$

则得到 $G(u,v) = F(u,v)H(u,v)$，即 $H(u,v)$ 为需要的转移函数。如果令 $x_0(t_x) = c_x t_x/T_x, y_0(t_y) = c_y t_y/T_y$，则对 $H(u,v)$ 积分，可得

$$
\begin{aligned}
H(u,v) &= \int_0^{T_x}\{\exp[-2\mathrm{j}\pi uc_x t_x/T_x]\}\mathrm{d}t_x\int_0^{T_y}\{\exp[-2\mathrm{j}\pi vc_y t_y/T_y]\}\mathrm{d}t_y \\
&= \frac{T_x T_y}{\pi^2 uvc_x c_y}\sin(\pi uc_x)\sin(\pi vc_y)\exp[-\mathrm{j}\pi(uc_x + vc_y)]
\end{aligned}
$$

6-4 匀加速运动所造成的模糊

> 题面：

设**图像模糊**是由物体的匀加速运动所产生的。当 $t=0$ 时物体静止，在 $t=0$ 到 $t=T$ 之间物体运动分量是 $x(t) = at^2/2, y(t) = 0$。

（1）求描述运动的转移函数 $H(u,v)$。

（2）相比于匀速运动，匀加速运动所造成的模糊有什么不同？

> 解析：

（1）将运动分量代入 $H(u,v)$ 的计算公式，有

$$
\begin{aligned}
H(u,v) &= \int_0^T \exp\{-\mathrm{j}2\pi[ux(t)+vy(t)]\}\mathrm{d}t = \int_0^T \exp\left[-\mathrm{j}2\pi u\frac{at^2}{2}\right]\mathrm{d}t \\
&= \int_0^T \exp[-\mathrm{j}\pi aut^2]\mathrm{d}t
\end{aligned}
$$

上述积分(可表示为菲涅耳积分)在 T 趋向于无穷时为有限值,所以在 T 为有限值时应为较小的正值(也可借助级数展开分析)。

（2）对匀速运动造成的模糊,由于 $H(u,v)$ 可能在 uv 平面上的某些位置取零或很小,从而使得恢复结果与预期的结果有很大的差距。而对匀加速运动造成的模糊,由于其 $H(u,v)$ 没有在 uv 平面上取零的点,则没有这个问题。

6-5　有约束最小平方恢复滤波器的转移函数

> **题面**：

设一台 X 射线成像设备所产生的图像模糊可以模型化为一个卷积过程,其卷积函数是：$h(r)=[r^2-2\sigma^2/\sigma^4]\exp[-r^2/2\sigma^2]$,其中 $r^2=x^2+y^2$。可见,这里的卷积函数为轮换对称的。设为恢复这类图像要设计一个**有约束最小平方恢复滤波器**,请推导它的转移函数。

> **解析**：

有约束最小平方恢复滤波器的转移函数为

$$R(u,v)=\frac{H^*(u,v)}{|H(u,v)|^2+s|P(u,v)|^2}$$

其中 $H(u,v)$ 可由对 $h(r)=h(x,y)$ 的傅里叶变换得到(取正方形图像,即 $M=N$),即

$$H(u,v)=\frac{1}{M}\sum_{y=0}^{M-1}\sum_{x=0}^{M-1}\frac{x^2+y^2-2\sigma^2}{\sigma^4}\exp\left[-\frac{x^2+y^2}{2\sigma^2}\right]\exp[-\mathrm{j}2\pi(ux+vy)/M]$$

进一步得

$$H^*(u,v)=\frac{1}{M}\sum_{y=0}^{M-1}\sum_{x=0}^{M-1}\frac{x^2+y^2-2\sigma^2}{\sigma^4}\exp\left[-\frac{x^2+y^2}{2\sigma^2}\right]\exp[\mathrm{j}2\pi(ux+vy)/M]$$

其中

$$P(u,v)=\frac{1}{M}\sum_{y=0}^{M-1}\sum_{x=0}^{M-1}p(x,y)\exp[-\mathrm{j}2\pi(ux+vy)/M]$$

$$=\frac{1}{M}\{-\exp[-\mathrm{j}2\pi v/M]-\exp[-\mathrm{j}2\pi u/M]-\exp[-\mathrm{j}2\pi(u+2v)/M]-$$

$$\exp[-\mathrm{j}2\pi(2u+v)/M]+4\exp[-\mathrm{j}2\pi(u+v)/M]\}$$

将 $H(u,v)$、$H^*(u,v)$ 和 $P(u,v)$ 代入滤波器的转移函数公式就可求得有约束最小平方恢复滤波器。

6-6　正弦模式干扰的消除

> **题面**：

设一幅图像受到**正弦模式**的干扰,

（1）在图像的傅里叶空间画出用交互式方法消除这个干扰模式的示意图。

（2）当用**理想带阻滤波器**来消除这个干扰模式时,如果滤波器的半径过大则会产生比较明显的振铃效应,为什么?

> **解析**：

（1）傅里叶空间中的示意图如图解 6-6 所示,其中两个白点代表对应干扰模式的两个

频率点,两个白色圆环对应用来消除干扰模式的带阻滤波器的截断频率。如果正弦模式的水平频率与垂直频率相同,则两个白点正好在对角线上(见图解6-6(a));但如果正弦模式的水平频率与垂直频率不同,则两个白点会对称地偏离对角线(见图解6-6(b))。

（2）理想带阻滤波器在滤除正弦干扰模式时也会滤除受干扰图像中的干扰模式频率之外的一些频率分量(如在图解6-6中白点与白色圆环之间的部分),从而产生振铃效应。如果滤除的频率分量越多,则产生的振铃效应也会越明显。当滤波器的半径比较大时,被滤除的频率分量就比较多,所以产生的振铃效应也会比较明显。

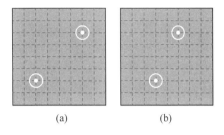

图解 6-6　消除干扰模式的带阻滤波器

6-7　正弦模式干扰与匀速直线运动模糊的对比

> 题面:

正弦模式干扰与**匀速直线运动模糊**对图像造成的影响有什么不同?

> 解析:

正弦模式的干扰是叠加在原图像上的,受干扰图像上会出现周期性变化的模式。正弦模式的频率单一,它在频率域中与原图像的频率是相加的关系,所以可较方便地借助带阻滤波器减弱或消除。匀速直线运动模糊导致的影响是与原图像相卷积的,使得图像沿运动方向产生模糊。在频率域中,匀速直线运动模糊的频率与原图像的频率是相乘的关系,需要在空域中估计出运动情况后才能用逆滤波进行消除。

6-8　图像修复和图像补全的对比

> 题面:

列出几个**图像修补**中,**图像修复**和**图像补全**的不同之处。

> 解析:

（1）图像修复常指修补尺度较小的区域,而图像补全常指修补尺度较大的区域。

（2）从功能上讲,图像修复多用于图像复原而图像补全多用于景物移除。

（3）图像修复多利用图像的局部结构信息,但不太考虑利用图像的纹理信息,而图像补全则常常需要考虑整幅图像的全局信息,并且要考虑借助图像的纹理信息。

（4）图像修复的目标经常是要尽量去恢复原始的图像(不留痕迹),这时可用信噪比等指标来衡量图像修复结果的好坏。图像补全的目标常常是要在景物去除后,使得补全后的图像在视觉上如同真实图像一样,这种情况一般多只能以人眼观察的结果来判断图像补全结果的好坏。

6-9　大写英文字母的投影

> **题面：**

用 7×5 的点阵就可以构成所有的大写英文字母（见图题 6-9）。如果将它们进行**垂直投影**，就会发现有些字母具有相同的投影，如 **M** 和 **W**、**S** 和 **Z**。此时如果对它们再加一个**水平投影**就有可能解决这个问题（将所有字母都区分开来）。现在要问：

（1）一定需要这样两个投影吗？

（2）还有什么方法可以进一步完善方案？

ABCDEFGHI
JKLMNOPQ
RSTUVWXYZ

图题 6-9　用 7×5 点阵构成的大写英文字母

> **解析：**

（1）先做出所有大写字母的垂直和水平投影，它们分别如图解 6-9（a）和图解 6-9（b）所示。由图可以看出，没有任何两个字母具有相同的两个投影，所以用这样两个投影是可以区分所有大写字母的。进一步仔细观察还可发现，没有任何两个字母具有相同的水平投影，所以仅用水平投影也是可以区分所有大写字母的。

（2）上述情况表明，大写字母在垂直结构上的信息比水平结构上的信息多。这个事实可通过一个小实验来验证。如果将一行字母的下半部挡住，你仍可读出它们；但如果将一行字母的上半部挡住，你就认不出它们了。

(a)　　　　　　　　　　　　　　　　(b)

图解 6-9　大写字母的垂直和水平投影

（3）一种更完善的方案是在从上向下扫描的同时从左向右读字母，但这样相当难。一种可行的改进方案是使用倾斜的窄缝从左向右扫描。

6-10　特殊图像的投影重建

> **题面：**

试证明：

(1) 如果 $f(x,y)$ 是旋转对称的,那么它可以由单个投影来进行**投影重建**。

(2) 如果 $f(x,y)$ 可以分解成 $g(x)$ 和 $h(y)$ 的乘积,那么它可以由两个与坐标轴垂直的投影来进行投影重建。

> **解析：**

(1) 如果 $f(x,y)$ 是旋转对称的,那么它在各个方向上的投影都是相同的(即知道单个投影也就知道了所有投影),所以可以由任一方向上的单个投影来进行重建。

(2) 设 $f(x,y)$ 在 X 轴上的投影为 $S(x)$,在 Y 轴上的投影为 $T(y)$,则

$$S(x) = \int_{-\infty}^{+\infty} f(x,y)\mathrm{d}y = g(x)\int_{-\infty}^{+\infty} h(y)\mathrm{d}y$$

$$T(y) = \int_{-\infty}^{+\infty} f(x,y)\mathrm{d}x = h(y)\int_{-\infty}^{+\infty} g(x)\mathrm{d}x$$

上两式中的积分均应为有限常数,设分别为 H 和 G,则有

$$f(x,y) = g(x)h(y) = \frac{S(x)}{H}\frac{T(y)}{G}$$

可见, $f(x,y)$ 可以由两个与坐标轴垂直的投影来重建。

6-11　傅里叶变换投影定理的证明

> **题面：**

试证明**傅里叶变换投影定理**。

> **解析：**

对傅里叶变换投影定理的证明可表述为：证明图像 $f(x,y)$ 在与 X 轴成 θ 角的直线上投影的傅里叶变换是 $f(x,y)$ 的傅里叶变换在朝向角 θ 上的一个截面。不失一般性,可取 $\theta=0$。

设图像 $f(x,y)$ 在 X 轴上的投影为 $g_y(x)$,则有

$$g_y(x) = \int_{-\infty}^{+\infty} f(x,y)\mathrm{d}y$$

其傅里叶变换为

$$G_y(u) = \int_{-\infty}^{+\infty} g_y(x)\exp[-\mathrm{j}2\pi ux]\mathrm{d}y = \int_{-\infty}^{+\infty}\int_{-\infty}^{+\infty} f(x,y)\exp[-\mathrm{j}2\pi ux]\mathrm{d}x\mathrm{d}y$$

另一方面, $f(x,y)$ 的傅里叶变换为

$$F(u,v) = \int_{-\infty}^{+\infty}\int_{-\infty}^{+\infty} f(x,y)\exp[-\mathrm{j}2\pi(ux+vy)]\mathrm{d}x\mathrm{d}y$$

将上式中的 v 取为零,则得到 $G_y(u)=F(u,0)$,所以傅里叶变换投影定理得证。

6-12 扇束投影实验结果

➤ 题面:

扇束投影重建的质量与接收器之间的夹角相关。试用**卷积逆投影**方法并选取不同的接收器夹角进行重建,分析如何选择接收器夹角以及哪些区域受到的影响比较大。

➤ 解析:

一组选取不同的接收器夹角对 Shepp-Logan 头部模型图进行重建的结果如图解 6-12(1) 所示,其中图解 6-12(1a)的夹角为 $5°$、图解 6-12(1b)的夹角为 $2°$、图解 6-12(1c)的夹角为 $1°$、图解 6-12(1d)的夹角为 $0.5°$、图解 6-12(1e)的夹角为 $0.1°$、图解 6-12(1f)的夹角为 $0.05°$。

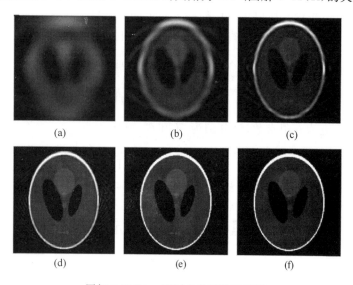

图解 6-12(1) 不同夹角下的重建图

与上述重建结果对应的误差图(原图像与重建图的差)如图解 6-12(2)所示。

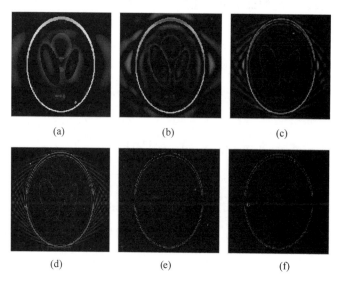

图解 6-12(2) 误差图

由重建结果可见,当接收器之间的夹角小于1°时才能得到比较好的重建质量,但夹角小于0.5°后,质量改进的幅度不太大。由误差图可见,重建误差主要出现在各个区域轮廓处,区域内部的重建误差比较小。

6-13 代数重建技术的迭代计算

> **题面：**

给定原始(未知)图像如图题6-13所示。

现考虑借助沿与水平方向为0°、45°、90°、135°的4个方向的投影,利用**代数重建技术**来进行重建。给出前3次迭代的结果。

> **解析：**

前3次迭代重建的结果图像依次如图解6-13(a)、图解6-13(b)、图解6-13(c)所示。迭代3次后已经与原始图像相当接近了,最大绝对误差小于0.03。

0	9	6
7	7	1
2	5	8

图题6-13 原始图像

0	9	6.3
7	7.3	1.5
1.3	4.5	8

(a)

0	8.93	5.87
7.07	7.01	0.94
2.12	5.06	8

(b)

0	9.010	6.025
6.990	7.005	1.007
1.970	4.983	8

(c)

图解6-13 前3次迭代重建图像

6-14 最大似然-最大期望重建算法的迭代计算

> **题面：**

最大似然-最大期望重建算法中的一次迭代的5个步骤可以写为：

(1) 计算当前图像的投影。

(2) 计算给定的测量值与当前图像的投影数据的比值。

(3) 对比值进行逆投影。

(4) 将步骤(3)所得图像的每个像素除以 N,这里 N 是图像单方向的维数(设为正方形图像)。

(5) 用步骤(4)的结果与当前图像对应像素相乘(相当于数组相乘而不是矩阵相乘)。

现设对一幅 2×2 的图像所获得的投影结果(测量值)如下(先令图像中像素迭代初值均为1)：

$$
\begin{array}{cc}
1 & 3 \\
\begin{bmatrix} 1 & 1 \\ 1 & 1 \end{bmatrix} & \begin{array}{c} 1 \\ 3 \end{array}
\end{array}
$$

给出采用**最大似然-最大期望**重建算法进行前3次迭代的步骤(计算中保留两位小数)。

> **解析：**

前 3 次迭代的各个步骤列在表解 6-14 中。迭代结果逐次接近测量值。

表解 6-14　前 3 次迭代的各个步骤

	第一次迭代	第二次迭代	第三次迭代
(1)	$\begin{array}{cc} 2 & 2 \end{array}$ $\begin{bmatrix} 1 & 1 \\ 1 & 1 \end{bmatrix}\begin{matrix} 2 \\ 2 \end{matrix}$	$\begin{array}{cc} 1.5 & 2.5 \end{array}$ $\begin{bmatrix} 0.5 & 1.0 \\ 1.0 & 1.5 \end{bmatrix}\begin{matrix} 1.5 \\ 2.5 \end{matrix}$	$\begin{array}{cc} 1.28 & 2.74 \end{array}$ $\begin{bmatrix} 0.34 & 0.94 \\ 0.94 & 1.80 \end{bmatrix}\begin{matrix} 1.28 \\ 2.74 \end{matrix}$
(2)	$(1\ 3)/(2\ 2)=(0.5\ 1.5)$ $(1\ 3)/(2\ 2)=(0.5\ 1.5)$	$(1\ 3)/(1.5\ 2.5)=(0.67\ 1.20)$ $(1\ 3)/(1.5\ 2.5)=(0.67\ 1.20)$	$(1\ 3)/(1.28\ 2.74)=(0.78\ 1.09)$ $(1\ 3)/(1.28\ 2.74)=(0.78\ 1.09)$
(3)	$\begin{array}{cc} 0.5 & 1.5 \end{array}$ $\begin{bmatrix} 1 & 2 \\ 2 & 3 \end{bmatrix}\begin{matrix} 0.5 \\ 1.5 \end{matrix}$	$\begin{array}{cc} 0.67 & 1.20 \end{array}$ $\begin{bmatrix} 1.34 & 1.87 \\ 1.87 & 2.40 \end{bmatrix}\begin{matrix} 0.67 \\ 1.20 \end{matrix}$	$\begin{array}{cc} 0.78 & 1.09 \end{array}$ $\begin{bmatrix} 1.56 & 1.87 \\ 1.87 & 2.18 \end{bmatrix}\begin{matrix} 0.78 \\ 1.09 \end{matrix}$
(4)	$\begin{bmatrix} 1 & 2 \\ 2 & 3 \end{bmatrix}/\begin{bmatrix} 2 & 2 \\ 2 & 2 \end{bmatrix}=\begin{bmatrix} 0.5 & 1.0 \\ 1.0 & 1.5 \end{bmatrix}$	$\begin{bmatrix} 1.34 & 1.87 \\ 1.87 & 2.40 \end{bmatrix}/\begin{bmatrix} 2 & 2 \\ 2 & 2 \end{bmatrix}=\begin{bmatrix} 0.67 & 0.94 \\ 0.94 & 1.20 \end{bmatrix}$	$\begin{bmatrix} 1.56 & 1.87 \\ 1.87 & 2.18 \end{bmatrix}/\begin{bmatrix} 2 & 2 \\ 2 & 2 \end{bmatrix}=\begin{bmatrix} 0.78 & 0.94 \\ 0.94 & 1.09 \end{bmatrix}$
(5)	$\begin{bmatrix} 1 & 1 \\ 1 & 1 \end{bmatrix}\times\begin{bmatrix} 0.5 & 1.0 \\ 1.0 & 1.5 \end{bmatrix}$ $=\begin{bmatrix} 0.5 & 1.0 \\ 1.0 & 1.5 \end{bmatrix}$	$\begin{bmatrix} 0.5 & 1.0 \\ 1.0 & 1.5 \end{bmatrix}\times\begin{bmatrix} 0.67 & 0.94 \\ 0.94 & 1.20 \end{bmatrix}$ $=\begin{bmatrix} 0.34 & 0.94 \\ 0.94 & 1.80 \end{bmatrix}$	$\begin{bmatrix} 0.34 & 0.94 \\ 0.94 & 1.80 \end{bmatrix}\times\begin{bmatrix} 0.78 & 0.94 \\ 0.94 & 1.09 \end{bmatrix}$ $=\begin{bmatrix} 0.27 & 0.88 \\ 0.88 & 1.96 \end{bmatrix}$

第7章 图像编码

图像编码是图像处理中的一大类技术。图像处理的目的除了改善图像的视觉效果之外，还有在保证一定视觉质量的前提下减少数据量（从而也减少图像存储所需要的空间和传输所需要的时间）的结果，即使用较少的数据量来获得较好的视觉效果。

图像的视觉质量与表达图像的数据量是相关但又不同的量。或者说，数据和信息不是等同的概念。数据是信息的载体，对给定量的信息可以用不同的数据量来表示。采用能减少表示一幅图像所需要数据量的图像表达方法就是图像编码要解决的主要问题。

图像编码也称图像压缩，对给定量的信息，图像压缩指设法减少表达图像信息所需的数据量。图像之所以能被压缩，是由于原始图像的表达中有多种形式的数据冗余，包括心理视觉冗余、像素间冗余和编码冗余。如果能消除或减少一种或多种冗余，就可取得数据压缩的效果。

图像编码以信息论为基础，以改变表达方法为主要手段。需要注意，编码压缩后的输出结果常常不再是图像形式，此时直接显示会没有意义或不能反映图像的全部性质和内容，所以编码后如果要使用图像还常常需要将编码结果转换回图像形式，这就是图像解码，也被称为图像解压缩。图像压缩和图像解压缩都是图像编码要研究的问题。

图像编码的方法很多，可以在图像域直接进行，又包括将图像转化为二值图的位平面编码法和按灰度图进行的变长编码法（如哥伦布编码、哈夫曼编码、香农-法诺编码和算术编码）。图像编码也可在变换域进行，典型的方法基于离散余弦变换和离散小波变换，实现在变换域进行压缩。图像编码的方法常常要根据图像的特性和应用要求来选择，典型的方法如基于符号的编码、LZW 编码、预测编码、子带编码、矢量量化编码等都各有特点。图像编码的新方法还在不断发展中，如准无损编码、分形编码、基于内容的编码等。

本章的问题涉及上述图像编码多个方面的概念。

7-1　符号与符号串的概率

➤ **题面：**

设有两个符号，a_1 的出现概率为 0.8，a_2 的出现概率为 0.2，平均概率为 0.5。其绝对差（即各概率相对于平均值的偏差）之和为 $|0.8-0.5|+|0.2-0.5|=0.6$。对单个符号用**自然码**或**哈夫曼编码**所得到的**平均码长**均为 1bit/symbol。

(1) 给出双符号串的概率，计算用哈夫曼码字表达时的平均码长。

(2) 给出三符号串的概率，计算用哈夫曼码字表达时的平均码长。

(3) 比较计算结果，可得到什么推论？

➢ **解析：**

（1）双符号串共有 4 种形式，它们的概率如表解 7-1(1)所示。因为平均概率为 0.25，所以绝对差之和为 $|0.64-0.25|+|0.16-0.25|+|0.16-0.25|+|0.04-0.25|=0.78$。这些双符号串的哈夫曼码字也列在表解 7-1(1)中，其平均码长为 1.56bit/string=0.78bit/symbol。

表解 7-1（1）　双符号串的概率和哈夫曼码字

符　号　串	概　率	哈夫曼码字
$a_1 a_1$	$0.8 \times 0.8 = 0.64$	0
$a_1 a_2$	$0.8 \times 0.2 = 0.16$	11
$a_2 a_1$	$0.2 \times 0.8 = 0.16$	100
$a_2 a_2$	$0.2 \times 0.2 = 0.04$	101

（2）三符号串共有 8 种形式，它们的概率如表解 7-1(2)所示。因为平均概率为 0.125，所以绝对差之和为 $|0.512-0.125|+3\times|0.128-0.125|+3\times|0.032-0.125|+|0.008-0.125|=0.792$。这些三符号串的哈夫曼码字也列在表解 7-1(2)中，其平均码长为 2.184bit/string=0.728bit/symbol。

表解 7-1（2）　三符号串的概率和哈夫曼码字

符　号　串	概　率	哈夫曼码字
$a_1 a_1 a_1$	$0.8 \times 0.8 \times 0.8 = 0.512$	0
$a_1 a_1 a_2$	$0.8 \times 0.8 \times 0.2 = 0.128$	100
$a_1 a_2 a_1$	$0.8 \times 0.2 \times 0.8 = 0.128$	101
$a_2 a_1 a_1$	$0.2 \times 0.8 \times 0.8 = 0.128$	110
$a_1 a_2 a_2$	$0.8 \times 0.2 \times 0.2 = 0.032$	11100
$a_2 a_1 a_2$	$0.2 \times 0.8 \times 0.2 = 0.032$	11101
$a_2 a_2 a_1$	$0.2 \times 0.2 \times 0.8 = 0.032$	11110
$a_2 a_2 a_2$	$0.2 \times 0.2 \times 0.2 = 0.008$	11111

（3）比较不同长度符号串的概率，可知随着符号串长度的增加，同一种长度符号串的概率与其平均值的绝对差之和也会增加。这说明对较长的符号串更有可能通过变长编码来减少平均比特率。

比较对不同长度符号串进行哈夫曼编码得到的码字，可知随着符号串长度的增加，编码码字的平均码长是减少的。这说明对较长的符号串进行编码能得到更好的压缩效果。

7-2　一阶和二阶编码

➢ **题面：**

给定如图题 7-2 所示的图像，试分别进行**一阶编码**和**二阶编码**。

➢ **解析：**

在该图像中，0 的出现概率为 0.8，255 的出现概率为 0.2。进行一阶编码时，**信源熵**为

$$H(\boldsymbol{u}) = -\sum_{j=1}^{2} P(\alpha_j) \log_2 \left[P(\alpha_j) \right]$$
$$= -0.8 \log_2(0.8) - 0.2 \log_2(0.2)$$
$$= 0.7219$$

对单个符号的符号串用**哈夫曼编码**得到的平均码长为 1bit/symbol,效率为 72.19%。

进行二阶编码时,认为像素从左向右,从上向下循环排列。这样得到的双符号串共有 3 种形式,对它们用哈夫曼编码得到的结果如表解 7-2 所示。

0	0	255	0	0
0	0	255	0	0
0	0	255	0	0
0	0	255	0	0
0	0	255	0	0

图解 7-2　实验图像

表解 7-2　二阶编码的结果

符　号　串	概　　率	哈夫曼码字	字长
0-0	0.6	0	1
0-255	0.2	10	2
255-0	0.2	11	2

此时信源熵为:

$$H(\boldsymbol{u}) = -\sum_{j=1}^{4} P(\alpha_j) \log_2 \left[P(\alpha_j) \right] = -2 \times 0.2 \log_2(0.2) - 0.6 \log_2(0.6) = 1.371$$

用哈夫曼编码得到的平均码长为 $0.6 \times 1 + 2 \times (0.2 \times 2) = 1.4 \text{bit/symbol}$。

此时效率为 97.93%,比一阶编码有较大提高。

7-3　编码图信噪比的计算

> **题面**:

设图题 7-3 中各对图的左图为编码输入图,右图为解码输出图。试计算它们输出图的各种信噪比指标:SNR_{ms}、SNR_{rms}、SNR 和 $PSNR$。

$$\begin{bmatrix} 1 & 3 & 7 \\ 3 & 5 & 0 \\ 3 & 7 & 7 \end{bmatrix} \begin{bmatrix} 1 & 3 & 5 \\ 3 & 5 & 0 \\ 3 & 7 & 7 \end{bmatrix} \quad \begin{bmatrix} 2 & 4 & 8 \\ 2 & 4 & 0 \\ 2 & 6 & 8 \end{bmatrix} \begin{bmatrix} 2 & 4 & 6 \\ 2 & 4 & 0 \\ 4 & 6 & 8 \end{bmatrix} \quad \begin{bmatrix} 2 & 4 & 8 \\ 4 & 6 & 0 \\ 4 & 8 & 8 \end{bmatrix} \begin{bmatrix} 2 & 4 & 6 \\ 4 & 4 & 0 \\ 4 & 8 & 8 \end{bmatrix} \quad \begin{bmatrix} 3 & 5 & 9 \\ 3 & 5 & 0 \\ 3 & 7 & 9 \end{bmatrix} \begin{bmatrix} 3 & 5 & 7 \\ 3 & 5 & 0 \\ 5 & 7 & 9 \end{bmatrix}$$

图题 7-3　编码输入图和解码输出图

> **解析**:

从左到右,各输出图的 SNR_{ms}、SNR_{rms}、SNR 和 $PSNR$ 分别为:

$SNR_{ms} = 20$,　$SNR_{rms} = 4.472$,　$SNR = 8.451 \text{dB}$　和　$PSNR = 17.413 \text{dB}$

$SNR_{ms} = 24$,　$SNR_{rms} = 4.899$,　$SNR = 7.782 \text{dB}$　和　$PSNR = 18.573 \text{dB}$

$SNR_{ms} = 29$,　$SNR_{rms} = 5.385$,　$SNR = 9.091 \text{dB}$　和　$PSNR = 18.573 \text{dB}$

$SNR_{ms} = 36$,　$SNR_{rms} = 6.010$,　$SNR = 9.031 \text{dB}$　和　$PSNR = 19.596 \text{dB}$

7-4　二值码和灰度码

> **题面：**

（1）构造完整的 4 比特**灰度码**。

（2）设计一种通用的方法将灰度码转换成**二值码**（自然码），并用于转换灰度码 011010100111。

> **解析：**

（1）所构造的 4 比特灰度码和对应的 4 比特二值码如表解 7-4 所示。

表解 7-4　二值码和灰度码

4 比特二值码	0000 0001 0010 0011 0100 0101 0110 0111 1000 1001 1010 1011 1100 1101 1110 1111
4 比特灰度码	0000 0001 0011 0010 0110 0111 0101 0100 1100 1101 1111 1110 1010 1011 1001 1000

（2）从灰度码 $g_3 g_2 g_1 g_0$ 到对应的二值码 $a_3 a_2 a_1 a_0$ 的转换为

$$a_3 = g_3$$
$$a_2 = g_3 \oplus g_2$$
$$a_1 = (g_3 \oplus g_2) \oplus g_1$$
$$a_0 = [(g_3 \oplus g_2) \oplus g_1] \oplus g_0$$

据此，对灰度码 011010100111 进行转换得到二值码 010011000101。

7-5　二值分解和灰度码分解

> **题面：**

二值分解和**灰度码分解**都是基本的将图像分解为位平面的方法。考虑图像有 4 个位面，那么

（1）二值分解所得到的二值码在相邻码之间最多可有几位不同？

（2）灰度码分解所得到的灰度码在相邻码之间最多可有几位不同？

> **解析：**

（1）二值码在相邻码之间最多可有 4 位不同，如从 7(0111) 到 8(1000)，如图解 7-5(1) 所示。

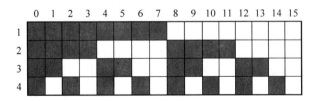

图解 7-5(1)　4 比特二值码

（2）灰度码在相邻码之间最多只有一位不同，如从 7(0100) 到 8(1100)，如图解 7-5(2) 所示。

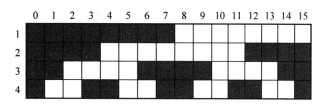

图解 7-5(2)　4 比特灰度码

7-6　1-D 游程和 WBS 编码方法

> **题面：**

设有一幅图像某一位面某一行的值为 11111011100001111000，分别采用 **1-D 游程编码**和**跳跃白色块**（WBS）编码方法对这个序列进行编码，并对两者所需的比特数进行比较。

> **解析：**

原来的序列需用 20 个比特来表示。

先考虑 1-D 游程编码方法。该序列可编为 6 个游程（先 1 后 0）：5 1 3 4 4 3，其中有 4 个不同的符号。对其进行哈夫曼编码，得到（符号：码字）：（4：0）；（3：10）；（5：110）；（1：111）。这样得到的编码结果为 110 111 10 0 0 10，使用了 12 个比特。如果不进行哈夫曼编码，只使用**自然码**来编码这 4 个符号，则需要 18 个比特。

再考虑 WBS 编码方法。如果选择使用 0 表示不同长度（$1 \times n$）的值为 1 的区域，而使用 1 后面接位模式表示同样长度（$1 \times n$）的其他区域，则会得到如下不同的编码结果。

（1）长度为 1×2，编码输出为 0 0 110 0 110 100 101 0 110 100，共需要使用 22 个比特。

（2）长度为 1×3，编码输出为 0 1110 0 1000 1011 1110 100，共需要使用 21 个比特。

（3）长度为 1×4，编码输出为 0 11011 11000 10111 11000，共需要使用 21 个比特。

（4）长度为 1×5，编码输出为 0 101110 100011 111000，共需要使用 19 个比特。

对这里的数据，采用 1-D 游程编码的效果要优于采用 WBS 编码的效果。

7-7　对英文字母的哈夫曼编码

> **题面：**

对 26 个英文字母出现概率的一个统计见表题 7-7，试据此对它们进行**哈夫曼编码**。

表题 7-7　26 个英文字母的出现概率

字母	A	B	C	D	E	F	G	H	I
概率	0.080	0.015	0.030	0.040	0.130	0.020	0.015	0.060	0.065
字母	J	K	L	M	N	O	P	Q	R
概率	0.005	0.005	0.035	0.030	0.070	0.080	0.020	0.0025	0.065
字母	S	T	U	V	W	X	Y	Z	
概率	0.060	0.090	0.030	0.010	0.015	0.005	0.020	0.0025	

对 26 个英文字母的哈夫曼编码结果见表解 7-7。

表解 7-7　对 26 个英文字母的哈夫曼编码结果

字母	A	B	C	D	E	F	G	H	I
码字	0011	11010	10100	10010	000	10111	11100	10000	0111
字母	J	K	L	M	N	O	P	Q	R
码字	111100	111101	10011	10110	0101	0100	11000	1111110	0110
字母	S	T	U	V	W	X	Y	Z	
码字	10001	0010	10101	11101	11011	111110	11001	1111111	

7-8　哈夫曼编码和平移哈夫曼编码

➤ 题面:

给定一个信源符号集 $A=\{a_1,a_2,a_3,a_4,a_5,a_6,a_7,a_8\}$,且已知对应的 $\boldsymbol{u}=[0.10$ $0.12\ 0.22\ 0.13\ 0.1\ 0.11\ 0.15\ 0.07]^T$,

(1) 给出用**哈夫曼编码**得到的码本。

(2) 给出用**平移哈夫曼编码**(将信源符号分成两组)得到的码本。

(3) 分别计算两种码本的效率(用%表示),并比较讨论。

(4) 如果信源输出符号序列 $\{a_3,a_4,a_5,a_6\}$,用两种码本得到的结果各是什么?

➤ 解析:

(1) 哈夫曼编码过程如表解 7-8(1)所示。

表解 7-8(1)　哈夫曼编码过程

初 始 信 源			对消减信源的赋值											
符号	概率	码字	概率	码字	概率	码字	概率	码字	概率	码字	概率	码字	概率	码字
a_3	0.22	10	0.22	10	0.22	10	0.25	01	0.32	00	0.43	1	0.57	0
a_7	0.15	101	0.17	100	0.21	11	0.22	10	0.25	01	0.32	00	0.43	1
a_4	0.13	010	0.15	101	0.17	100	0.21	11	0.22	10	0.25	01		
a_2	0.12	011	0.13	010	0.15	101	0.17	100	0.21	11				
a_6	0.11	110	0.12	011	0.13	010	0.15	101						
a_1	0.10	111	0.11	110	0.12	011								
a_5	0.10	1000	0.10	111										
a_8	0.07	1001												

所以编码结果如表解 7-8(2)(注意并不唯一,因为编码过程中每次取 0 或取 1 可以是随机的,但码字的长度是唯一的)所示。

表解 7-8(2)　哈夫曼编码结果

符号	a_1	a_2	a_3	a_4	a_5	a_6	a_7	a_8
概率	0.10	0.12	0.22	0.13	0.10	0.11	0.15	0.07
码字	111	011	10	010	1001	110	101	1001

（2）平移哈夫曼编码过程如表解 7-8(3)（将出现概率最小的 a_6，a_1，a_5 和 a_8 合并成为 a_x，然后与 a_3，a_7，a_4，a_2 联合进行哈夫曼编码）所示。

表解 7-8(3)　平移哈夫曼编码过程

符号	概率	码字	概率	码字	概率	码字	概率	码字
a_x	0.38	1	0.38	1	0.38	1	0.62	0
a_3	0.22	000	0.25	01	0.37	00	0.38	1
a_7	0.15	001	0.22	000	0.25	01		
a_4	0.13	0000	0.15	001				
a_2	0.12	0001						

取 a_x 的码字为移上前缀符号，则对 a_6，a_1，a_5 和 a_8 的编码结果如表解 7-8(4)所示。

表解 7-8(4)　a_x 中符号的编码结果

符　　号	概　　率	码　　字
a_6	0.11	1000
a_1	0.10	1001
a_5	0.10	1010
a_8	0.07	1011

将上面的结果合并起来得到相应的码字如表解 7-8(5)（注意并不唯一，因为编码过程中取 0 或取 1 都是随机的，且 a_1 和 a_5 的结果可以互换）所示。

表解 7-8(5)　平移哈夫曼编码结果

符号	a_1	a_2	a_3	a_4	a_5	a_6	a_7	a_8
概率	0.10	0.12	0.22	0.13	0.10	0.11	0.15	0.07
码字	1001	011	000	010	1010	1000	001	1011

（3）原信源的熵为：

$$H(u) = -\sum_{j=1}^{8} P(\alpha_j)\log_2[P(\alpha_j)]$$

$$= -\{0.1\log_2(0.1) + 0.12\log_2(0.12) + 0.22\log_2(0.22) + 0.13\log_2(0.13) +$$

$$0.1\log_2(0.1) + 0.11\log_2(0.11) + 0.15\log_2(0.15) + 0.07\log_2(0.07)]$$

$$= 2.9241$$

哈夫曼编码得到的平均码长和效率分别为：

$$L_h = \sum_{j=1}^{8} l_j P(\alpha_j) = 0.1 \times 3 + 0.12 \times 3 + 0.22 \times 2 + 0.13 \times 3 +$$

$$0.1 \times 4 + 0.11 \times 3 + 0.15 \times 3 + 0.07 \times 4 = 2.95$$

$$\eta_h = \frac{H(u)}{L_h} = \frac{2.9241}{2.95} = 99.12\%$$

平移哈夫曼编码得到的平均码长和效率分别为：

$$L_s = \sum_{j=1}^{8} l_j P(\alpha_j) = 0.1 \times 4 + 0.12 \times 3 + 0.22 \times 3 + 0.13 \times 3 + 0.1 \times 4 +$$

$$0.11 \times 4 + 0.15 \times 3 + 0.07 \times 4 = 3.38$$

$$\eta_s = \frac{H(u)}{L_s} = \frac{2.9241}{3.38} = 86.51\%$$

由以上结果可以看出，对于该信源哈夫曼编码的编码效率远好于平移哈夫曼编码的编码效率，但是平移哈夫曼编码相对来说比较容易实现。

（4）用哈夫曼编码的码本得到的结果是：100101001110。用平移哈夫曼编码的码本得到的结果是：00001010101000。这比哈夫曼编码的码长要长。

7-9　哈夫曼编码和截断哈夫曼编码

➤ 题面：

给定信源符号集 $A = \{a_1, a_2, a_3, a_4, a_5, a_6, a_7, a_8\}$，且已知 $\boldsymbol{u} = [0.15\ 0.10\ 0.25\ 0.13\ 0.08\ 0.12\ 0.11\ 0.06]^\mathrm{T}$，

（1）给出用**哈夫曼编码**得到的码本。

（2）给出用**截断哈夫曼编码**（对最可能出现的 4 个符号进行哈夫曼编码）得到的码本。

（3）分别计算两种码本的效率（用%表示），并比较讨论。

（4）如果信源输出符号序列 $\{a_2, a_3, a_4, a_5\}$，用两种码本得到的结果各是什么？

➤ 解析：

（1）哈夫曼编码过程如表解 7-9（1）所示。

表解 7-9（1）　哈夫曼编码过程

初始信源			对消减信源的赋值											
符号	概率	码字	概率	码字	概率	码字	概率	码字	概率	码字	概率	码字	概率	码字
a_3	0.25	10	0.25	10	0.25	10	0.25	01	0.29	00	0.46	1	0.54	0
a_1	0.15	000	0.15	000	0.21	11	0.25	10	0.25	01	0.29	00	0.46	1
a_4	0.13	010	0.14	001	0.15	000	0.21	11	0.25	10	0.25	01		
a_6	0.12	011	0.13	010	0.14	001	0.15	000	0.21	11				
a_7	0.11	110	0.12	011	0.13	010	0.14	001						
a_2	0.10	111	0.11	110	0.12	011								
a_5	0.08	0010	0.10	111										
a_8	0.06	0011												

所以编码结果如表解 7-9(2)（注意并不唯一，因为编码过程中取 0 或取 1 都是随机的，但码字的长度是唯一的）所示。

符号	a_1	a_2	a_3	a_4	a_5	a_6	a_7	a_8
概率	0.15	0.10	0.25	0.13	0.08	0.12	0.11	0.06
码字	000	111	10	010	0010	011	110	0011

（2）截断哈夫曼编码过程如表解 7-9(3)（将出现概率最小的 a_7，a_2，a_5 和 a_8 合并成为 a_x，然后与 a_3，a_1，a_4，a_6 联合进行哈夫曼编码）所示。

表解 7-9(3)　截断哈夫曼编码过程

符号	概率	码字	概率	码字	概率	码字	概率	码字
a_x	0.35	00	0.35	00	0.40	1	0.60	0
a_3	0.25	01	0.25	01	0.35	00	0.40	1
a_1	0.15	11	0.25	10	0.25	01		
a_4	0.13	100	0.15	11				
a_6	0.12	101						

将 a_x 的码字作为前缀加在用**自然码**编的 a_6，a_1，a_5 和 a_8 前面，得到结果码字如表解 7-9(4)所示。

表解 7-9(4)　截断哈夫曼编码结果

符号	a_1	a_2	a_3	a_4	a_5	a_6	a_7	a_8
概率	0.15	0.10	0.25	0.13	0.08	0.12	0.11	0.06
码字	11	1001	01	100	1010	101	1000	1011

（3）原信源的熵为：

$$H(u) = -\sum_{j=1}^{8} P(a_j)\log_2\left[P(a_j)\right]$$

$$= -\{0.15\log_2(0.15) + 0.10\log_2(0.10) + 0.25\log_2(0.25) + 0.13\log_2(0.13) +$$

$$0.08\log_2(0.08) + 0.12\log_2(0.12) + 0.11\log_2(0.11) + 0.06\log_2(0.06)]$$

$$= 2.878$$

哈夫曼编码的平均码长和效率分别为：

$$L_h = \sum_{j=1}^{8} l_j P(a_j) = 0.15 \times 3 + 0.1 \times 3 + 0.25 \times 2 + 0.13 \times 3 + 0.08 \times 4 +$$

$$0.12 \times 3 + 0.11 \times 3 + 0.06 \times 4 = 2.89$$

$$\eta_h = \frac{H(u)}{L_h} = \frac{2.878}{2.89} = 99.60\%$$

截断哈夫曼编码的平均码长和效率分别为：

$$L_t = \sum_{j=1}^{8} l_j P(a_j) = 0.15 \times 2 + 0.1 \times 4 + 0.25 \times 2 + 0.13 \times 3 + 0.08 \times 4 +$$

$$0.12 \times 3 + 0.11 \times 4 + 0.06 \times 4 = 2.95$$

$$\eta_t = \frac{H(u)}{L_t} = \frac{2.878}{2.95} = 97.60\%$$

由以上结果可以看出,哈夫曼编码的编码效率较高,但计算量较大;截断哈夫曼编码通过牺牲编码效率使计算更简便。

（4）用哈夫曼编码得到的结果是:111100100010。用截断哈夫曼编码得到的结果是:1001011001010。这比哈夫曼编码的码长要长。

7-10 算术编码过程

> **题面:**

给定信源符号集 $A = \{a_1, a_2, a_3, a_4, a_5\}$,且已知 $\boldsymbol{u} = [0.2\ 0.3\ 0.1\ 0.2\ 0.2]^{\mathrm{T}}$。对序列 $a_2 a_3 a_4 a_1$ 的**算术编码**结果是什么(画出编码过程示意图)?

> **解析:**

算术编码的过程如图解 7-10 所示。

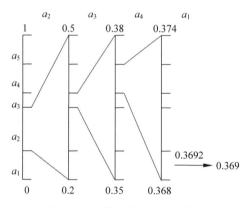

图解 7-10　算术编码过程和结果

编码结果是在 0.368 和 0.3692 之间的一个实数,可取 0.369。

7-11 算术编码可编序列长度

> **题面:**

已知在一段文本中,符号 a,b,c,d,e 的出现概率分别是 $0.2,0.15,0.25,0.3,0.1$,给出对符号序列 $bacddaecda$ 进行**算术编码**得到的结果(转化为二进制数)。如果设算术操作的精度为 32 比特,那么算术编码所可编的符号序列的最大长度是多少?

> **解析:**

最终的编码结果在 $[0.21647825000000, 0.21647845250000)$ 范围内,转换为长度最短的二进制数为:0011011101101011001,共 19 位。当符号序列全部由 e 构成时所需的码长最长,因为 $2^{-32} = 2.328306436538696\mathrm{e}^{-10}$,$P(e) = 0.1$,可编的符号序列的最大长度为 9。

7-12　LZW 编码

> **题面：**

对如图题 7-12 所示的一幅 4×4 的图像列表给出 **LZW 编码**的步骤和结果。

$$\begin{bmatrix} 15 & 15 & 27 & 27 \\ 15 & 15 & 39 & 39 \\ 15 & 15 & 39 & 39 \\ 15 & 15 & 39 & 39 \end{bmatrix}$$

> **解析：**

编码的步骤和结果见表解 7-12。

图题 7-12　实验图像

表解 7-12　LZW 编码的步骤和结果

步骤	编码输入	识别序列	拼接序列	编码输出	字典位置	字典条目
1	15	—		—		
2	15	15	15-15（一）	15	256	15-15
3	27	15	15-27（一）	15	257	15-27
4	27	27	27-27（一）	27	258	27-27
5	15	27	27-15（一）	27	259	27-15
6	15	15	15-15（+）	—		
7	39	15-15	15-15-39（一）	256	260	15-15-39
8	39	39	39-39（一）	39	261	39-39
9	15	39	39-15（一）	39	262	39-15
10	15	15	15-15（+）	—		
11	39	15-15	15-15-39（+）	—		
12	39	15-15-39	15-15-39-39（一）	260	263	15-15-39-39
13	15	39	39-15（+）	—		
14	15	39-15	39-15-15（一）	262	264	39-15-15
15	39	15	15-39（一）	15	265	15-39
16	39	39	39-39（+）	—	—	—
17	—	39-39	39-39（+）	261		

编码的结果序列为：$\{15,15,27,27,256,39,39,260,262,15,261\}$。

7-13　分区模板编码

> **题面：**

对如图题 7-13 所示的 8×8 的图像计算其 DCT 系数,分别保留如下最大个系数的模板进行**分区编码**,给出分区模板图并计算重建误差:

(1) 6 个系数。

(2) 10 个系数。

(3) 15 个系数。

> **解析：**

对所给图像进行离散余弦变换,计算得到的频域图像 $T(u, v)$ 如图解 7-13(1)所示。

166	103	129	125	126	159	161	89
141	101	115	150	207	153	146	59
143	99	118	160	175	196	72	159
139	101	121	77	166	62	74	160
127	126	98	117	146	64	155	166
141	65	165	88	126	69	149	210
106	58	125	73	151	133	135	86
117	52	103	92	139	203	82	85

图题 7-13　一幅 8×8 的图像

988.000	−46.688	−26.515	65.015	65.000	−1.153	52.925	80.518
69.498	42.881	−28.694	26.191	10.442	11.163	−35.868	−29.291
−8.033	3.751	−73.900	104.317	−74.886	52.884	38.166	−30.484
10.947	−11.362	76.388	−59.739	−21.429	56.578	−51.072	56.641
−30.500	18.505	34.939	1.034	−4.000	−9.365	−16.908	−12.774
−28.166	7.536	21.224	−11.127	−5.538	−12.392	33.286	17.914
34.176	−19.501	34.666	−31.609	19.113	−1.631	65.400	−39.634
19.433	−12.497	−18.454	23.062	−16.073	5.514	−14.874	−49.251

图解 7-13(1)　离散余弦变换得到的频域图像

(1) 保留最大的 6 个系数时的分区模板如图解 7-13(2)所示。

重建图像如图解 7-13(3)所示。

重建误差为：23643。

1	0	0	0	0	0	0	1
0	0	0	0	0	0	0	0
0	0	1	1	1	0	0	0
0	0	1	0	0	0	0	0
0	0	0	0	0	0	0	0
0	0	0	0	0	0	0	0
0	0	0	0	0	0	0	0
0	0	0	0	0	0	0	0

图解 7-13(2)　保留 6 个系数
时的分区模板

132.980	122.667	124.390	85.023	139.715	147.982	147.883	87.360
119.535	114.580	134.744	108.903	147.913	130.651	134.290	97.385
112.2727	108.0115	144.519	130.923	147.754	101.273	119.934	123.315
124.441	110.534	144.264	129.189	130.337	73.332	116.949	158.954
144.045	118.654	136.144	109.585	110.733	65.211	125.069	178.559
146.881	122.346	130.184	96.314	113.145	86.938	134.268	157.923
126.419	117.431	131.892	102.019	141.029	127.799	137.141	104.269
103.641	110.514	136.542	114.363	169.055	160.135	135.730	58.020

图解 7-13(3)　保留 6 个系数得到的重建图像

（2）保留最大的 10 个系数时的分区模板如图解 7-13(4)所示。

重建图像如图解 7-13(5)所示。

重建误差为：14896。

165.105	118.568	122.823	96.418	163.881	168.960	148.269	100.372
141.651	128.383	111.606	126.639	178.419	130.058	152.577	100.388
142.560	90.514	145.903	133.708	163.309	125.201	106.920	134.490
142.125	108.344	121.483	135.720	149.639	73.095	119.243	157.526
156.935	111.671	108.569	111.322	125.241	60.181	122.570	172.336
163.517	91.198	117.917	85.448	115.050	97.215	107.604	155.447
128.105	110.805	88.324	99.324	151.104	106.776	134.999	86.842
111.667	82.316	110.876	101.658	169.121	157.013	112.017	46.934

1	0	0	1	1	0	0	1
1	0	0	0	0	0	0	0
0	0	1	1	1	0	0	0
0	0	1	0	0	0	0	0
0	0	0	0	0	0	0	0
0	0	0	0	0	0	0	0
0	0	0	0	0	0	1	0
0	0	0	0	0	0	0	0

图解 7-13(4)　保留 10 个系数
时的分区模板

图解 7-13(5)　保留 10 个系数得到的重建图像

（3）保留最大的 15 个系数时的分区模板 $m_3(u, v)$ 如图解 7-13(6)所示。

重建图像如图解 7-13(7)所示。

重建误差为：10667。

173.978	82.291	158.112	108.124	145.014	150.957	167.259	98.661
148.393	118.450	115.544	126.061	171.835	143.407	145.223	100.807
145.092	105.297	124.940	119.869	169.987	163.452	74.849	139.119
139.917	122.140	111.532	118.556	159.642	100.334	88.160	166.894
152.731	104.548	131.042	101.014	128.389	54.996	112.405	183.701
162.524	69.052	154.194	83.712	109.624	78.226	112.463	163.601
134.145	93.526	103.648	101.154	142.114	108.740	134.990	87.962
123.527	77.346	97.640	103.104	160.515	187.537	99.700	42.234

1	0	0	1	1	0	1	1
1	0	0	0	0	0	0	0
0	0	1	1	1	0	0	0
0	0	1	1	0	1	0	1
0	0	0	0	0	0	0	0
0	0	0	0	0	0	0	0
0	0	0	0	0	0	1	0
0	0	0	0	0	0	0	0

图解 7-13(6)　保留 15 个系数
时的分区模板

图解 7-13(7)　保留 15 个系数得到的重建图像

7-14　阈值编码

➤ **题面：**

在**阈值编码**中，有 3 种对变换子图像取阈值的方法：

（1）对所有子图像用一个全局阈值。

（2）对各个子图像分别用不同的阈值。

（3）根据子图像中各系数的位置选取阈值。

实验或分析，比较用 3 种方法所获得的码率大小。

> ➤ 解析：

进行了一组实验。选用 256×256 像素的图像，分解为 8×8 像素的子图像，采用 DCT 编码，8 比特均匀量化，对 0 系数使用 1-D 游程编码，对非 0 系数使用哈夫曼编码：

（1）全局阈值设为 10，0 系数编码总比特数：1153，非 0 系数编码总比特数：45814，压缩后总比特数：46967，码率：0.7167，压缩率：11.1629。

（2）每个子图像保留 20 个系数（各子图像阈值不同），0 系数编码总比特数：1024（无游程编码），非 0 系数编码总比特数：85027，压缩后总比特数：86051，码率：1.3130，压缩率：6.0928。

（3）位置阈值（模板）设为 10，0 系数编码总比特数：1207，非 0 系数编码总比特数：42604，压缩后总比特数：43811，码率：0.6685，压缩率：11.9670。

根据这组实验的码率判断，从性能上看：方法（3）＞方法（1）＞方法（2）。

7-15　霍特林变换与编码

> ➤ 题面：

相比于其他变换，**霍特林变换**的信息集中能力最强。为什么信息集中能力强对利用**变换编码**的图像压缩有利？可为什么霍特林变换在实际中又没有被用于图像压缩？

> ➤ 解析：

利用变换编码进行压缩是通过舍弃一些变换系数而获得压缩效果的。信息集中能力强可将更多的信息集中到更少的变换系数上，这样在舍弃变换系数时信息损失少，对图像压缩有利。不过霍特林变换与输入有关，对每幅图像都需要计算具体的变换矩阵，因而计算量非常大，所以在实际图像压缩中并没有得到应用。

第8章 拓展技术

图像处理技术一直在不断地拓展中。在前面 3 章所介绍的三大类基本图像处理技术的基础之上,许多新的理论、新的方法、新的手段也在不断涌现。这里的拓展体现在多个方面,包括处理的目标、手段、数据、方法、逻辑、思路等。另外,对这些拓展技术的学习也有利于对前面介绍的基本技术进行综合,深化对它们的理解,并解决更多的问题。

在基本的 2-D 图像表达 $f(x, y)$ 中有两部分重要内容:f 和 (x, y)。对 f 的一种拓展是从标量 f 到矢量(多分量)f。最常见的就是彩色图像 $f(x, y)$,这里 f 是个 3-D 矢量(通常对应 R, G, B,但也可以是很多其他彩色空间的 3 个分量)。对 (x, y) 的一种拓展是从 2-D 空间坐标 (x, y) 到 3-D 时空坐标 (x, y, t)。最典型的就是视频图像 $f(x, y, t)$,它包括了 2-D 的空间和 1-D 的时间,不仅反映了场景中的景物位置,还反映了它们随时间变化的信息。

拓展也可以按其他思路进行。以图像编码为例,图像编码是要在保持或基本保持图像信息的前提下尽可能地减少数据量。反过来,在有些图像应用中,更希望在增加较少数据量的情况下扩大图像的信息量。图像数字水印就是这样一种应用。通过将特定的信息"编"入图像数据并在保证图像视觉质量的前提下,将特定信息与图像联系在一起。又如,图像信息隐藏也要把信息嵌入图像,用图像载体来保护嵌入的信息。图像数字水印和图像信息隐藏都与图像信息安全密切相关。而图像认证和取证技术对保障图像的真实性和完整性也非常重要,也是图像信息安全的重要手段。

利用增加数据量以扩大图像信息量的还有多尺度图像处理(也称多分辨率图像处理)。多尺度图像是对基本图像表达在图像表达方式上的拓展,其目标是要充分挖掘图像内部的结构信息,实现在不同层次上的表达。通过综合利用图像内容在多个尺度上的联系,有望得到对图像更全面的表达、更有效的处理并获得更好的结果。

很多拓展处理技术借鉴了基本的图像处理技术,但也有很多全新的拓展处理技术。例如,彩色图像处理将图像从标量图像拓展为矢量图像,有些图像处理技术可以推广到矢量图像,但也有些图像处理技术无法直接向矢量图像推广,所以需要借助新的技术。又如,在对视频图像的处理中,对每帧图像的处理仍可借助静止图像的处理方法,但对运动信息的检测和表示等常常需要结合视频图像的特点进行改进和扩展。特别是在多尺度图像处理中,对图像的多尺度表达方式和相应的金字塔结构,基于多尺度表达的小波变换处理技术,结合不同尺度的超分辨率(包括基于单幅图像的超分辨率复原以及基于多幅图像的超分辨率重建)技术都有很多新意。

本章的问题涉及上述拓展技术多个方面的概念。

8-1 平均绝对差和归一化互相关

> 题面:

平均绝对差和归一化互相关是两个评价水印不可见性的客观指标(失真测度)。试分析它们哪一个更接近人评价水印不可见性的主观感受。

> 解析:

平均绝对差计算的是水印造成的像素灰度变化的绝对值,而归一化互相关计算的是水印造成的像素灰度变化值与像素原始灰度值的比,即像素灰度变化的相对值。人类视觉系统对暗光时亮度的变化比对亮光时亮度的变化更敏感,所以主观感受更接近于相对灰度值的变化,即归一化互相关计算出来的结果。

8-2 水印失真测度

> 题面:

试列表给出平均绝对差、均方误差、L^p 范数、拉普拉斯均方误差、信噪比、峰值信噪比、归一化互相关、相关品质、直方图相似性、总方差信噪比共 10 个**失真测度**在用于评价**数字水印**时的优点、缺点以及适用场合。

> 解析:

一些归纳的优点、缺点以及适用场合见表解 8-2。

表解 8-2 10 个失真测度的优点、缺点以及适用场合

失真测度	优点	缺点	适用场合
平均绝对差	利用了图像的全局信息计算简便	没有考虑水印位置	衡量整体失真测度
均方误差	利用了图像的全局信息	没有考虑水印位置计算量较大	对异常数据差别比较敏感的场合,如脆弱性水印
L^p 范数	利用了图像的全局信息	不同范数对结果影响较大	调整范数可用于各种场合
拉普拉斯均方误差	对像素间的相对变化比较敏感	计算量较大	比较关心区别水印嵌入前后的图像
信噪比	利用了图像的全局信息从整体上反映了水印与原图像的能量区别	没有考虑水印位置无法刻画局部特征	关心图像能量的场合
峰值信噪比	类似于信噪比	类似于信噪比	类似于信噪比
归一化互相关	刻画了人对图像的直观感受体现了水印隐藏的视觉效果	与客观检测结果不太一致	需要考虑嵌入水印前后的图像相关性的场合
相关品质	类似于归一化互相关	类似于归一化互相关	类似于归一化互相关
直方图相似性	从统计上比较客观地刻画了嵌入水印前后图像之间的差别	不确定性比较大计算量较大	水印对图像直方图影响比较大的场合
总方差信噪比	利用了图像的全局信息同时考虑了方差和信噪比	计算量较大	图像局部变化对水印影响不明显的场合

8-3　亚采样和剪切的比较

> 题面：

假设将**数字水印**嵌入到图像 DCT 变换后的低频系数上而得到水印嵌入图像。将该图像进行**亚采样**和进行**剪切**都可减少数据量，在减少相同数据量的情况下，哪种处理后水印受到的影响大？

> 解析：

水印是嵌入到图像 DCT 变换后的低频系数上的。一方面，亚采样后图像中高频分量受到的影响大，而低频分量受到的影响小；另一方面，进行剪切后图像中高频和低频分量受到的影响基本相同。两相比较，图像剪切对水印的影响相对较大。

8-4　彩色光的亮度

> 题面：

在 PAL 和 NTSC 彩色电视制式中，**亮度**分量的计算公式都是 $Y = 0.299R' + 0.587G' + 0.114B'$。现设 $R=R'$, $G=G'$, $B=B'$，图像用 3×8 比特表示。

(1) 如何计算纯黄光的亮度值？其最大值为多少？

(2) 如何计算纯蓝绿光的亮度值？其最大值为多少？

> 解析：

(1) 纯黄光是由红色光和绿色光叠加而成的（没有蓝色光），所以纯黄光的最大亮度为 $Y = 0.299 \times 255 + 0.587 \times 255 = 225.93 \approx 226$。

(2) 纯蓝绿光由绿色光和蓝色光叠加而成的（没有红色光），所以纯蓝绿光的最大亮度为 $Y = 0.587 \times 255 + 0.114 \times 255 = 178.76 \approx 179$。

8-5　RGB 彩色立方体上给定亮度值的点

> 题面：

试在 **RGB 彩色立方体**上标出所有亮度值为 0.5 的点的位置。

> 解析：

根据 $0.5 = (R+G+B)/3$，可在 RGB 彩色立方体边界上确定 6 个点，它们的坐标分别为 (1, 0.5, 0)，(0.5, 1, 0)，(0, 1, 0.5)，(0, 0.5, 1)，(0.5, 0, 1)，(1, 0, 0.5)。所有亮度值为 0.5 的点都在过这 6 个点的平面上，如图解 8-5 所示。

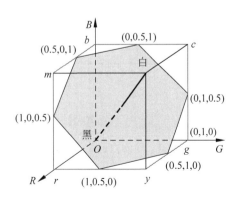

图解 8-5　RGB 彩色立方体上亮度值为 0.5 的所有点

8-6 RGB 彩色立方体上给定饱和度值的点

> 题面：

试在 **RGB 彩色立方体**上标出所有饱和度值为 1 的点的位置。

> 解析：

根据饱和度计算公式，当饱和度值为 1 时，3 个分量 R、G、B 中应至少有 1 个为 0。所以饱和度为 1 的彩色点应该处在彩色立方体上 R、G、B 这 3 个分量分别为 0 的 3 个平面上，即 RG、GB、BR 这 3 个平面上。注意：$R=G=B$ 的点对应饱和度值为 0 的点。

8-7 RGB 彩色立方体与 HSI 颜色实体

> 题面：

（1）试计算 **RGB 彩色立方体**的 8 个顶点的 H、S、I 值。

（2）在 **HSI 颜色实体**上标出上述 8 个顶点的位置。

> 解析：

（1）对 8 个顶点的 H、S、I 值的计算结果如表解 8-7 所示。

（2）RGB 彩色立方体的 8 个顶点在 HSI 颜色实体上的位置如图解 8-7 中各个序号点所示。

表解 8-7　8 个顶点的 H、S、I 值

序号	顶点坐标	H	S	I
1	(0，0，0)	没定义	0	0
2	(1，0，0)	0°	1	1/3
3	(1，1，0)	60°	1	2/3
4	(0，1，0)	120°	1	1/3
5	(0，0，1)	240°	1	1/3
6	(1，0，1)	300°	1	2/3
7	(1，1，1)	没定义	0	1
8	(0，1，1)	180°	1	2/3

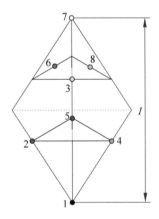

图解 8-7　HSI 颜色实体上的 8 个顶点

8-8 相加光的 HSI 坐标

> 题面：

给定在 **RGB 模型**坐标系中的两个点 P 和 Q，它们的坐标分别为（0.2，0.4，0，6）和（0.3，0.2，0.1）。在 **HSI 模型**的坐标系中，试计算 $W=P+Q$ 的 HSI 坐标与 P 和 Q 的 HSI 坐标的关系。

➢ **解析：**

W 点在 RGB 坐标系中位于 $(0.5, 0.6, 0,7)$。下面计算这 3 个点在 HSI 坐标系中的坐标：

$$\begin{cases} I_P = (0.2+0.4+0.6)/3 = 0.4 \\ I_Q = (0.3+0.2+0.1)/3 = 0.2 \\ I_W = (0.5+0.6+0.7)/3 = 0.6 \end{cases}$$

$$\begin{cases} S_P = 1-(3\times 0.2)/(0.2+0.4+0.6) = 0.5 \\ S_Q = 1-(3\times 0.1)/(0.3+0.2+0.1) = 0.5 \\ S_W = 1-(3\times 0.5)/(0.5+0.6+0.7) = 0.167 \end{cases}$$

$$\begin{cases} H_P = \arccos\left\{ \dfrac{[(0.2-0.4)+(0.2-0.6)]/2}{[(0.2-0.4)^2+(0.2-0.6)(0.4-0.6)]^{1/2}} \right\} = 193.33° \\ H_Q = \arccos\left\{ \dfrac{[(0.3-0.2)+(0.3-0.1)]/2}{[(0.3-0.2)^2+(0.3-0.1)(0.2-0.1)]^{1/2}} \right\} = 33.33° \\ H_W = \arccos\left\{ \dfrac{[(0.5-0.6)+(0.5-0.7)]/2}{[(0.5-0.6)^2+(0.5-0.7)(0.6-0.7)]^{1/2}} \right\} = 167.67° \end{cases}$$

由上可见，$I_W = I_P + I_Q$，即两种彩色叠加时，其亮度分量是直接相加的；但饱和度分量和色调分量没有这种关系。事实上，在从 RGB 坐标系向 HSI 坐标系转换时，亮度分量的公式是线性的，而色度分量（色调和饱和度）的公式是非线性的。

8-9　彩色光的配色与混合

➢ **题面：**

颜色可用**亮度**和**色度**共同表示。设为产生某种颜色 C 所需的 3 个刺激量分别用 X、Y、Z 表示，而每种刺激量的比例系数为 x、y、z，则有配色方程 $C = xX + yY + zZ$。现已知两束色光的 XYZ 坐标分别为 $C_1(0.3, 0.4, z_1)$ 和 $C_2(0.1, 0.5, z_2)$，并且知道光通量 $Y_1 = 20\text{lm}$，$Y_2 = 10\text{lm}$。

(1) 请给出 C_1 和 C_2 的配色方程。

(2) 请给出 C_1 和 C_2 混合光 C_3 的光通量与色度坐标（色系数）。

➢ **解析：**

(1) 先计算两束色光的色系数 z_1 和 z_2：

$$z_1 = 1 - x_1 - y_1 = 1 - 0.3 - 0.4 = 0.3$$
$$z_2 = 1 - x_2 - y_2 = 1 - 0.1 - 0.5 = 0.4$$

再计算两束色光的刺激量 X_1 和 X_2 以及 Z_1 和 Z_2：

$$X_1 = x_1(X_1+Y_1+Z_1) = x_1 Y_1/y_1 = 0.3\times 20/0.4 = 15$$
$$X_2 = x_2(X_2+Y_2+Z_2) = x_2 Y_2/y_2 = 0.1\times 10/0.5 = 2$$
$$Z_1 = z_1(X_1+Y_1+Z_1) = z_1 Y_1/y_1 = 0.3\times 50 = 15$$
$$Z_2 = z_2(X_2+Y_2+Z_2) = z_2 Y_2/y_2 = 0.4\times 20 = 8$$

所以，C_1 和 C_2 的配色方程分别为

$$C_1 = 15X + 20Y + 15Z$$

$$C_2 = 2X + 10Y + 8Z$$

（2）两束光混合的光通量为两束光的光通量之和，所以混合光的光通量 $Y = Y_1 + Y_2 = 30\text{lm}$。

混合光 C_3 的配色方程为

$$C_3 = (X_1 + X_2)X + (Y_1 + Y_2)Y + (Z_1 + Z_2)Z = 17X + 30Y + 23Z$$

相应的色系数为

$$x_3 = 17/70 = 0.24, \quad y_3 = 30/70 = 0.43, \quad z_3 = 23/70 = 0.33$$

C_3 的色度坐标为 $(0.24, 0.43, 0.33)$。

8-10　饱和度增强与色调增强的结果

➤ **题面：**

试分析采用**饱和度增强**方法和**色调增强**方法所得到的结果图像与原图像相比各有什么变化。

➤ **解析：**

饱和度增强：通过对图像中每个像素的饱和度单独进行处理来实现，一般可以是总体乘上或者加上一个常数，也可以通过类似于直方图均衡化等方式进行饱和度的增强。增强饱和度后，图像中的彩色更为饱和，反差增加，边缘清晰。减小饱和度后，由于色度图的中点是一个奇异点，故原图像中饱和度低的部分将会渐渐趋于灰白色，整幅图像颜色看起来比较平淡，且奇异点附近的 RGB 值会因为很小一点的波动而产生很大的变化。

色调增强：根据 HSI 模型的表示方法，色调对应的是在色度三角形中指向色点 P 的矢量与 R 轴的夹角，因此可以看出色调的变化是循环往复的。如果在增强时对每个像素的色调加一个常数，即会使对应的色点矢量旋转一个角度，从而在色谱上移动。当这个常数较小时，一般会使彩色图像的色调根据色点矢量转动的方向（由该常数的正负决定）而变"冷"或是变"暖"。

8-11　分段运动轨迹

➤ **题面：**

设一个点在空间的运动可分成 5 个等间隔的阶段，在第一个阶段沿 X 轴方向匀加速运动，在第二个阶段沿与 Y 轴和 Z 轴角分线平行的方向匀速运动，在第三个阶段沿 Y 轴方向匀速运动，在第四个阶段沿 Z 轴方向匀减速运动，在第 5 个阶段沿与 X 轴和 Z 轴角分线平行的方向匀减速运动。试分别做出该点沿 3 个轴的运动轨迹的示意图。

➤ **解析：**

该点在 3-D 空间的运动轨迹可参见图解 8-11(1)。

如果将 3-D 空间中的运动轨迹分别向对应的平面投影，则得到该点沿 3 个轴的运动轨迹如图解 8-11(2)所示，其中图解 8-11(2a)为沿 X 轴的轨迹图，图解 8-11(2b)为沿 Y 轴的轨迹图，图解 8-11(2c)为沿 Z 轴的轨迹图。

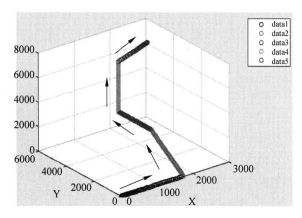

图解 8-11(1)　点在 3-D 空间的运动轨迹示意

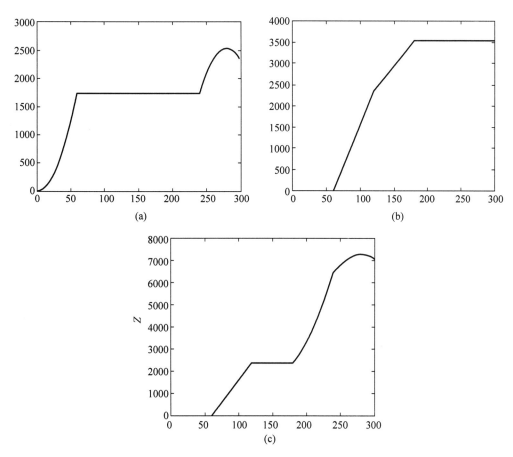

图解 8-11(2)　点沿 3 个轴的运动轨迹

8-12 累积差图像的计算

> 题面：

在一个由 4 幅 5×5 像素的图像构成的图像序列中有一个匀速运动的均匀灰度目标。假设目标灰度为 1，背景灰度为 0，最终**绝对累积差图像**和**负累积差图像**分别如图题8-12(a)和图题 8-12(b)所示（阈值为 0）。

（1）根据这些图像推断目标在第一幅图像中的初始位置、运动方向和速度。

（2）根据(1)的结果，写出计算各个累积差图像的过程，验证(1)中结果的正确性。

0	0	1	2	1
0	1	2	2	1
3	2	2	1	0
3	2	1	0	0
3	3	0	0	0

0	0	1	2	1
0	1	2	2	1
0	0	2	1	0
0	0	1	0	0
0	0	0	0	0

(a)　　　　　　(b)

图题 8-12　最终绝对累积差图像和负累积差图像

> 解析：

（1）设 4 幅图像的序号分别为 1、2、3、4，则最终绝对累积差图像和负累积差图像分别为：

$$\boldsymbol{A}_4 = \begin{bmatrix} 0 & 0 & 1 & 2 & 1 \\ 0 & 1 & 2 & 2 & 1 \\ 3 & 2 & 2 & 1 & 0 \\ 3 & 2 & 1 & 0 & 0 \\ 3 & 3 & 0 & 0 & 0 \end{bmatrix}, \quad \boldsymbol{N}_4 = \begin{bmatrix} 0 & 0 & 1 & 2 & 1 \\ 0 & 1 & 2 & 2 & 1 \\ 0 & 0 & 2 & 1 & 0 \\ 0 & 0 & 1 & 0 & 0 \\ 0 & 0 & 0 & 0 & 0 \end{bmatrix}$$

据此，可算得**正累积差图像**为：

$$\boldsymbol{P}_4 = \boldsymbol{A}_4 - \boldsymbol{N}_4 = \begin{bmatrix} 0 & 0 & 1 & 2 & 1 \\ 0 & 1 & 2 & 2 & 1 \\ 3 & 2 & 2 & 1 & 0 \\ 3 & 2 & 1 & 0 & 0 \\ 3 & 3 & 0 & 0 & 0 \end{bmatrix} - \begin{bmatrix} 0 & 0 & 1 & 2 & 1 \\ 0 & 1 & 2 & 2 & 1 \\ 0 & 0 & 2 & 1 & 0 \\ 0 & 0 & 1 & 0 & 0 \\ 0 & 0 & 0 & 0 & 0 \end{bmatrix} = \begin{bmatrix} 0 & 0 & 0 & 0 & 0 \\ 0 & 0 & 0 & 0 & 0 \\ 3 & 2 & 0 & 0 & 0 \\ 3 & 2 & 0 & 0 & 0 \\ 3 & 3 & 0 & 0 & 0 \end{bmatrix}$$

因为正累积差图像中的非零元素位置就是运动目标在参考图中的位置，又因为设目标灰度为 1，所以该目标的初始位置可表示为（其中值为 1 的代表目标部分）：

0	0	0	0	0
0	0	0	0	0
1	1	0	0	0
1	1	0	0	0
1	1	0	0	0

根据绝对累积差图像，数值沿右斜上方向改变，所以目标朝着右斜上方向运动。

根据负累积差图像，可以算出目标在水平方向上的运动速度是 $N_4(3, 3) - N_4(3, 4) = 2 - 1 = 1$，在垂直方向上的运动速度是 $N_4(3, 3) - N_4(4, 3) = 2 - 1 = 1$。所以，目标沿 45° 方向运动，在相邻两图像的时间间隔中，目标沿水平方向（向右）和垂直方向（向上）各运动了一个像素。

（2）根据（1）的结果，可写出这 4 幅图像应该是：

$$\boldsymbol{I}_1 = \begin{bmatrix} 0 & 0 & 0 & 0 & 0 \\ 0 & 0 & 0 & 0 & 0 \\ 1 & 1 & 0 & 0 & 0 \\ 1 & 1 & 0 & 0 & 0 \\ 1 & 1 & 0 & 0 & 0 \end{bmatrix}, \quad \boldsymbol{I}_2 = \begin{bmatrix} 0 & 0 & 0 & 0 & 0 \\ 0 & 1 & 1 & 0 & 0 \\ 0 & 1 & 1 & 0 & 0 \\ 0 & 1 & 1 & 0 & 0 \\ 0 & 0 & 0 & 0 & 0 \end{bmatrix}$$

$$\boldsymbol{I}_3 = \begin{bmatrix} 0 & 0 & 1 & 1 & 0 \\ 0 & 0 & 1 & 1 & 0 \\ 0 & 0 & 1 & 1 & 0 \\ 0 & 0 & 0 & 0 & 0 \\ 0 & 0 & 0 & 0 & 0 \end{bmatrix}, \quad \boldsymbol{I}_4 = \begin{bmatrix} 0 & 0 & 0 & 1 & 1 \\ 0 & 0 & 0 & 1 & 1 \\ 0 & 0 & 0 & 0 & 0 \\ 0 & 0 & 0 & 0 & 0 \\ 0 & 0 & 0 & 0 & 0 \end{bmatrix}$$

差图像依次是：

$$\boldsymbol{I}_2 - \boldsymbol{I}_1 = \begin{bmatrix} 0 & 0 & 0 & 0 & 0 \\ 0 & -1 & -1 & 0 & 0 \\ 1 & 0 & -1 & 0 & 0 \\ 1 & 0 & -1 & 0 & 0 \\ 1 & 1 & 0 & 0 & 0 \end{bmatrix}, \quad \boldsymbol{I}_3 - \boldsymbol{I}_2 = \begin{bmatrix} 0 & 0 & -1 & -1 & 0 \\ 0 & 0 & -1 & -1 & 0 \\ 1 & 1 & -1 & -1 & 0 \\ 1 & 1 & 0 & 0 & 0 \\ 1 & 1 & 0 & 0 & 0 \end{bmatrix}$$

$$\boldsymbol{I}_4 - \boldsymbol{I}_1 = \begin{bmatrix} 0 & 0 & 0 & -1 & -1 \\ 0 & 0 & 0 & -1 & -1 \\ 1 & 1 & 0 & 0 & 0 \\ 1 & 1 & 0 & 0 & 0 \\ 1 & 1 & 0 & 0 & 0 \end{bmatrix}$$

设所有累积差图像的初始矩阵都是零矩阵，则依次可算得

$$\boldsymbol{A}_2 = \begin{bmatrix} 0 & 0 & 0 & 0 & 0 \\ 0 & 0+1 & 0+1 & 0 & 0 \\ 0+1 & 0 & 0+1 & 0 & 0 \\ 0+1 & 0 & 0+1 & 0 & 0 \\ 0+1 & 0+1 & 0 & 0 & 0 \end{bmatrix} = \begin{bmatrix} 0 & 0 & 0 & 0 & 0 \\ 0 & 1 & 1 & 0 & 0 \\ 1 & 0 & 1 & 0 & 0 \\ 1 & 0 & 1 & 0 & 0 \\ 1 & 1 & 0 & 0 & 0 \end{bmatrix}$$

$$\boldsymbol{N}_2 = \begin{bmatrix} 0 & 0 & 0 & 0 & 0 \\ 0 & 0+1 & 0+1 & 0 & 0 \\ 0 & 0 & 0+1 & 0 & 0 \\ 0 & 0 & 0+1 & 0 & 0 \\ 0 & 0 & 0 & 0 & 0 \end{bmatrix} = \begin{bmatrix} 0 & 0 & 0 & 0 & 0 \\ 0 & 1 & 1 & 0 & 0 \\ 0 & 0 & 1 & 0 & 0 \\ 0 & 0 & 1 & 0 & 0 \\ 0 & 0 & 0 & 0 & 0 \end{bmatrix}$$

$$\boldsymbol{A}_3 = \begin{bmatrix} 0 & 0 & 0+1 & 0+1 & 0 \\ 0 & 1 & 1+1 & 0+1 & 0 \\ 1+1 & 0+1 & 1+1 & 0+1 & 0 \\ 1+1 & 0+1 & 1 & 0 & 0 \\ 1+1 & 0+1 & 0 & 0 & 0 \end{bmatrix} = \begin{bmatrix} 0 & 0 & 1 & 1 & 0 \\ 0 & 1 & 2 & 1 & 0 \\ 2 & 1 & 2 & 1 & 0 \\ 2 & 1 & 1 & 0 & 0 \\ 2 & 2 & 0 & 0 & 0 \end{bmatrix}$$

$$N_3 = \begin{bmatrix} 0 & 0 & 0+1 & 0+1 & 0 \\ 0 & 1 & 1+1 & 0+1 & 0 \\ 0 & 0 & 1+1 & 0+1 & 0 \\ 0 & 0 & 1 & 0 & 0 \\ 0 & 0 & 0 & 0 & 0 \end{bmatrix} = \begin{bmatrix} 0 & 0 & 1 & 1 & 0 \\ 0 & 1 & 2 & 1 & 0 \\ 0 & 0 & 2 & 1 & 0 \\ 0 & 0 & 1 & 0 & 0 \\ 0 & 0 & 0 & 0 & 0 \end{bmatrix}$$

$$A_4 = \begin{bmatrix} 0 & 0 & 1 & 1+1 & 0+1 \\ 0 & 1 & 2 & 1+1 & 0+1 \\ 2+1 & 1+1 & 2 & 1 & 0 \\ 2+1 & 1+1 & 1 & 0 & 0 \\ 2+1 & 2+1 & 0 & 0 & 0 \end{bmatrix} = \begin{bmatrix} 0 & 0 & 1 & 2 & 1 \\ 0 & 1 & 2 & 2 & 1 \\ 3 & 2 & 2 & 1 & 0 \\ 3 & 2 & 1 & 0 & 0 \\ 3 & 3 & 0 & 0 & 0 \end{bmatrix}$$

$$N_4 = \begin{bmatrix} 0 & 0 & 1 & 1+1 & 0+1 \\ 0 & 1 & 2 & 1+1 & 0+1 \\ 0 & 0 & 2 & 1 & 0 \\ 0 & 0 & 1 & 0 & 0 \\ 0 & 0 & 0 & 0 & 0 \end{bmatrix} = \begin{bmatrix} 0 & 0 & 1 & 2 & 1 \\ 0 & 1 & 2 & 2 & 1 \\ 0 & 0 & 2 & 1 & 0 \\ 0 & 0 & 1 & 0 & 0 \\ 0 & 0 & 0 & 0 & 0 \end{bmatrix}$$

最后得到的 A_4 和 N_4 与所给的条件相同,(1)中结果得到验证。

8-13　图像金字塔表达

➤ 题面：

(1) 对一幅 512×512 像素的图像,其完整的**图像金字塔**共有多少层?

(2) 如果用不考虑第 0 层的图像金字塔来表示该图像,获得的数据压缩率是多少(这里设表达每个单元都用一个字节)?

➤ 解析：

(1) 10 层。

(2) 3。

8-14　高斯和拉普拉斯金字塔的构建

➤ 题面：

给定如下所示图像,构建其**高斯金字塔**和**拉普拉斯金字塔**(这里设 2×2 的高斯滤波器为一个均值滤波器,而拉普拉斯滤波器为一个直通滤波器):

$$\begin{bmatrix} 0 & 1 & 2 & 3 \\ 4 & 5 & 6 & 7 \\ 8 & 9 & 10 & 11 \\ 12 & 13 & 14 & 15 \end{bmatrix}$$

➤ 解析：

对原图像进行 2×2 平均得到

$$\begin{bmatrix} 2.5 & 4.5 \\ 10.5 & 12.5 \end{bmatrix}$$

再平均一次得到[7.5]。所以高斯金字塔的 0 层到 2 层分别为

$$\begin{bmatrix} 0 & 1 & 2 & 3 \\ 4 & 5 & 6 & 7 \\ 8 & 9 & 10 & 11 \\ 12 & 13 & 14 & 15 \end{bmatrix} \begin{bmatrix} 2.5 & 4.5 \\ 10.5 & 12.5 \end{bmatrix} [7.5]$$

对由原图像 2×2 平均得到的结果进行扩展插值得到

$$\begin{bmatrix} 2.5 & 2.5 & 4.5 & 4.5 \\ 2.5 & 2.5 & 4.5 & 4.5 \\ 10.5 & 10.5 & 12.5 & 12.5 \\ 10.5 & 10.5 & 12.5 & 12.5 \end{bmatrix}$$

这样拉普拉斯金字塔的第 0 层为

$$\begin{bmatrix} 0 & 1 & 2 & 3 \\ 4 & 5 & 6 & 7 \\ 8 & 9 & 10 & 11 \\ 12 & 13 & 14 & 15 \end{bmatrix} - \begin{bmatrix} 2.5 & 2.5 & 4.5 & 4.5 \\ 2.5 & 2.5 & 4.5 & 4.5 \\ 10.5 & 10.5 & 12.5 & 12.5 \\ 10.5 & 10.5 & 12.5 & 12.5 \end{bmatrix} = \begin{bmatrix} -2.5 & -1.5 & -2.5 & -1.5 \\ 1.5 & 2.5 & 1.5 & 2.5 \\ -2.5 & -1.5 & -2.5 & -1.5 \\ 1.5 & 2.5 & 1.5 & 2.5 \end{bmatrix}$$

同理,拉普拉斯金字塔的第 1 层为

$$\begin{bmatrix} 2.5 & 4.5 \\ 10.5 & 12.5 \end{bmatrix} - \begin{bmatrix} 7.5 & 7.5 \\ 7.5 & 7.5 \end{bmatrix} = \begin{bmatrix} -5 & -3 \\ 3 & 5 \end{bmatrix}$$

最后,拉普拉斯金字塔的第 2 层为[7.5]。

所以拉普拉斯金字塔的 0 层到 2 层分别为

$$\begin{bmatrix} -2.5 & -1.5 & -2.5 & -1.5 \\ 1.5 & 2.5 & 1.5 & 2.5 \\ -2.5 & -1.5 & -2.5 & -1.5 \\ 1.5 & 2.5 & 1.5 & 2.5 \end{bmatrix} \begin{bmatrix} -5 & -3 \\ 3 & 5 \end{bmatrix} [7.5]$$

8-15　检测和消除边缘时的小波特性

> 题面:

如何根据**小波特性**从图像中检测和消除边缘?讨论一下其中频率和尺度所起的作用。

> 解析:

首先需要确定一个小波(平滑函数的一阶导数)和对它的分解级数(对应尺度 s),并对图像进行**多尺度小波变换**。由于小波具有能量集中特性,边缘对应灰度的突变点,所以在边缘处,对应小波系数的模值会比较大。因此,取小波变换系数的模极大值并与预先设定的阈值 T 进行比较,就可将对应边缘的点检测出来。在对边缘消除时,可以在空域中将如此检测出来的边缘点除去;也可在频率域中减小小波变换系数中高频分量对应的值,并增强低频分量对应的值。

频率可以起到调整时域和频域分辨率的作用。低频时带宽窄，频率分辨率高；而高频时正好相反。高频率时，小波变换滤波器具有较大的带宽，时间窗比较窄而时间分辨率比较高；而低频率时，小波变换滤波器具有较小的带宽，时间窗比较宽而时间分辨率比较低。通过调节尺度参数可以改变小波基的带宽，以构建长度不同的自适应滤波器，改进滤波的收敛性能。

第3单元 图像分析

本单元包括3章：

第9章 图像分割

第10章 目标表达描述

第11章 特性分析

覆盖范围/内容简介

图像分析对应图像工程的第二层次。作为图像工程的中间层次，图像分析的抽象性居中，语义层次比图像处理高但比图像理解低。它主要在图像的目标级别上进行操作，涉及的数据量比图像处理小但比图像理解大。

图像分析可看作代表一大类图像技术，着重强调对图像中感兴趣的目标进行检测和测量，以获得它们的客观信息从而建立对图像和目标的描述，并分析出它们的特性。如果说图像处理是一个从图像到图像的过程，则图像分析是一个从图像到数据的过程，它把原来以像素描述的图像转变成比较简洁的基于目标的非图形式的描述。这里数据可以是对目标特征测量的结果，或是基于测量的符号表示。它们描述了图像中目标的特点和性质。

图像分析的主要技术可分成3类：图像分割、目标表达和描述以及特性分析。图像分割是由图像处理进到图像分析的关键步骤，它的目的就是提取出图像中的目标。目标表达和描述要对提取出的目标采取合适的数据结构进行表达并采用恰当的形式描述它们的特征。特性分析是通过特征测量以有效地刻画目标的各种特性，满足各种应用的需要。图像的分割、目标的表达和描述以及特性的分析等不仅完成了图像分析的任务，还将原始图像转化为更抽象、更紧凑的形式，使得更高层的图像理解成为可能。

图像分析还会用到许多"数学工具"。其中，比较结合密切的包括数学形态学和模式识别等,有关内容将安排在第 5 单元介绍。

参考书目/配合教材

与本单元内容相关的一些参考书目,以及本单元内容可与之配合学习的典型教材包括:

➢ 科斯汀,阿比狄(美). 彩色数字图像处理. 章毓晋,译. 北京:清华大学出版社,2010.

➢ 彼得鲁,彼得鲁(英,希). 图像处理基础. 2 版. 章毓晋,译. 北京:清华大学出版社,2013.

➢ 章毓晋. 图象分割. 北京:科学出版社,2001.

➢ 章毓晋. 图象工程(上册)——图象处理和分析. 北京:清华大学出版社,1999.

➢ 章毓晋. 图像工程(中册)——图像分析. 2 版. 北京:清华大学出版社,2005.

➢ 章毓晋. 图像工程(中册)——图像分析. 3 版. 北京:清华大学出版社,2012.

➢ 章毓晋. 图像工程(中册)——图像分析. 4 版. 北京:清华大学出版社,2018.

➢ 章毓晋. 英汉图像工程辞典. 2 版. 北京:清华大学出版社,2015.

➢ 章毓晋. 图像处理基础教程. 北京:电子工业出版社,2012.

➢ 章毓晋. 图像处理和分析技术. 3 版. 北京:高等教育出版社,2014.

➢ 章毓晋. 图像处理和分析教程. 2 版. 北京:人民邮电出版社,2016.

➢ 章毓晋. 计算机视觉教程. 2 版. 北京:人民邮电出版社,2017.

➢ ASM International. *Practical Guide to Image Analysis*. *ASM International*,2000.

➢ Bishop C M. *Pattern Recognition and Machine Learning*. Springer,2006.

➢ Castleman K R. *Digital Image Processing*. UK London:Prentice-Hall,1996.

➢ Costa L F,Cesar R M. *Shape Analysis and Classification:Theory and Practice*. CRC Press,2001.

➢ Davies E R. *Computer and Machine Vision:Theory,Algorithms,Practicalities*. 4th Ed. Elsevier,2012.

➢ Gonzalez R C,Woods R E. *Digital Image Processing*. 4th Ed. UK Cambridge:Pearson,2018.

➢ Jähne B. *Digital Image Processing—Concepts,Algorithms and Scientific Applications*. USA New York:Springer,1997.

➢ Kropatsch W G,Bischof H (editors). *Digital Image Analysis—Selected Techniques and Applications*. Springer,2001.

➢ Mahdavieh Y,Gonzalez R C. *Advances in Image Analysis*. DPIE Optical Engineering Press,1992.

➢ Marchand-Maillet S,Sharaiha Y M. *Binary Digital Image Processing—A Discrete Approach*. Academic Press,2000.

➢ Rosenfeld A,Kak A C. *Digital Picture Processing*. USA Maryland:Academic Press,1976.

➢ Russ J C,Neal F B. *The Image Processing Handbook*. 7th Ed. CRC Press,2016.

➢ Sonka M,Hlavac V,Boyle R. *Image Processing,Analysis,and Machine Vision*. 4th Ed. Cengage Learning,2014.

➢ Umbaugh S E. *Computer Imaging—igital Image Analysis and Processing*. CRC

Press，2005.

➢ Zhang Y-J(ed.). *Advances in Image and Video Segmentation*. IRM Press, USA. 2006.

➢ Zhang Y-J. *Image Engineering*: *Processing*, *Analysis*, *and Understanding*. Cengage Learning, Singapore. 2009.

➢ Zhang Y-J. *Image Engineering*. *Vol. 2*: *Image Analysis*. De Gruyter，2017.

第9章 图像分割

图像分割是图像分析的第一个步骤,它将所关注的目标提取出来,使得进一步的分析工作成为可能。图像分割要把图像分离成各具独特性质的区域并提取出感兴趣的目标区域(3-D图像中是目标立体)。这里独特的性质可以是灰度、颜色、纹理等特性,一般都对应有一定的语义含义(近年为强调常称语义分割);目标可以对应单个区域,也可以对应多个区域。

对图像分割的研究已有半个多世纪的历史,提出的算法也已成千上万,而且还在不断发展中。究其原因:一方面,图像分割至今还没有通用的自身理论,所以结合新的数学工具就总有新特色的方法被提出来;另一方面,要分割的图像来自许多领域和环境,所以特殊的分割需求也催生了许多特殊或特定的算法。

图像分割要将区域提取出来,而区域是由其轮廓所划定的,所以图像分割需要把握区域和轮廓的特点。传统的图像分割方法主要直接基于区域和轮廓的特性来进行,而新的方法引入了更多数学工具和技术手段,如贝叶斯理论、分形理论、高斯混合分布、盖伯滤波器、机器学习、马尔可夫随机场、深度学习、数学形态学、遗传算法、专家系统等。

另外,需要分割的图像也越来越多样化,如3-D图像、4-D图像、视频图像、立体图像、深度图像、多视图像、多波段图像以及各种属性的图像等。对分割的要求也越来越高,如亚像素级的分割精度、实时的分割速度等。

对图像的分割还有一个重要分支是对图像分割的评价,包括对算法和结果的性能刻画和性能比较。前者是要把握某个算法在不同分割情况中的表现,而后者是要比较不同算法在分割给定图像时的性能。分割评价对改善分割算法的性能、提高分割的质量和效率、适应各种分割需求不可或缺。

本章的问题涉及上述图像分割多个方面的概念。

9-1 体素的积分密度

➤ **题面**:

考虑其中心处在坐标系统原点的**体素**,它的一个与 YZ 平面平行的轮廓面与 X 轴交于 $(0.2, 0, 0)$,试计算该体素的积分密度。

➤ **解析**:

该轮廓面的方程为: $x - 0.2 = 0$。对比平面表达式 $x\cos\alpha + y\cos\beta + z\cos\gamma - \rho = 0$,可知: $a = \cos\alpha = 1, b = \cos\beta = 0, c = \cos\gamma = 0, \rho = 0.2$,且满足 $\rho \leqslant (a - b - c)/2$。该体素的积分密度为 $I(\alpha, \beta, \gamma, \rho) = -\rho/a + 1/2 = -0.2/1 + 1/2 = 0.3$。

9-2 不同微分算子的效果比较

➤ 题面：

选择一幅图像，试用 3 种基本的梯度算子(**罗伯特交叉算子、蒲瑞维特算子和索贝尔算子**)以及**拉普拉斯算子**检测图中的边缘，比较它们的效果。

➤ 解析：

选择的原始图像和边缘检测的实验结果见图解 9-2。其中图解 9-2(a)是选择的原始图像，图解 9-2(b)是用拉普拉斯算子检测出的边缘，图解 9-2(c)是用罗伯特交叉算子检测出的边缘，图解 9-2(d)是用蒲瑞维特算子检测出的边缘，图解 9-2(e)是用索贝尔算子检测出的边缘。可见在这个实验中，拉普拉斯算子不仅检测出了下部的卡通人物形象，还检测出了上部的字母，其提取边缘的灵敏度比另外 3 种梯度算子都要好一些。

另外，3 种梯度算子之间也有一些区别。图解 9-2(f)是罗伯特交叉算子与索贝尔算子检测结果的差别，图解 9-2(g)是蒲瑞维特算子与索贝尔算子检测结果的差别。它们都是利用图像减法对相应检测结果求差而得到的。

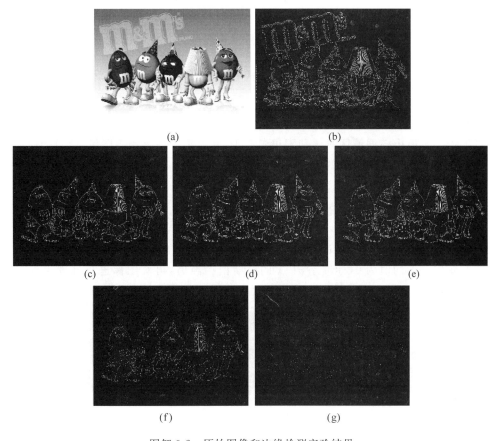

(a)　　　　　　　　　　　　(b)

(c)　　　　　　(d)　　　　　　(e)

(f)　　　　　　　　　　　　(g)

图解 9-2　原始图像和边缘检测实验结果

9-3　拉普拉斯值的计算

➤ 题面：

对图像 $f(x, y)$，直接用下式计算其拉普拉斯值：

$$\nabla^2 f = \frac{\partial^2 f}{\partial x^2} + \frac{\partial^2 f}{\partial y^2}$$

与令 $r^2 = x^2 + y^2$，以对 r 求二阶导数，即用下式与 $f(x, y)$ 卷积来计算其拉普拉斯值：

$$\nabla^2 h = \left(\frac{r^2 - \sigma^2}{\sigma^4}\right) \exp\left(-\frac{r^2}{2\sigma^2}\right)$$

有什么不同？

➤ 解析：

前者是一种二阶微分算子，对图像中的噪声比较敏感。

后者表达的是先对图像进行一次高斯平滑滤波（利用高斯加权平滑函数：$h(x, y) = \exp(-r^2/2\sigma^2)$ 与原图像进行卷积）后再进行二阶微分运算。因为相对前者多了一次平滑滤波，所以减少了噪声的影响。如果利用后者检测过零点也能提供较可靠的边缘位置。

后者的另一个好处是可以通过参数 σ 来调整后续运算的结果。例如在检测边缘时，使用小的 σ 可检测到较多的边缘点，而使用大的 σ 可对噪声有较大的抑制作用，减小虚假边缘点的检出。

9-4　最小核同值区和索贝尔算子

➤ 题面：

试编程实现最小核同值区算子和索贝尔算子，并收集一些有噪声图像（或对图像加噪），比较它们在检测图像中边缘点的效果并讨论之。

➤ 解析：

下面给出 3 组实验结果并对结果进行讨论。

（1）选取的图像如图解 9-4(1a)所示，用最小核同值区算子取几何阈值 $G = 3S_{max}/4$ 得到的边缘检测结果如图解 9-4(1b)所示，用索贝尔算子得到的边缘检测结果如图解 9-4(1c)所示。对图像添加均值为 0，标准差 $\sigma = 1$ 的高斯白噪声后，再对图像进行处理得到的结果分别见图解 9-4(1d)和图解 9-4(1e)。

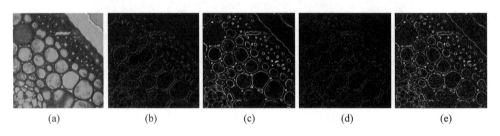

(a)　　　　(b)　　　　(c)　　　　(d)　　　　(e)

图解 9-4(1)　第一幅图像及实验结果

对比两种算子的处理结果，可以发现利用最小核同值区算子比索贝尔算子提取得到的边缘在部分轮廓处更宽一些，但强度弱一些。这是由于前者进行的是积分运算，梯度变化较弱处也可积累一定的边缘响应,所以边缘较宽;而后者进行的是差分运算,因此只在变化较为显著的区域可以得到较大的边缘响应,因此边缘较窄。

对比有无噪声的情况,可以发现添加噪声后利用最小核同值区算子比索贝尔算子得到的轮廓更为完整。索贝尔算子将一些噪声点也提取为边缘,即对噪声较为敏感。

(2) 选取的图像如图解 9-4(2a)所示,用最小核同值区算子取几何阈值 $G=3S_{max}/4$ 所示得到的边缘检测结果如图解 9-4(2b)所示,用索贝尔算子得到的边缘检测结果如图解 9-4(2c)所示。对图像添加均值为 0,标准差 $\sigma=10$ 的高斯白噪声后,再对图像进行处理得到的结果分别见图解 9-4(2d)和图解 9-4(2e)。

（a）　　　　　（b）　　　　　（c）　　　　　（d）　　　　　（e）

图解 9-4(2)　第二幅图像及实验结果

可以看出,前者检测出的边缘较细,角点和边缘点有一定的区别(对应角点处的强度较大);后者检测出的边缘较粗,角点和边缘点没有明显的区别。另外,前者可通过参数 G 调节对角点的检测能力,但后者没有参数可以调节。

(3) 选取 Lena 图像实验。用最小核同值区算子取几何阈值 $G=3S_{max}/4$ 得到的边缘检测结果如图解 9-4(3a)所示,用索贝尔算子得到的边缘检测结果如图解 9-4(3b)所示。如果对图像添加均值为 0,标准差 $\sigma=1$ 的椒盐噪声,则得到的图像如图解 9-4(3c)所示。用两种算子对该图像进行分割得到的结果分别见图解 9-4(3d)和图解 9-4(3e)。

（a）　　　　　（b）　　　　　（c）　　　　　（d）　　　　　（e）

图解 9-4(3)　第三幅图像及实验结果

可以看出,在没有叠加噪声时两者的检测效果都还令人满意,差别不大,主要边缘线都检测出来了。但叠加噪声后,因为前者比较抗噪声,所以效果(边缘处的强度比噪声处的强度高得更明显)比后者更好(后者对边缘点和噪声点的区别较差)。

9-5　灰度-梯度散射图

➢ 题面:

有哪些因素会影响**灰度-梯度散射图**中聚类的形状? 它们是如何影响的?

> 解析：

影响灰度-梯度散射图中聚类形状的主要因素包括：目标的灰度分布（影响目标像素聚类的形状）、背景的灰度分布（影响背景像素聚类的形状）、目标轮廓的灰度分布（影响边界像素聚类的形状）、目标轮廓的宽窄（影响边界像素聚类的大小及与目标像素聚类和背景像素聚类的距离）。如果目标像素的聚类和背景像素的聚类比较接近，则灰度阈值较难确定；如果边界像素的聚类与目标像素的聚类及背景像素的聚类比较接近，则梯度阈值较难确定。

9-6 基于过渡区的阈值分割

> 题面：

选取一幅实际图像，利用基于**过渡区**的**阈值分割**方法进行分割实验。

> 解析：

选取的图像如图解 9-6(a)所示，其直方图如图解 9-6(b)所示。图解 9-6(c)和图解 9-6(d)分别给出 $\mathrm{EAG_{low}}(L)$ 和 $\mathrm{EAG_{high}}(L)$ 曲线。在图解 9-6(c)中有两个峰，分别对应 $L_{low}=69$ 和 $L_{low}=174$；在图解 9-6(d)中有两个峰，分别对应 $L_{high}=53$ 和 $L_{high}=151$。在 $[69,151]$ 区间取像素的平均灰度得到分割阈值 85，对图解 9-6(a)进行分割得到图解 9-6(e)。利用拉普拉斯算子将图中字母轮廓检测出来，得到图解 9-6(f)。

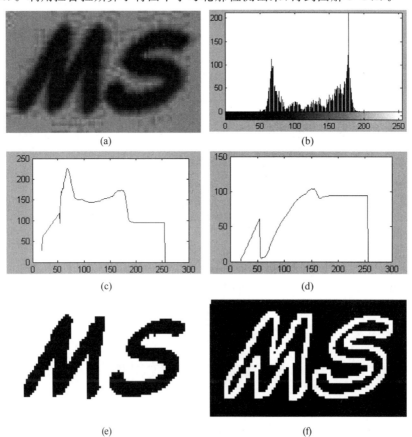

(a)　　　　　　　　　　　(b)

(c)　　　　　　　　　　　(d)

(e)　　　　　　　　　　　(f)

图解 9-6　基于过渡区的阈值分割

9-7　克服分水岭算法过分割的方法

> **题面：**

在使用**分水岭**分割算法时，有可能产生过分割的问题。试查阅相关文献，看看为解决该问题已提出哪些方法，讨论一下它们的优缺点。

> **解析：**

一些方法及其优缺点归纳在表解 9-7 中。

表解 9-7　克服分水岭算法过分割的方法一览

方　法	优　点	缺　点
预处理滤波	可降低对梯度信息影响较大的噪声因素，合理地改进原方法产生的过分割问题	没有从根本上解决传统分水岭算法的缺点
借助用强制最小值算法确定的标记	能有效地避免过分割现象，已得到广泛使用	自动标记不易实现，且分割边界的精度随标记数量的增多而减小
结合模糊关系的小区域合并	利用了边缘信息并加入了区域邻接关系的判定，分割准确率高，轮廓清晰明显	算法运算量较大，在小区域合并速度上较慢
利用小波变换对图像进行多分辨率分析	可减少有噪声时的过分割问题，在低分辨率上进行分割时能提高速度，兼顾了分割的准确性与分割效率	算法速度还不够快。不能适合所有应用要求
基于形态学尺度空间和梯度修正	在平滑原始图像的同时保留重要的区域轮廓，可去除容易造成过分割的区域细节和噪声	算法运算量比较大

9-8　使用遗传算法分割

> **题面：**

考虑如图题 9-8(a)所示的合成场景图，它表示一个球(B)在草地(L)上。初步分割得到了 5 个初始区域 $R_i, i = 1 \sim 5$，在图中简记为 1～5。现考虑使用**遗传算法**进行分割。两组初始分割假设图分别如图题 9-8(b)和图题 9-8(c)所示。它们对应的码串各是什么样的？列出接下来的复制、交叉、变异过程，并给出最终的分割图。

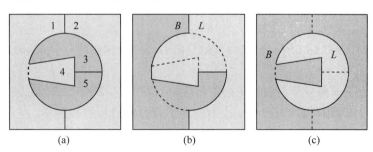

图题 9-8　合成场景图及两组初始分割假设图

两组分割假设所对应的码串分别为 $BLLLB$ 和 $BBLBL$。

先在第 2 和第 3 位置之间进行第 1 次交叉,可以得到码串 $BLLBL$ 和 $BBLLB$,它们对应的分割假设图分别如图解 9-8(1a)和图解 9-8(1b)所示。

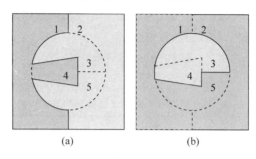

图解 9-8(1) 第 1 次交叉后的分割假设图

这里两组初始分割假设图和两组第 1 次交叉后的分割假设图的置信度 C_{image} 均为零。

接下来对 $BLLBL$ 在第 1 位置进行变异,得到变异结果 $LLLBL$,其对应的分割假设图如图解 9-8(2a)。随机选择 $BLLLB$ 并与 $LLLBL$ 在第 4 位置和第 5 位置之间进行第 2 次交叉,可以得到码串 $BLLLL$ 和 $LLLBB$,它们对应的分割假设图分别如图解 9-8(2b)和图解 9-8(2c)所示。

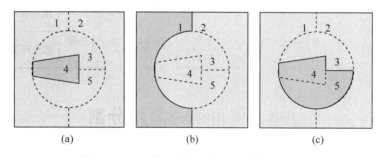

图解 9-8(2) 第 2 次交叉前后的分割假设图

计算第 2 次交叉前后分割假设图的置信度,可以得到 $BLLLB$ 的 $C_{image} = 0$,$LLLBL$ 的 $C_{image} = 0.12$,$BLLLL$ 的 $C_{image} = 0$,$LLLBB$ 的 $C_{image} = 0.14$。据此,可将 $BLLLB$ 和 $BLLLL$ 两个码串消去。

进一步对 $LLLBL$ 在第 3 位置进行变异,得到变异结果 $LLBBL$,其对应的分割假设图如图解 9-8(3a)。将它与 $LLLBB$ 两个码串在第 4 位置和第 5 位置之间进行第 3 次交叉,可以得到码串 $LLBBB$ 和 $LLLBL$。它们对应的分割假设图分别如图解 9-8(3b)和图解 9-8(3c)所示。

计算第 3 次交叉前后分割假设图的置信度,可以得到 $LLBBL$ 的 $C_{image} = 0.18$,$LLLBB$ 的 $C_{image} = 0.14$,$LLBBB$ 的 $C_{image} = 1$,$LLLBL$ 的 $C_{image} = 0.14$。

$LLBBB$ 具有最高的置信度,算法停止最优计算,最终的分割图为图解 9-8(3b)。

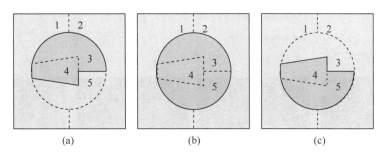

图解 9-8(3)　第 3 次交叉前后的分割假设图

9-9　哈夫变换仿真

> **题面**：

一个三角形的 3 个顶点坐标分别为$(10, 0)$、$(10, 10)$、$(0, 10)$，如图题 9-8 所示。请借助 MATLAB 仿真对它的 3 条边分别进行**哈夫变换**。对图题 9-9 加一些噪声，看看有什么变化。

> **解析**：

对 3 条边分别进行哈夫变换仿真。

（1）对$(10, 0)$和$(0, 10)$之间的直线，其原图像与变换域图像分别如图解 9-9(1a)和图解 9-9(1b)所示。将原图像加噪声得到图解 9-9(1c)，对应的变换域图像如图解 9-9(1d)所示。

图题 9-9　三角形示意图

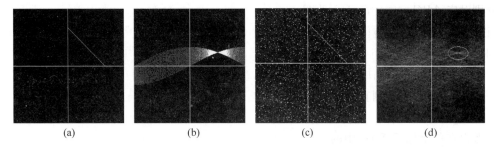

图解 9-9(1)　对$(10, 0)$和$(10, 10)$之间直线的哈夫变换

（2）对$(10, 0)$和$(10, 10)$之间的直线，其原图像与变换域图像分别如图解 9-9(2a)和图解 9-9(2b)所示。将原图像加噪声得到图解 9-9(2c)，对应的变换域图像如图解 9-9(2d)所示。

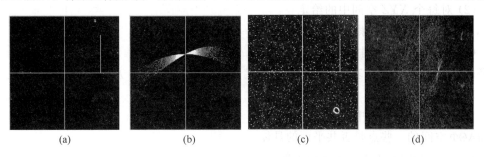

图解 9-9(2)　对$(10, 0)$和$(10, 10)$之间直线的哈夫变换

(3) 对$(0，10)$和$(10，10)$之间的直线,其原图像与变换域图像分别如图解 9-9(3a)和图解 9-9(3b)所示。将原图像加噪声得到图解 9-9(3c),对应的变换域图像如图解 9-9(3d)所示。

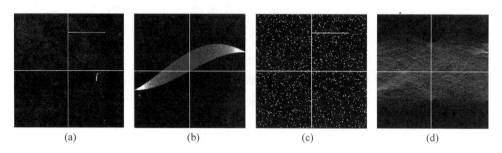

(a)   (b)   (c)   (d)

图解 9-9(3)　对$(0，10)$和$(10，10)$之间直线的哈夫变换

9-10 从 2-D 哈夫变换推广到 3-D 哈夫变换

➤ **题面：**

试将用于检测直线的 **2-D 哈夫变换**推广成可以检测平面的 **3-D 哈夫变换**。

➤ **解析 1：**

在 XYZ 空间中过点$(x，y，z)$的平面可表示为 $ax+by+cz=1$,它在参数空间 ABC 中唯一地确定了一个点$(a，b，c)$。所以 XYZ 空间的一个平面与 ABC 空间中的一个点对应。

考虑 XYZ 空间中的 3 个点$(x_i，y_i，z_i)$、$(x_j，y_j，z_j)$、$(x_k，y_k，z_k)$,则过这 3 个点的平面分别对应 ABC 空间中的 3 个平面 $ax_i+by_i+cz_i=1,ax_j+by_j+cz_j=1,ax_k+by_k+cz_k=1$。设这 3 个面在参数空间中相交于点$(a_0，b_0，c_0)$,则上述 3 个点都满足 $a_0x+b_0y+c_0z=1$,即 3 个点在 XYZ 空间中共面。

由上可见,2-D 空间中的点-线对偶性与 3-D 空间中的点-面对偶性是对应的。所以,增加一个参数,就可将检测直线的 2-D 哈夫变换推广成可以检测平面的 3-D 哈夫变换。

➤ **解析 2：**

考虑直角坐标系 XYZ 中的 3-D 平面：$z=ax+by+c$。利用哈夫变换检测 XYZ 空间的一些点是否共平面的具体步骤如下：

(1) 对参数空间中参数 a、b 和 c 的可能取值范围进行量化,根据量化结果构造一个累加数组 $A(a_{min}：a_{max}，b_{min}：b_{max}，c_{min}：c_{max})$,并初始化为零;

(2) 对每个 XYZ 空间中的给定点让 a 和 b 分别取遍所有可能的值,利用平面方程计算出 c,根据 a、b 和 c 的值累加 A：$A(a，b，c)=A(a，b，c)+1$;

(3) 根据累加后 A 中最大值所对应的 a、b 和 c,利用平面方程确定出 XYZ 空间中的一个平面,A 中的最大值代表了在此平面上给定点的数目,满足平面方程的点就是共面的。

➤ **解析 3：**

考虑极坐标系 $\Lambda\Theta\Phi$ 中的 3-D 平面：$\lambda=x\sin\theta\cos\phi+y\sin\theta\sin\phi+z\cos\theta$。利用哈夫变换检测 $\Lambda\Theta\Phi$ 空间的一些点是否共平面的具体步骤如下：

(1) 对参数空间中参数 λ,θ 和 ϕ 的可能取值范围进行量化,根据量化结果构造一个累

加数组 $A(\lambda_{\min} : \lambda_{\max}, \theta_{\min} : \theta_{\max}, \phi_{\min} : \phi_{\max})$，并初始化为零；

（2）对每个 $\Lambda\Theta\Phi$ 空间中的给定点让 θ 和 ϕ 分别取遍所有可能的值，利用平面方程计算出 λ，根据 λ、θ 和 ϕ 的值累加 A：$A(\lambda, \theta, \phi) = A(\lambda, \theta, \phi) + 1$；

（3）根据累加后 A 中最大值所对应的 λ、θ 和 ϕ，利用平面方程确定出 $\Lambda\Theta\Phi$ 空间中的一个平面，A 中的最大值代表了在此平面上给定点的数目，满足平面方程的点就是共面的。

9-11　矩保持法和一阶微分期望值法

➤ 题面：

对**矩保持法**和**一阶微分期望值法**这两种**亚像素边缘检测**方法进行比较，它们在检测较平缓边缘和较陡峭边缘的位置时有哪些特点？

➤ 解析：

对矩的计算与像素与旋转中心的距离有关，所以矩保持法检测到的亚像素位置受边缘序列的影响比较大，在检测较平缓边缘时易产生较大的偏差。相对来说，一阶微分期望值法检测到的亚像素位置受边缘序列的影响比较小，所以在检测较平缓边缘时会比较精确。

反过来，在检测较陡峭边缘的亚像素位置时，一阶微分期望值法容易受到个别梯度值较大点的影响而发生偏差（受空间量化影响较大）；此时，矩保持法相对较好，因为在矩的计算中使用了多个像素灰度值（及其平方和立方）的积分。

9-12　分割中的先验信息

➤ 题面：

最小核同值区算子、**主动轮廓模型**、**分水岭分割算法**以及多种（包括基于**多分辨率、过渡区、类间最大交叉熵、类间最小模糊散度**）阈值分割算法都很常用，试分析它们所结合的**先验信息**。

➤ 解析：

这些方法所结合的先验信息归纳在表解 9-12 中。

表解 9-12　不同方法所结合的先验信息

方　　法	结合的先验知识
最小核同值区算子	（1）图像目标与背景灰度值相差较大；（2）目标边界和角点处灰度变化剧烈；（3）边界没有宽度；（4）图像局部的积分性质；（5）算子模板的尺寸相对同质区较小
主动轮廓模型	（1）保持轮廓形状的内部能量函数以及能根据边缘特性调整轮廓局部形状的外部能量函数的先验信息/知识；（2）原图像借助主动轮廓分割得到的两个区域灰度值上有明显差异；（3）边界没有宽度，且边界上灰度变化较为剧烈（灰度不连续性）；（4）区域内部在灰度上有连续性和同一性
分水岭分割算法	（1）地形学的基本概念，适用于较紧凑物体之间的分割；（2）内部与外部标记的先验知识；（3）区域内像素的灰度比较接近，而相邻区域像素之间的灰度差距比较大

方　法		结合的先验知识
取阈值分割算法	多分辨率	(1)小波变换后的多分辨率特性知识;(2)待分割的图像中背景与目标的灰度之间有足够大的差异;(3)图像直方图的峰点、谷点特性
	类间最大交叉熵	(1)像素之间的类间交叉熵变化的特性知识;(2)分割得到的目标与背景之间类间交叉熵的差异性
	类间最小模糊散度	(1)类内模糊度的性质;(2)类间最小模糊散度的性质;(3)目标或背景内部的灰度值一般相差不大,而边界处相差相对较大
	过渡区	(1)实际图像中边界有宽度;(2)过渡区区域的直方图性质;(3)过渡区区域与整幅图像的面积比;(4)图像中前景与背景的灰度分布混叠较小;(5)实际图像中 $L_{\text{high}} > L_{\text{low}}$

9-13　分割目标的形状测度

> **题面:**

根据亮(灰度值132)的圆形目标放在暗(灰度值100)的背景正中的基本图,生成一组8幅 256×256 像素、256级灰度图,目标面积分别为全图的 20%、15%、10%、5%、3%、2%、1%、0.5%。计算各图中目标的**形状测度 SM**。分析为什么8个目标的形状测度不完全相同。

> **解析:**

形状测度之所以不同,是因为随着目标面积的减小,边界处的梯度 $g(x,y)$ 变化较快而灰度 $f(x,y)$ 和邻域灰度 $f_N(x,y)$ 不变或基本不变,$g(x,y)$ 有减小的趋势,所以目标的形状测度也随目标减小而减小。当目标面积趋于0时,形状测度 SM＝0,目标很难检测到,形状也很难测量。

生成的8幅图像如图解9-13(1)所示。

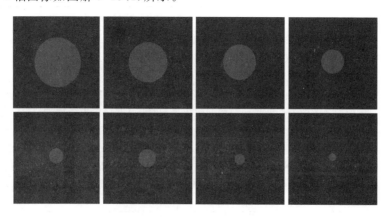

图解 9-13(1)　生成的 8 幅图像

对生成的图像取阈值得到的结果如图解 9-13(2)所示(离散轮廓的特点现在比较明显)。

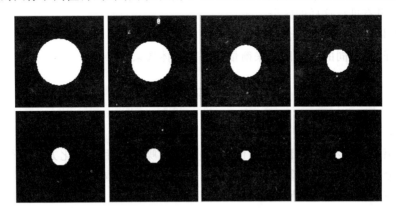

图解 9-13(2)　取阈值得到的 8 幅图像

这 8 幅图像中目标的半径和形状测度值如表解 9-13 所示。

表解 **9-13**　**8 个目标的半径和形状测度值**

编号	1	2	3	4	5	6	7	8
目标占比	20%	15%	10%	5%	3%	2%	1%	0.5%
半径	64.592	55.938	45.674	32.296	25.016	20.426	14.443	10.213
形状测度	1	0.864 82	0.707 28	0.504 76	0.385 85	0.319 21	0.229 12	0.164 74

这 8 个目标的形状测度值的变化曲线画在图解 9-13(3)中。

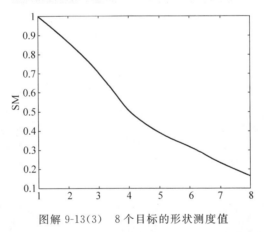

图解 9-13(3)　8 个目标的形状测度值

9-14　误差概率与绝对最终测量精度

➤ **题面**：

误差概率 $PE = P(o) \times P(b|o) + P(b) \times P(o|b)$ 与取目标面积为特征而得到的**绝对最终测量精度** $AUMA_f = |R_f - S_f|$ 有什么联系？有什么区别？

➤ **解析**：

它们之间的联系是都考虑了由于分割错误而产生的错分像素的个数，并将此用作图像质量衡量指标。区别是前者把目标错划分为背景和把背景错划分为目标的两种情况进行了区分,而后者没有进行这样的区分。不过,实际上两者的数值只会差个比例系数。从图像分析的角度看,是两种情况的综合结果导致对目标测量的误差。需要指出,最终测量精度可采用不同的特征,从不同的应用目的来衡量算法的具体效果,使用起来更加灵活方便。

9-15 分割评价实验

> **题面:**

生成一幅有一个不规则目标的图像,叠加一定的噪声后用阈值化方法进行分割。对比原始图像和分割图像,借助计算**像素距离误差**来判断阈值选取对分割结果的影响。通过改变叠加的噪声强度,看看像素距离误差如何变化。

> **解析:**

所构造的原始图像(目标的内外轮廓都不太规则)和直接对它用阈值分割方法得到的结果分别见图解 9-15(1a)和图解 9-15(1b)。可见在没有噪声时,阈值分割的结果能反映轮廓上的各个细节。

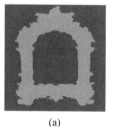

(a)   (b)

图解 9-15(1)　原始图像和分割图像

叠加高斯噪声后的一些图像如图解 9-15(2)所示,其中不同的信噪比指示了噪声干扰的强度。直观地看,随着噪声的增加,目标与背景的区别变得不清晰了,轮廓也不连续了。

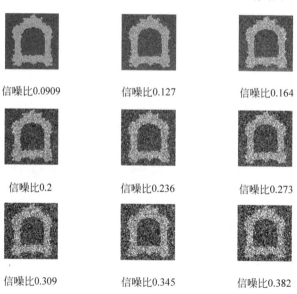

信噪比0.0909　　　　信噪比0.127　　　　信噪比0.164

信噪比0.2　　　　信噪比0.236　　　　信噪比0.273

信噪比0.309　　　　信噪比0.345　　　　信噪比0.382

图解 9-15(2)　叠加高斯噪声的图像

对上述叠加了不同强度高斯噪声的图像使用阈值化方法进行分割得到的图像如图解 9-15(3)所示。信噪比越低的图像分割效果越差,与预想的一致。

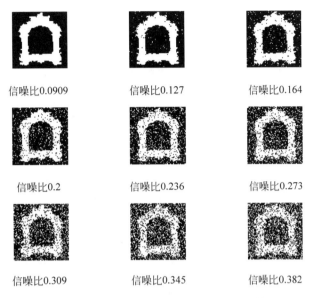

信噪比0.0909　　　　　信噪比0.127　　　　　信噪比0.164

信噪比0.2　　　　　信噪比0.236　　　　　信噪比0.273

信噪比0.309　　　　　信噪比0.345　　　　　信噪比0.382

图解 9-15(3)　对叠加高斯噪声图像的分割结果

接下来计算各图中的像素距离误差,这里选择了归一化距离测度(NDM)这个指标。所得到的 NDM-信噪比曲线如图解 9-15(4)所示。

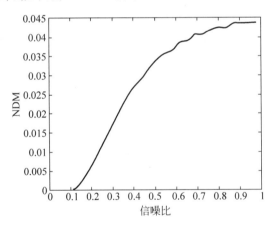

图解 9-15(4)　NDM-信噪比曲线

从如图解 9-15(4)所示的曲线可以发现,随着叠加噪声强度的增加,阈值分割算法的分割结果不断变差,归一化距离测度的数值也不断增加,即像素距离误差也不断增加,这说明归一化距离测度确实能够反映图像的分割质量。

第 10 章　目标表达描述

在图像分析中,对目标的表达和描述是图像分割之后又一个重要步骤。图像分割将图像中令人感兴趣的区域(即目标)提取出来。为有效地刻画目标,需要采用合适的数据结构对它们进行表达,采用恰当的形式描述它们的特性,并在此基础上进行特征测量,从目标获得一些定量的特性数值以进行分析,并进一步实现对目标的识别、分类等。

对目标的表达需要借助合适的数据结构来进行。目标在图像中对应区域,对区域既可用其内部(如组成区域的像素集合)表示,也可用其外部(如组成区域边界的像素集合)表示。一般来说,如果比较关心的是区域的反射性质,如灰度、颜色、纹理等,常选用内部表达法;如果比较关心的是区域的形状等,则常选用外部表达法。另外,对目标的表达既可在图像空间进行,也可在各种变换空间进行。

在对目标的表达基础上,可以对目标进行描述。表达是直接具体地表示目标数据,描述则是要较抽象地表示目标特性。好的描述应在尽可能区别不同目标的基础上对目标的尺度、平移、旋转等变化不敏感,以使对目标的描述更为通用。描述也可分为对边界的描述和对区域的描述。除此之外,在图像中有多个目标时,对边界和边界或区域和区域之间的关系也常常需要进行有效的描述。

对目标的描述常借助一些称为目标特征的描述符来进行。获得图像中目标特征的定量数值是图像分析的一个主要目的。要借助特征来提取图像中的客观信息,需要解决两个关键问题:其一是选用什么特征来描述目标;其二是如何精确地测量这些特征。

对目标特征的测量从根本上来说是要从数字化的数据中去精确地估计产生这些数据的模拟量的性质。因为这是一个复杂的估计过程,所以误差是不可避免的。这里误差指测量数据和真实数据之间的差别,其中真实数据常常是对一个测量实验的期望结果(有时是用其他方法获得的)。另外,在这个估计过程中还有许多因素会影响特征测量的准确性和精确性,所以还需要研究导致误差产生的原因并设法减小各种因素的影响。

本章的问题涉及上述目标表达和描述多个方面的概念。

10-1　基于聚合和基于分裂的最小均方误差线段逼近法

> 题面:

在**多边形逼近**中,对同一个轮廓分别用基于**聚合**的最小均方误差线段逼近法和基于**分裂**的最小均方误差线段逼近法得到的两个多边形有可能是一样的。但在一般情况下,用这两种方法从同一个轮廓得到的多边形并不一样。试列举几个不一样的原因。

> 解析：

这里给出两个导致两种方法结果不同的因素：

（1）在使用基于分裂的方法来构建多边形时总是连接相距最远的两个点（点对），这种点对一般是唯一的，所以结果会比较稳定；但用基于聚合的方法来构建多边形时起点可任意选，如果起点选得不一样，聚合的顺序不同，则最终得到的多边形的形状就可能会有很多变化。

（2）基于聚合的方法在逼近多边形上各点的时候是依次进行的，确定后一个点会受到前一个已经确定点的位置的影响；而基于分裂的方法在构建多边形的过程中只考虑两个点之间的距离，这种影响就比较小了。

本质上讲，基于分裂的方法依次寻求全局最优，而基于聚合的方法主要考虑了局部最优。

10-2 正五角形的外接盒和最小包围长方形

> 题面：

给定一个正五角形，试分别做出它的各个朝向的外接盒和最小包围长方形。

> 解析：

用长方形来（最紧凑地）包围五角形一共有 5 种（对称的）可能，即长方形有一条边与五角形的两个顶点相切而其余 3 条分别与另 3 个顶点相切。所以最小包围长方形一共有 5 个（面积相同），如图解 10-2 中各个实线框所示，其中底边与两个顶点相切得到的最小包围长方形也就是五角形的外接盒（即图中最上面的那个）。对其他 4 个外接盒，在图解 10-2 中用虚线框表示，可见它们的尺寸都大于对应的最小包围长方形。

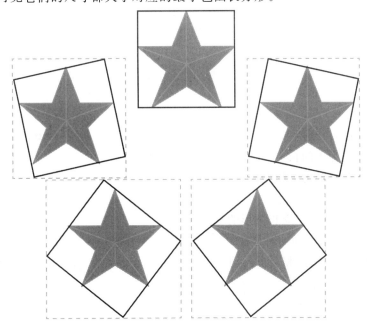

图解 10-2 正五角形的外接盒和最小包围长方形

10-3　方和圆的标记及形状描述符

> 题面：

给定一个边长为 1 的正方形和一个直径为 1 的圆形：

(1) 要将它们区分开，需要使用几个**形状描述符**？举例说明。

(2) 分别做出它们基于**距离为弧长的函数**的标记。要将这两个标记区分开，需要几个描述符？

> 解析：

(1) 要将正方形和圆形区别开，只需一个形状描述符即可。例如，使用形状参数描述符（圆形的值为 1，而正方形的值大于 1）；用偏心率描述符（圆形所对应的两个半轴长相等，而正方形所对应的两个半轴长不相等）；用球状性描述符（圆形的值为 1，而正方形的值小于 1）；用圆形性描述符（圆形的值要大于正方形的值）等。

(2) 它们基于距离为弧长的函数的标记分别如图解 10-3(a) 和图解 10-3(b) 所示。

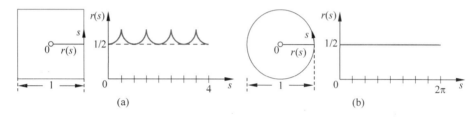

(a)　　　　　　　　(b)

图解 10-3　正方形和圆形的标记

要将这两个标记区分开，也只需一个描述符即可。例如，用标记的长度（对应圆形的标记为直线，所以长度较短；而对应正方形的标记为曲线，所以长度较长）、曲率（对应圆形的标记为直线，所以曲率为零；而对应正方形的标记为曲线，所以曲率较大）等。

10-4　长方形和椭圆的形状描述符

> 题面：

试计算下列目标的**形状描述符**：**圆形性** C，**偏心率** E，**形状因子** F，**球状性** S。

(1) 长为 2、宽为 1 的长方形。

(2) 长轴为 2、短轴为 1 的椭圆形。

> 解析：

(1) 如图解 10-4(1) 建立长方形的坐标系。

计算圆形性：利用目标的对称性，仅考虑第一象限中的阴影部分，先计算平均距离和距离的均方差：

$$\mu = \frac{1}{1+\frac{1}{2}}\left\{ \int_0^{1/2} \sqrt{y^2+1^2}\,\mathrm{d}y + \int_0^1 \sqrt{x^2+\left(\frac{1}{2}\right)^2}\,\mathrm{d}x \right\}$$

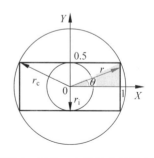

图解 10-4(1)　坐标系中的长方形

$$= \frac{\sqrt{5}}{4} + \frac{1}{3}\left[\ln\frac{1+\sqrt{5}}{2} + \frac{1}{4}\ln(2+\sqrt{5})\right] \approx 0.839\,72$$

$$\sigma^2 = \frac{1}{1+1/2}\left\{\int_0^{1/2}\left[\sqrt{y^2+1} - \mu\right]^2 \mathrm{d}y + \int_0^1\left[\sqrt{x^2+(1/2)^2} - \mu\right]^2\mathrm{d}x\right\} = \frac{3}{4} - \mu^2$$

所以,圆形性

$$C = \frac{\mu}{\sigma} \approx 3.964\,501\,8$$

计算偏心率:先算得两个转动惯量 A 和 B、惯性积 H 以及惯量椭圆的两个半主轴长 (p 和 q):

$$A = \iint y^2 \mathrm{d}x\mathrm{d}y = 4\left[\int_0^1 \mathrm{d}x + 3\int_0^{1/2} y^2 \mathrm{d}y\right] = \frac{1}{6}$$

$$B = \iint x^2 \mathrm{d}x\mathrm{d}y = 4\int_0^1 x^2 \mathrm{d}x \int_0^{1/2} \mathrm{d}y = \frac{2}{3}$$

$$H = 0, \quad p = \sqrt{6}, \quad q = \sqrt{3/2}$$

所以,偏心率 $E=2$。

计算形状因子:

$$F = \frac{\|B\|^2}{4\pi A} = \frac{(6)^2}{4\pi(2)} = \frac{9}{2\pi} \approx 1.432\,394\,5$$

计算球状性:

$$S = \frac{r_i}{r_c} = \frac{1/2}{\sqrt{1+(1/2)^2}} = \frac{1}{\sqrt{5}} \approx 0.447\,213\,6$$

(2) 如图解 10-4(2) 所示建立椭圆的坐标系。

计算圆形性:利用目标的对称性,仅考虑第一象限中的阴影部分,先计算平均距离和距离的均方差(式中 $E(\cdot,\cdot)$ 为椭圆函数):

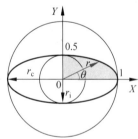

图解 10-4(2) 坐标系中的椭圆形

$$\mu = \frac{2}{\pi}\int_0^{\pi/2}\sqrt{a^2\sin^2\theta + b^2\cos^2\theta}\,\mathrm{d}\theta = \frac{2}{\pi}a \times E\left(\frac{\sqrt{3}}{2}, \frac{\pi}{2}\right)$$

$$= \frac{2}{\pi} \times 1.2111 \approx 0.771\,01$$

$$\sigma^2 = \frac{2}{\pi}\int_0^{\pi/2}\left[a\sqrt{1-e^2\sin^2\theta} - \mu\right]\mathrm{d}\theta = \frac{5}{8} - \mu^2 \approx 0.030\,543$$

所以,圆形性:

$$C = \frac{\mu}{\sigma} \approx 4.411\,639\,8$$

计算偏心率:这里目标本身就是椭圆形的,所以偏心率 $E=2$。

计算形状因子:

$$F = \frac{\|B\|^2}{4\pi A} \approx \frac{\{\pi[1.5(a+b) - \sqrt{ab}]\}^2}{4\pi(ab\pi)} = \frac{(2.25 - \sqrt{0.5})^2}{2} \approx 1.190\,259\,7$$

计算球状性:

$$S = \frac{r_i}{r_c} = \frac{1}{2} = 0.5$$

10-5　傅里叶描述符

> **题面：**

哪些形状类型的目标边界的**傅里叶描述符**中只有实数项？

> **解析：**

目标边界的傅里叶描述符可表示为

$$S(w) = \frac{1}{N}\sum_{k=0}^{N-1} s(k)\exp[-j2\pi wk/N] \quad w = 0, 1, \cdots, N-1$$

其中边界序列为

$$s(k) = u(k) + jv(k) \quad k = 0, 1, \cdots, N-1$$

将 $S(w)$ 的表达式展开，得到

$$S(w) = \frac{1}{N}\sum_{k=0}^{N-1}[u(k) + jv(k)][\cos(2\pi wk/N) - j\sin(2\pi wk/N)]$$

$$= \frac{1}{N}\sum_{k=0}^{N-1}[u(k)\cos(2\pi wk/N) + v(k)\sin(2\pi wk/N)] -$$

$$j[u(k)\sin(2\pi wk/N) - v(k)\cos(2\pi wk/N)]$$

由上可见，如果下式满足

$$u(k)\sin(2\pi wk/N) = v(k)\cos(2\pi wk/N) \quad w = 0, 1, \cdots, N-1; k = 0, 1, \cdots, N-1$$

则傅里叶描述符中只有实数项。这表明 $s(k)$ 应该关于原点对称，或可称为圆周共轭对称（实部偶对称，虚部奇对称）。

10-6　阶为 10 的所有形状及它们的形状数

> **题面：**

试画出阶为 10 的所有形状，并给出它们的**形状数**。

> **解析：**

阶为 10 的所有形状一共有 32 种。考虑到对称性，共有 6 种不同的形式，如图解 10-6 所示。其中第 1 种和第 6 种关于 X 轴和 Y 轴都对称，所以各可有 2 种变形（转 1 次 90°）；第 3 种关于 Y 轴对称，所以可有 4 种变形（依次转 4 次 90°），第 2 种、第 4 种和第 5 种关于 X 轴和 Y 轴都不对称，所以各有 8 种变形（依次转 4 次 90°，再取 X 轴或 Y 轴的镜像，还可依次转 4 次 90°）。它们的形状数标在形状下面，形状数不受各种变形的影响，即对同一种形状是一样的。

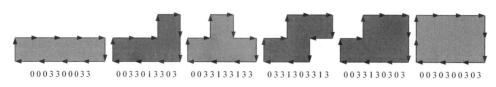

| 0003300033 | 0033013303 | 0033133133 | 0331303313 | 0033130303 | 0030300303 |

图解 10-6　阶为 10 的形状

10-7 欧拉数计算

> **题面：**

图题 10-7 给出的单位网格图像中有一些简单的目标。试计算它们的**欧拉数**（包括 4-连通欧拉数和 8-连通欧拉数）。

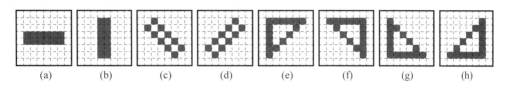

图题 10-7 一些单位网格图像

> **解析：**

各个目标的 4-连通欧拉数和 8-连通欧拉数如表解 10-7 所示。

表解 10-7 欧拉数计算结果

欧拉数	(a)	(b)	(c)	(d)	(e)	(f)	(g)	(h)
E_4	1	1	10	10	2	2	2	2
E_8	1	1	−3	−3	0	0	0	0

10-8 不变矩的形状区分能力

> **题面：**

图题 10-8 的两图中间各有一个白色矩形目标，尺寸均为 161×101 像素。右边图中目标中间上方还多一个有 25 个像素的三角形。讨论采用 7 个**不变矩**作为**形状描述符**是否能区分它们。

图题 10-8 两个矩形目标

> **解析：**

直接对两个目标计算 7 个不变矩得到的结果见表解 10-8(1)。其中，相对误差是两目标的相同矩的绝对差与左目标该矩的百分比，体现了该矩对目标的区分度。

表解 10-8(1) 对原始目标计算 7 个不变矩得到的结果

不 变 矩	左 目 标	右 目 标	相 对 误 差
T_1	0.185 105 467 068 446	0.184 662 802 290 308	0.239%
T_2	0.006 490 050 732 561	0.006 373 257 149 467	1.80%
T_3	0	1.375 986 605 417 057 e-07	—
T_4	0	1.179 193 864 978 971 e-08	—
T_5	0	−4.749 904 956 193 523 e-16	—
T_6	0	−9.413 820 909 145 556 e-10	—
T_7	0	1.668 749 462 992 892 e-29	—

由表解 10-8(1)可见,两目标的不变矩 T_1 和 T_2 都有一点不同,但它们的区分度都不很大。由于左边目标的不变矩 T_3 到 T_7 都为零,所以无法定量计算相对误差。

这个问题源于左边目标的规则性和对称性。为此,可在左边目标上加些随机线条(背景)来改变其规则度和对称度,对右边目标也加上相同的随机线条,得到的结果如图解 10-8 所示。

对图解 10-8 的两个目标再次计算 7 个不变矩,得到的结果见表解 10-8(2)。

图解 10-8　改变后的两个矩形目标

表解 10-8(2)　对改变后的目标计算 7 个不变矩得到的结果

不　变　矩	左　目　标	右　目　标	相对误差
T_1	0.276 735 651 677 607	0.275 708 761 061 961	0.371%
T_2	0.013 778 832 096 845	0.013 445 609 340 627	2.42%
T_3	3.451 461 507 263 788 e-05	2.616 062 867 249 313 e-05	24.2%
T_4	8.776 696 877 690 011 e-06	9.562 044 144 358 251 e-06	8.95%
T_5	−1.460 944 367 020 617 e-10	−1.205 275 061 508 134 e-10	17.5%
T_6	6.539 957 941 311 158 e-07	5.392 559 809 012 624 e-07	17.5%
T_7	−4.461 837 196 428 809 e-11	−9.135 055 374 071 875 e-11	105%

由表解 10-8(2)可见,不变矩 T_3 到 T_7 具有对两个新目标比 T_1 到 T_2 更大的区分度。

10-9　描述符的形状区分能力

➤ **题面:**

如图题 10-9 所示,给定了两个形状相近但**骨架**相差较多的长方形目标(右图中部有个小凸起)。

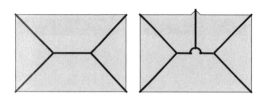

图题 10-9　两个示例目标

(1) 指出采用哪些**边界描述符**,利用计算数值就可以较好地区分它们。

(2) 指出采用哪些**区域描述符**,利用计算数值就可以较好地区分它们。

➤ **解析:**

(1) 有多个边界描述符都具有这样的能力,比如下面的几个描述符。

长度:右图目标上方的凸起部分会增加轮廓长度(大于左图目标的轮廓长度);

曲率:左图目标的轮廓曲率仅在长方形的 4 个顶点处发生变化,而右图目标上方的凸起部分也有曲率的变化;

形状数:两个目标的轮廓链码不同,所以阶数较大的形状数也会有所不同。

另外,由图题 10-9 可直接看出,两个目标的骨架表达有很大不同,所以可考虑通过区分骨架(如计算骨架的长度)来区分目标。

（2）有多个区域描述符都具有一定的能力，比如下面的几个描述符。

面积：右图目标的面积会大于左图目标的面积，但如果像素网格过大，差距有可能被忽略；

重心：右图目标的重心会比左图目标的重心更高，不过差别可能不很明显；

另外还有一些形状描述符（如外观比、形状因子等）具有一定的区分能力，但是拓扑描述符显然不适合用在此处。

总体来说，因为区分主要体现在局部区域，所以采用边界描述符比区域描述符应具有更好和更细的描述能力。

10-10　随机点分布的泊松概率和高斯概率

> **题面：**

假设在平面上分布着一些随机点，在单位面积中的随机点数的平均值是 10，

（1）计算当实际点数 n 为 $0，1，\cdots，20$ 情况下的**泊松概率** $p(n) = 10^n e^{-10}/n!$；

（2）计算当实际点数 n 为 $0，1，\cdots，20$ 情况下的**高斯概率** $g(n) = [1/(20\pi)^{1/2}] \exp\{-[(n-10)^2/20]\}$；

（3）比较两种分布的总体情况并讨论。

> **解析：**

（1）对泊松概率的计算结果如表解 10-10（1）所示。

表解 10-10（1）　泊松概率

n	0	1	2	3	4	5	6	7	8	9	10
$p(n)$	0	0	0.002	0.008	0.019	0.038	0.063	0.09	0.113	0.125	0.125
n	11	12	13	14	15	16	17	18	19	20	
$p(n)$	0.114	0.095	0.073	0.052	0.035	0.022	0.013	0.007	0.004	0.002	

（2）对高斯概率的计算结果如表解 10-10（2）所示。

表解 10-10（2）　高斯概率

n	0	1	2	3	4	5	6	7	8	9	10
$p(n)$	0.001	0.001	0.005	0.011	0.021	0.036	0.057	0.08	0.103	0.12	0.126
n	11	12	13	14	15	16	17	18	19	20	
$p(n)$	0.12	0.103	0.08	0.057	0.036	0.021	0.011	0.005	0.002	0.001	

（3）将两组概率值都画成曲线，如图解 10-10 所示。通过比较，可见泊松概率值的曲线是左右不对称的，而高斯概率值的曲线是左右对称的。不过，两组概率值很接近，即两个分布相当接近，最大的区别不到 0.01。其中，在 $[0,4]$ 和 $[10,15]$ 区间时高斯概率值略大于泊松概率值，而在 $[5,10]$ 和 $[16,20]$ 区间时高斯概率值略小于泊松概率值。但需要注意，实际中每个单位区域只取 10 个点来计算分布还是比较不足的。

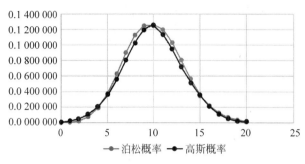

图解 10-10　泊松概率和高斯概率

图解 10-10

10-11　组合有向线段

> **题面：**

借助**字符串描述**，组合图题 10-11(1)中的 4 个基本有向线段以分别构成如图题 10-11(2)所示的 4 个结构，并给出它们对应的组合表达式。

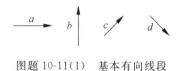

图题 10-11(1)　基本有向线段

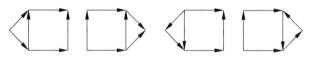

图题 10-11(2)　构建结构

> **解析：**

用 a' 表示 a 的反向，b' 表示 b 的反向，c' 表示 c 的反向，d' 表示 d 的反向，则有

第 1 图：$[(c \times d) * b + a] - (a + b)$；

第 2 图：$(a + b) * [a + (d - c) * b]$；

第 3 图：$\{[(c' + d) * a'] + (b + a)\} * a$；

第 4 图：$\{(b + a) + [(c + d')' * a']\} * a$。

10-12　3-D 图像中的连通悖论

> **题面：**

举例说明在 3-D 图像中也有**连通悖论**的问题。

> **解析：**

考虑一个 $5 \times 5 \times 5$ 像素的立体网格中沿 X 轴、Y 轴和 Z 轴都对称的中空目标。如果将其沿 Z 轴切成 5 层，则各层如图解 10-12 所示。

如果对目标和背景都使用 6-连通来判断，则目标成为互不连通的 18 个小立方体。如

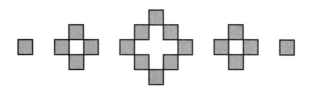

图解 10-12　目标的 5 层

果对目标和背景都使用 18-连通来判断，则目标中的空腔会与背景连通。这就出现了连通悖论的问题。解决的方法就是对目标使用 18-连通，而对其内部和外部背景使用 6-连通。也可以对目标使用 26-连通，而对其内部和外部背景仍使用 6-连通。

10-13　直线长度的计算

> 题面：

对直线长度的计算可以采取多种方法。一方面可对直线用**链码**表示，则**链码长度 L** 可以用下列通式计算（N_e 为偶数链码的个数，N_o 为奇数链码的个数，N_c 为角点的个数）：

$$L = A \times N_e + B \times N_o + C \times N_c$$

式中，A、B、C 是加权系数。在取 $C=0$ 的公式中，最常用的是取 $A=1$ 和 $B=1.414$（平均相对均方根误差为 6.6%）；更准确一点的公式中取 $A=0.948$ 和 $B=1.343$（平均相对均方根误差为 2.6%）。

另一方面，也可使用基于局部距离的**模板**来计算直线的长度。一种典型的模板如图题 10-13 所示，其中 $a=0.955\,09$，$b=1.369\,30$。

请用上述局部距离模板和两个链码长度公式计算一个两条直角边长度分别为 3 个像素和 5 个像素的三角形的斜边直线的长度，并以欧氏距离为参考，计算它们的相对误差。

b	a	b
a	0	a
b	a	b

图题 10-13　局部距离模板

> 解析：

4 种方法计算的结果如表解 10-13 所示。

表解 10-13　4 种方法计算直线长度得到的结果

序　　号	方　　　法	直 线 长 度	相 对 误 差
1	链码长度（$A=1,B=1.414$）	6.242	7.049%
2	链码长度（$A=0.948,B=1.343$）	5.925	1.612%
3	局部距离模板	6.018	3.207%
4	欧氏距离	5.831	0%

10-14　离散距离 $d_{5,7}$ 的最大相对误差

> 题面：

如果用 $d_{5,7}$ 作为**离散距离**来代替欧氏距离，所产生的最大相对误差是多少？

> **解析:**

因为 $a=s=5$, $b=7$, 所以代入公式:

$$E_{\max}(O,P) = \max\left\{\left|\frac{a}{s}-1\right|, \left|\frac{\sqrt{a^2+(b-a)^2}}{s}-1\right|, \left|\frac{b}{\sqrt{2}\,s}-1\right|\right\}$$

$$= \max\left\{\left|\frac{5}{5}-1\right|, \left|\frac{\sqrt{5^2+(7-5)^2}}{5}-1\right|, \left|\frac{7}{\sqrt{2}\,5}-1\right|\right\}$$

$$= \max\{0, \quad 7.70\%, \quad 1\%\} = 7.70\%$$

第11章 特性分析

特性分析是在提取出目标,对其进行了有效的表达和描述,并获得基本特征的基础上,从视觉感知的角度,把握目标的各类特性,在较高的抽象层次刻画目标和辨识目标。描述目标并进而描述景物可使用许多方面的特征,如灰度特征、颜色特征、纹理特征、形状特征、显著性特征、运动特征、属性特征、结构特征、空间特征等。灰度特征和颜色特征多在图像处理中讨论,结构特征和空间特征常在图像理解中讨论。

纹理是物体表面的固有特征之一,因而也是图像区域的一种重要属性。对图像中纹理特性的研究工作包括对纹理的表达和描述(所用的方法主要有 3 类:统计法、结构法、频谱法),借助纹理性质对纹理图像的分割(包括有监督分割和无监督分割),对纹理图像的分类和合成以及从纹理变化恢复景物形状。

形状是物体的一个重要特性,常借助形状描述符进行描述。对形状的描述和分析常采用 3 类方法:特征的方法(用特征描述形状特性);形状变换的方法(借助从一种形状转换为另一种形状的参数模型);基于关系的方法(将复杂形状分解成简单基元,既描述基元自身性质也描述基元之间的相对关系)。对形状的分析应该基于形状的性质以及可用的理论和技术。从一方面来说,一个形状性质可用基于不同理论和技术的描述符来描述;从另一方面来说,借助同一种理论和技术也可以获得不同的描述符以刻画目标形状的不同特性。

目标在图像中的显著性与主观感知相关联,反映了多种底层特性的综合影响。相比颜色、纹理、形状等目标特性,显著性与生理学和心理学的结合更加紧密。对人的不同感官,有不同的感知显著性。图像分析关注的是与视觉器官相关的视觉显著性。图像中显著极值的提取通常是实施选择性注意机制的关键步骤。

目标的运动情况也是物体的一个重要特性,常需要使用图像序列(如视频)来进行分析。运动导致的景物变化会使图像的灰度或灰度空间分布发生变化。这些变化既可对应景的变化(外在照明改变、视场改变等),也可对应物的变化(目标位置和朝向改变)。检测这些变化的方式方法有许多种,包括对运动目标的检测和提取,也包括对运动目标的跟踪和分割。

属性在中层语义层次反映了目标特定的特性,在其命名上也体现了人的主观性。属性是一个比较广泛的概念,前面讨论过的景物的亮度、颜色、纹理、形状、运动等特性也可归到广义属性下。狭义的图像视觉属性是指可以由人指定名称并且能在图像中观察到的特性,或者说是被看作人类可理解以及机器可检测的特性,常见的例子是似物性和部件属性。

本章的问题涉及上述特性分析多个方面的概念。

11-1 灰度共生矩阵与纹理参数

> **题面：**

选择一幅实验图像，计算它的**灰度共生矩阵** $M_{(1, 0)}$、$M_{(0, 1)}$、$M_{(1, 1)}$、$M_{(1, -1)}$ 图。再基于上述各个共生矩阵，分别计算图像的 **4 个纹理描述符**（反差、能量、熵、相关）的值，并给出各个纹理描述符的均值和标准差。

> **解析 1：**

选择 Lena 图像，图解 11-1(1) 中从左向右依次给出 $M_{(1, 0)}$、$M_{(0, 1)}$、$M_{(1, 1)}$、$M_{(1, -1)}$ 图。

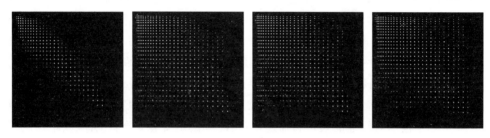

图解 11-1(1)　Lena 图的灰度共生矩阵图

表解 11-1(1) 给出对 4 个纹理参数及其均值和标准差的计算结果。

表解 11-1(1)　**Lena 图的纹理参数及其均值和标准差**

纹 理 参 数	$M_{(1, 0)}$	$M_{(0, 1)}$	$M_{(1, 1)}$	$M_{(1, -1)}$	均值	标准差
反差	195.4	336.86	435.87	338.96	326.77	85.749
能量	0.006 683	0.005 308 5	0.005 012	0.005 367 1	0.005 592 6	0.000 643 75
熵	8.3146	8.6789	8.801	8.6434	8.6095	0.18
相关	1.6889	1.6658	1.646	1.6624	1.6658	0.015 307

> **解析 2：**

选择 Cameraman 图像，图解 11-1(2) 中从左向右依次给出 $M_{(1, 0)}$、$M_{(0, 1)}$、$M_{(1, 1)}$、$M_{(1, -1)}$ 图。

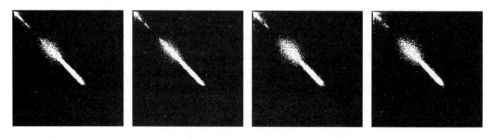

图解 11-1(2)　Cameraman 图的灰度共生矩阵图

表解 11-1(2) 给出对 4 个纹理参数及其均值和标准差的计算结果。

纹理参数	$M_{(1,0)}$	$M_{(0,1)}$	$M_{(1,1)}$	$M_{(1,-1)}$	均值	标准差
反差	304.181	462.941	632.916	589.902	497.4849	147.6957
能量	1.48e7	1.46e7	0.29e7	0.28e7	1.3776e7	1.0493e6
熵	0.6356	0.6388	0.6849	0.6840	0.6608	0.0273
相关	0.9489	0.9223	0.8636	0.9011	0.9166	0.0247

11-2 形状因子与边界的连通性

> **题面：**

对数字图像，试证明：

（1）如果目标边界是 **4-连通**的，则**形状因子** F 对正菱形目标取最小值。

（2）如果目标边界是 8-连通的，则形状因子 F 对正八边形目标取最小值。

> **解析：**

（1）先考虑目标区域 R 为一个八边形，它的边界用 B 表示。设 R 的各个水平和竖直边均有 h 个点，它的各个斜边均有 k 个点，如图解 11-2(1)所示。

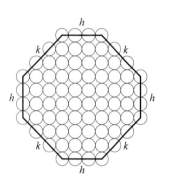

图解 11-2(1) 八边形区域

对 4-连通边界，边界长度为

$$B_4 = 4(h-1) + 4(k-1)$$

区域 R 的面积为

$$A = [h + 2(k-1)]^2 - 4\frac{k(k-1)}{2} = h^2 + 4h(k-1) + 2(k-1)(k-2)$$

由 R 的面积 A 和边界长 B_4 就可得到形状因子

$$F = \frac{B^2}{4\pi A}$$

现在寻找能使 F 最小的 R。这样的 R 应满足以下两个条件：

① 给 R 中增加点不会使 F 减小；

② 从 R 中删除单个点不会使 F 减小。

第一个条件表明 F 应该是有限的，例如总可用一个 $F \leqslant 4/\pi$ 的正方形来包围 R。第一个条件还表明 R 应当为单连通区域或者说内部无孔。因为如果 R 有孔，那么将孔填充则会增加面积 A 但不会增加边界长度 B，而这样 F 就会减小。

现在来考虑边界点的各种情况。如果考虑到旋转和镜面反射的对称性，则在一个 3×3 的区域内设中心点为边界点，那么边界点及其 8-邻域最多共有如图解 11-2(2)所示的 9 种排列情况（其中 $p=1, q=0$）。

0	0	0
0	p	0
0	1	0

0	0	0
0	p	0
1	1	0

0	0	0
1	p	0
1	1	0

0	0	0
0	1	0
1	1	1

0	0	0
1	1	0
1	1	1

1	0	0
1	1	0
1	1	1

0	q	0
1	1	1
1	1	1

1	q	0
1	1	1
1	1	1

1	q	1
1	1	1
1	1	1

图解 11-2(2) 边界点及其 8-邻域的 9 种排列情况

图解 11-2(2)中的前 3 种情况不可能出现。这是因为如果从 R 中将 p 删除掉将使 A 和 B 都减 1。但是,对足够大的 B,有 $F<4/\pi<(2B-1)/4\pi$。由此可得 $B^2-2BA+A<0$,这样就有 $B^2A-2BA+A<B^2A-B^2$,即 $(B-1)^2/(A-1)<F$,这与第二个条件是矛盾的。

同理,图解 11-2(2)中的后 3 种情况也不可能出现。这是因为如果在 R 中将 q 换成 1,则将使 A 增加但并不改变 B,所以 F 会减小,这与第一个条件是矛盾的。

这样一来,只有图解 11-2(2)中间的 3 种情况可能出现。它们可分别称为凸直角、凸 135°角和对角方向的直线边界。对凸 135°角的情况,它总是以两个相同的角紧密相连的形式出现,如图解 11-2(3)所示(这里长度大于等于 3 的水平和垂直边界段都不考虑)。

图解 11-2(3)　凸 135°角的情况

综上所述,R 只可能有如图解 11-2(4)所示的 4 种形式,它们均为正菱形(包括有倒角退化的正菱形)。所以当边界是 4-连通时形状因子 F 对正菱形区域取最小值。

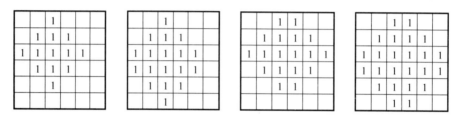

图解 11-2(4)　形状因子 F 取最小值的 4 种形式

(2) 借助上面的讨论考虑 8-连通边界。如果对 8-连通边界,取水平或垂直段长度为 1,对角线长度为 $\sqrt{2}$,这样的边界长为

$$B_8 = 4(h-1) + 4(k-1)\sqrt{2}$$

面积和形状参数的计算公式不变。与前面讨论的类似,图解 11-2(2)的 9 种情况中前 3 种情况不可能出现,因为从 R 中将 p 删除将使 B 减少,从而减少 F 而与前面讨论的第二个条件矛盾。

同理,图解 11-2(2)里的第 8 和第 9 两种情况也不可能出现,因为将 q 换成 1 仅使 A 增加但并不改变 B,所以 F 会减小,这与第一个条件是矛盾的。但图解 11-2(2)中的第 7 种情况可能出现,因为将 q 换成 1 不仅使 A 增加 1 也使 B 增加 $2(\sqrt{2}-1)$,所以对大的 B,会使 F 增加。

图解 11-2(2)中间的 3 种情况仍可能出现。由上面讨论可见,仅有有限种(4 种)形式的情况是允许的,它们均为八边形。换句话说,当边界是 8-连通时能使形状参数 F 最小的 R 应是八边形(包括有倒角退化的八边形)。

11-3　曲线曲率的计算

➢ 题面:

图题 11-3 中有 4 条曲线,对它们分别进行了一些采样。4 条曲线交于(7,5)点,分别计算它们在各采样点的**曲率**并比较它们在(7,5)点的曲率。

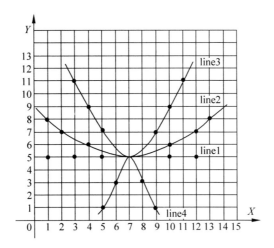

图题 11-3 相交的 4 条曲线

> **解析：**

先写出 4 条线上各采样点的坐标：

line1：{(1，5)，(3，5)，(5，5)，(7，5)，(10，5)，(12，5)}；

line2：{(1，8)，(2，7)，(4，6)，(7，5)，(10，6)，(12，7)，(13，8)}；

line3：{(3，11)，(4，9)，(5，7)，(7，5)，(9，7)，(10，9) ，(11，11)}；

line4：{(5，1)，(6，3)，(7，5)，(8，3)，(9，1)}。

计算 4 条线上各采样点处的一阶和二阶差分值，得到：

line1：X 方向上的一阶差分值均为 2 而二阶差分值均为 0，Y 方向上的一阶和二阶差分值均为 0；

line2：一阶差分值为 {(0，0)，(1，−1)，(3，−1)，(3，−1)，(3，1)，(2，1)，(1，1)}，

二阶差分值为 {(0，0)，(1，−1)，(1，0)，(1，0)，(0，4)，(−1，0)，(−1，0)}；

line3：一阶差分值为 {(0，0)，(1，−2)，(1，−2)，(2，−2)，(2，2)，(1，2)，(1，2)}，

二阶差分值为 {(0，0)，(1，−2)，(0，0)，(1，0)，(0，4)，(−1，0)，(0，0)}；

line4：一阶差分值为 {(0，0)，(1，2)，(1，2)，(1，−2)，(1，−2)}，

二阶差分值为 {(0，0)，(1，2)，(0，0)，(1，−4)，(0，0)}。

计算 4 条线上各采样点处的曲率值，得到：

line1：{0，0，0，0}，即所有点曲率都为 0；

line2：{0，0.0894，0.0316，0.1897，0.0894}；

line3：{0，0，0.0884，0.3536，0.1889}；

line4：{0，0，−0.3578，0}。

4 条线在交点处曲率的绝对值依次为 0、0.1897、0.3536、0.3578。一点处的曲率大小反映了曲线在该点的弯曲程度。上述 4 条线在 (7，5) 点的曲率越来越大，表明 4 条线在该点的弯曲程度越来越大，与观察图题 11-3 的直观感觉是一致的。

11-4　形状的判断

> **题面：**

考虑图题 11-4 中的图形，它的**形状**是更接近矩形还是更接近圆形呢？

> **解析：**

该图形的面积为 $A_o = 30$。该图形的最小包围矩形（外接盒）的面积为 $A_r = 56$。该图形的最小包围圆形（外接圆）的面积为 $A_c = 53.89$。这样，该图形与矩形的相似度为 $S_r = A_o/A_r = 30/56 = 0.5357$，而该图形与圆形的相似度为 $S_r = A_o/A_c = 30/53.89 = 0.5567$。可见，该图形在形状上更接近圆形。

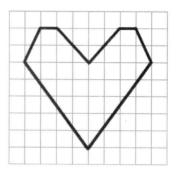

图题 11-4　需判断形状的图形

11-5　形状定义和表达

> **题面：**

如果对一个目标的**形状**采取如下定义：从目标中过滤掉位置、尺度和旋转变化的效果后保留下来的几何信息，那么可如何借此来表达目标的形状呢？

> **解析：**

位置、尺度和旋转的变化都可用**相似变换**来描述，所以可以说形状包括了所有对相似变换不变的几何信息。该形状定义是可以推广的，如用仿射变换替代相似变换，留下来的几何信息就会更少一些，对形状的定义也将更严格。

对目标形状的表达常常需要用到表达目标的轮廓，而目标轮廓是所有轮廓点 $x = [x, y]^T$ 的函数。对一个圆锥目标，其轮廓上点的表达式可以写成 $x^T S x = 0$，如果展开成齐次坐标可写为：

$$[x \ y \ 1] \begin{bmatrix} S_{11} & S_{12} & S_{13} \\ S_{21} & S_{22} & S_{23} \\ S_{31} & S_{32} & S_{33} \end{bmatrix} \begin{bmatrix} x \\ y \\ 1 \end{bmatrix} = 0$$

其中，变换矩阵 S 中的 $S_{12} = S_{21}$，$S_{13} = S_{31}$，$S_{23} = S_{32}$。圆锥目标对应的形状包括圆、椭圆、抛物线和双曲线。具体形状取决于 6 个系数 S_{11}、S_{12}、S_{13}、S_{22}、S_{23}、S_{33}。

11-6　分形维数的计算

> **题面：**

图题 11-6 中的 3 个图案是如下依次得到的：先在一个圆中构建上下两个互切的内切圆，去掉下面的圆（见图题 11-6(a)）；在上面剩下的圆中再构建上下两个互切的内切圆，并去掉新构建的下面的圆（见图题 11-6(b)）；在上面剩下的圆中再构建上下两个互切的内切圆，并去掉新构建的下面的圆（见图题 11-6(c)）；以此类推。求这个图形集合的**分形维数**。

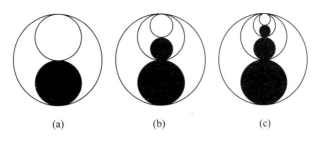

図题 11-6　圆内切圆图案

> **解析：**

借助盒计数方法的分析思路，可获得覆盖这个集合的开圆个数 $N(r)$ 随半径 r 变化的情况，如表解 11-6 所示。

表解 11-6　$N(r)$ 随 r 变化的情况

r	$N(r)$
$1/2 = (1/2)\,(1) = (1/2)\,(1/2)^0$	$1 = 4^0$
$1/4 = (1/2)\,(1/2) = (1/2)\,(1/2)^1$	$4 = 4^1$
$1/8 = (1/2)\,(1/4) = (1/2)\,(1/2)^2$	$16 = 4^2$
$\vdots$	

由表解 11-6 可见，r 以 $1/2$ 的因子递减，而 $N(r)$ 以 4 的因子递增，所以有 $4 \sim (1/2)^d$。这样可知分形维数 $d = \lg(4)/\lg(2) = 2$，与拓扑维数相同（注意这里是一个光滑集合）。

11-7　移动目标的成像

> **题面：**

考虑最基本的**成像模型**，即**世界坐标系** XYZ 与**摄像机坐标系** xyz 重合，成像平面 $x'y'$ 与 xy 重合。设摄像机镜头的焦距为 1，在时间 $t=0$ 时，一个点目标位于世界坐标点(10，20，30)，且以(-3，-2，-1)的速度沿直线移动。计算该目标在成像平面上的**运动轨迹**，并据此推断 $t = -\infty$ 时，该目标在成像平面上的位置。

> **解析：**

目标在世界坐标系中坐标的参数表达形式为：$(X, Y, Z) = (10-3t, 20-2t, 30-t)$。根据基本成像模型中 (X, Y, Z) 投影到 (x', y') 的关系可知：$(x', y') = [(10-3t)/(t-29), (20-2t)/(t-29)]$。

这里点运动速度为负值，表明目标是向着摄像机的方向运动的。当 $t = -\infty$ 时，运动可以追溯到无穷远处的原始起点，此点的成像坐标为(-3，-2)。

11-8　转动目标的成像

> **题面：**

考虑最基本的**成像模型**，即**世界坐标系** XYZ 与**摄像机坐标系** xyz 重合，成像平面 $x'y'$

与 xy 重合。设摄像机镜头的焦距为 3,在时间 $t=0$ 时,一个点目标位于世界坐标点(10, 0, 10),且以角速度 $\pi/2$ 逆时针(从 Z 轴正向看过去)旋转。在时间 $t=10$ 时,计算

(1) 该目标的世界坐标。

(2) 该目标的成像坐标。

➢ 解析:

(1) 因为绕 Z 轴转动,所以目标的 Z 坐标不变,为 10。在 $t=10$ 时扫过的弧度为:$10 \times \pi/2 = 5\pi$,所以有 $X=10 \times \cos(5\pi)=-10$,$Y=10 \times \sin(5\pi)=0$。

(2) 该目标的摄像机坐标中 $z=3$(等于焦距),所以根据投影中相似三角形的关系,有 $x=zX/Z=-3$,$y=zY/Z=0$。

11-9　中值维护背景的背景建模方法

➢ 题面:

基于中值维护背景是一种简单的**背景建模**方法。为什么在下面两种情况下它不能准确地将运动目标和背景分离开?

(1) 场景中有多个目标同时运动。

(2) 场景中的目标运动很缓慢。

➢ 解析:

(1) 参见图解 11-9(1),当多个目标在场景中同时进行运动,它们在图像中有可能互相重叠,重叠部分的运动目标像素将对背景的中值产生较大的影响,从而影响运动目标和背景的分离。这种重叠的概率一般会随着目标个数的增加而越来越大。

(2) 参见图解 11-9(2),当目标运动很缓慢时,在较长一段时间内目标会自我重叠,这些重叠区域的背景中值会逐渐接近目标自身的像素值,此时目标与背景就不易分离了。目标运动越慢,重叠越多,则分离目标就越困难。当目标的运动慢到接近不动,则目标就几乎成为了背景。

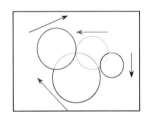

图解 11-9(1)　多个运动目标的示意图

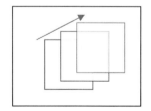

图解 11-9(2)　目标运动很慢的示意图

11-10　高斯混合模型

➢ 题面:

列出利用**高斯混合模型**计算和保持动态背景帧的主要步骤。

➢ **解析：**

（1）将一个像素随时间而灰度变化的情况 $f(t)$ 用 K 个高斯分布 $N(\mu_k, \sigma_k^2)$ 来混合建模：

$$N_k(t) = N[\mu_k(t), \sigma_k^2(t)] \quad k = 1, \cdots, K$$

（2）对每个高斯分布加个权重 $w_k(t)$，计算观察到 $f(t)$ 的概率：

$$P[f(t)] = \sum_{k=1}^{K} w_k(t) \frac{1}{\sqrt{2\pi}} \exp\left[\frac{-[f(t) - \mu_k(t)]^2}{\sigma_k^2(t)}\right]$$

（3）读入一幅新图像，将当前像素点与高斯函数进行比较，匹配就执行（4）；不匹配就执行（5）。所有的像素点都更新后，读入新图像，重复（3）；如果没有新图像了，执行（6）。

（4）在多个匹配中选一个最好的对高斯分布更新权重：

$$w_k(t) = \begin{cases} (1-a)w_k(t-1), & k \neq l \\ w_k(t-1), & k = l \end{cases}$$

（5）将权重最小的高斯分布用一个具有均值 $f(t)$ 的新高斯分布代替，训练下一幅图像。

（6）确定所得到的高斯分布是前景或背景。

11-11　辐射状模糊程度

➢ **题面：**

图题 11-11 给出一个相机静止而景物运动时的退化过程示意图（相机运动而景物静止应与此等价）。设快门打开时景物平面位于 $Z = P$ 处，快门关闭时景物平面运动到 $Z = P'$ 处，成像平面在 O 处，W 和 W' 之间的点均投射到 I 点，导致出现**辐射状模糊**。在成像平面上，各点的模糊程度是什么关系？

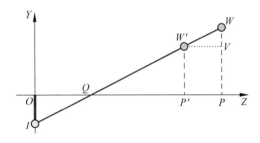

图题 11-11　运动退化过程示意图

➢ **解析：**

快门打开时景物平面和镜头间的距离为 PQ，景物平面相对于相机的运动速度与曝光时间的乘积等于 PP'。

对图像中某一点沿径向的模糊像素数除以该点距辐射中心的像素数应该等于这一点的模糊程度，设为 M，则

$$M = \frac{WV}{WP} = \frac{WW'}{WQ} = \frac{PP'}{PQ}$$

可见，成像平面上某点的模糊程度与该点在图像中的位置无关。

11-12　视频中目标的运动

> **题面：**

场景中有一个正方形目标，用帧率为 25fps* 的摄像机拍摄了一段**视频**（光轴与目标平面垂直）。在第一帧中，目标的两个对角顶点的坐标分别为 $(2,2)$ 和 $(7,7)$。在第二帧中，对应的两个对角顶点的坐标分别为 $(4,3)$ 和 $(11,4)$。已知第一帧中的顶点 $(2,2)$ 做直线运动，求第二帧中另一个顶点 $(11,4)$ 的运动模式（包括速度和方向）。

> **解析：**

目标的运动情况可用图解 11-12 来示意，目标在第一帧中的原始位置用细实线正方形表示，在第二帧中的终止位置用粗实线正方形表示。目标的运动可以分解为两个基本运动：由 $(2,2)$ 到 $(4,3)$ 的平动（实线箭头）和绕 $(4,3)$ 的转动（点线箭头）。图中的虚线正方形表示仅平动的结果。

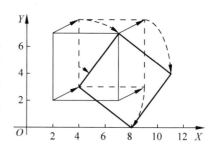

图解 11-12　目标运动情况示意图

先计算第二帧中正方形另两个顶点的坐标，设为 (x,y)。由第一帧中目标的两个对角顶点的坐标可知，正方形的边长为 5，所以得到方程：$(x-4)^2+(y-3)^2=5^2$。再考虑正方形的两个直角边互相垂直，可得到方程：$(x-4)(x-11)+(y-3)(y-4)=0$。联立解得另两个顶点的坐标：$(7,7)$ 和 $(8,0)$。

根据视频帧率，可知相邻两帧之间的时间间隔 t 为 0.04s。正方形的整体平移速度为由 $(2,2)$ 到 $(4,3)$ 的移动距离除以移动时间，所以该速度的幅值为 $\sqrt{5}/0.04$，方向与矢量 $(2,1)$ 相同。正方形平移后，顶点 $(7,7)$ 到达 $(9,8)$。顶点 $(11,4)$ 绕顶点 $(4,3)$ 转动的角度是从 $(4,3)$ 到 $(9,8)$ 的直线与从 $(4,3)$ 到 $(11,4)$ 的直线之间的夹角，该夹角约为 36.8°。转动的线速度的幅值约为 113.76，方向与矢量 $(-1,7)$ 相同。顶点 $(11,4)$ 的运动速度和方向是平移运动矢量与转动运动矢量的矢量合成。

11-13　光　流　方　程

> **题面：**

设在相邻两时刻 $t=0$ 和 $t=1$ 采集的两幅图像如图题 11-13 所示，白色目标处灰度为 1，背景阴影处灰度为 0。请给出求解**光流方程**和利用最小二乘光流估计来计算目标运动矢量的过程。

> **解析：**

设图像左上角为坐标原点，则点 $(1,1)$ 处的灰度和时间变化率可如下计算：

$$f_t(1,1)=\frac{1}{4}\big[f(1,1,1)+f(2,1,1)+f(1,2,1)+f(2,2,1)\big]-$$

---

* fps 为 frame per second 的缩写。

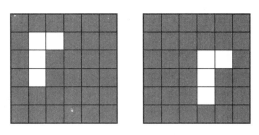

图题 11-13　相邻时刻的两幅图像

$$\frac{1}{4}[f(1,1,0)+f(2,1,0)+f(1,2,0)+f(2,2,0)]=-\frac{3}{4}$$

$$f_x(1,1)=\frac{1}{4}[f(2,1,1)+f(2,2,0)+f(2,1,1)+f(2,2,1)]-$$

$$\frac{1}{4}[f(1,1,0)+f(1,2,0)+f(1,1,1)+f(1,2,1)]=-\frac{2}{4}$$

$$f_y(1,1)=\frac{1}{4}[f(1,2,0)+f(2,2,0)+f(1,2,1)+f(2,2,1)]-$$

$$\frac{1}{4}[f(1,1,0)+f(2,1,0)+f(1,1,1)+f(2,1,1)]=-\frac{1}{4}$$

对 4 个目标点都进行相同计算（逐行进行），依次得到 $f_t(2,1)=-1/4$，$f_t(1,2)=-2/4$，$f_t(1,3)=-1/4$；$f_x(2,1)=0$，$f_x(1,2)=-2/4$，$f_x(1,3)=-1/4$；$f_y(2,1)=0$，$f_y(1,2)=0$，$f_y(1,3)=-1/4$。这样，

$$\boldsymbol{F}_{xy}=\begin{bmatrix}-2/4 & -1/4\\ 0 & 0\\ -2/4 & 0\\ -1/4 & -1/4\end{bmatrix}=-\frac{1}{4}\begin{bmatrix}2 & 1\\ 0 & 0\\ 2 & 0\\ 1 & 1\end{bmatrix}$$

$$[u\quad v]^{\mathrm{T}}=(\boldsymbol{F}_{xy}^{\mathrm{T}}\boldsymbol{F}_{xy})^{-1}\boldsymbol{F}_{xy}^{\mathrm{T}}\boldsymbol{f}_t=[2\quad 1]^{\mathrm{T}}$$

11-14　基本运动和光流场

➤ **题面**：

试给出几个基本运动（平移、旋转、拉伸、剪切、放射）所导致的**光流场**的示意图。

➤ **解析**：

图解 11-14 依次给出基本的（水平）平移、（绕中心）旋转、（水平）拉伸、（混合）剪切、（中心）放射运动的光流场示意图。

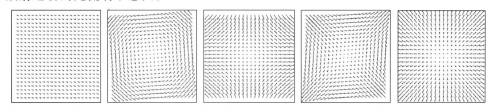

图解 11-14　5 个基本运动的光流场示意图

由图解 11-14 可见：

（1）水平平移光流场中各点光流矢量的大小都是相同的，方向均是沿水平方向的。

（2）绕中心旋转光流场中各点光流矢量的方向均在以旋转中心为圆心的圆周的切线方向上，大小则随其与旋转中心的距离增加而增大。

（3）水平拉伸光流场中各点光流矢量的大小和方向均不同，包括水平方向上由中心向外的分量和垂直方向上由外向中心的分量。它们组合的结果是接近中心处的光流矢量比较小而接近边缘处的光流矢量比较大。如果将光流场用井字划分为 3×3 的网格，则中心区域方向不明显，中心区域的上下两个区域的光流矢量指向中心，而中心区域的左右两个区域的光流矢量指向两边，最后对角 4 个区域的光流矢量在与放射向外方向的正交方向上。

（4）如果将混合剪切光流场旋转 45°，则其中的光流矢量分布与拉伸光流场比较相似。

（5）中心放射光流场中各点光流矢量全部都离开中心而去（方向向外），而大小则随点与放射中心的距离增加而增大。

11-15　运动场和光流的不一致

➤ **题面：**

试举出几个**光流**与运动场不一致的实例。

➤ **解析：**

（1）考虑一个沿着观测方向运动的物体。在较小的移动距离内，物体表面的灰度可认为不变，这样观察者就觉察不到物体的运动。这种情况下物体有运动场，但是没有光流。

（2）考虑在均匀背景中，摄像机和物体以相同速度沿相同轨迹运动，此时虽然摄像机和物体都有运动，但是并不能观察到光流。

（3）考虑在拍摄电影时，通过快速移动演员背后的蓝天白云背景可以让观众看到腾云驾雾的视觉效果。这种情况下，演员本身并没有运动，但是以背景为参考演员身上有光流。

（4）考虑教室中有多组灯，如果顺序打开或关闭若干组，虽然景物没有运动，摄像机拍摄的教室图像中会有光流导致的变化。

（5）摄像机变焦会改变视场，尽管景物不运动，摄像机拍摄的图像中也会有光流导致的变化。

（6）考虑物体做匀速直线运动，同时照明条件发生非线性的变化。此时虽然运动场不为零，光流也会发生改变，但是从光流场并不能正确地获得运动场实际变化的准确情况。

（7）固定摄像机采用延时摄影方式拍摄建筑物，尽管景物不运动，摄像机拍摄的图像中也会出现随着光照条件的变化而导致的光流。

（8）白天从地球上观察太阳（或晚上从地球上观察月球），地球有自转但基本上观察不到光流。

11-16　卡尔曼滤波和粒子滤波

➤ **题面：**

列表比较**卡尔曼滤波**和粒子滤波的适用场合、应用要求、计算速度、稳健性（抗干扰能力）。

> **解析：**

对卡尔曼滤波和粒子滤波的比较见表解 11-16。

表解 11-16　卡尔曼滤波和粒子滤波的比较

比较项目	卡尔曼滤波	粒子滤波
适用场合	状态方程线性,所以只适用于线性系统	可用于各种线性和非线性系统
应用要求	状态分布高斯,系统模型已知,算法更新过程需要观测值	可用于非高斯的场合,但算法复杂度高,对硬件要求较高
计算速度	运算速度较快,实时性较高	重采样复杂,运算速度较慢,实时性较差
稳健性	当数据有较大偏差(野点)时会产生较大误差	可以通过改变重采样参数来提高稳健性

11-17　不同跟踪方法的优缺点

> **题面：**

列表比较**卡尔曼滤波**、**均移滤波**、**粒子滤波**、**马尔可夫蒙特卡洛**方法在目标跟踪中的优缺点。

> **解析：**

对这些滤波方法优缺点的对比见表解 11-17。

表解 11-17　不同滤波方法的优缺点

比较方法	优　　点	缺　　点
卡尔曼滤波	计算量小,速度快	局限于线性高斯系统
均移滤波	跟踪速度快,通常 2 或 3 次迭代即可收敛;实现简单,测量值直接反映到跟踪结果中	本质是局部匹配,容易陷入局部极值;对初始化比较敏感;难以捕捉突然的运动
粒子滤波	基于概率统计,不易陷入局部极值;对被跟踪目标的尺度变化比较鲁棒;可以跟踪目标的突然运动	随着粒子数目增加计算量会急剧增加
马尔可夫蒙特卡洛方法	相对于粒子滤波其抽样方法更合理、完善	随着抽样数目增加计算量会急剧增加

第4单元　图像理解

本单元包括4章：

第 12 章　三维表达

第 13 章　立体视觉

第 14 章　景物重构

第 15 章　知识和匹配

覆盖范围/内容简介

　　图像理解对应图像工程的第三层次,主要涉及高层的操作,基本上根据较抽象的描述进行解析、判断、决策(符号运算),其处理过程和方法与人类的思维推理有许多类似之处。对图像的高层理解是要通过对图像中各个目标的自身性质和它们之间相互关系的研究,了解把握图像内容并解释原来的客观场景。理解的结果能为用户提供客观世界的信息,从而指导和规划行动。它要完成的工作包括(在处理和分析基础上)对 3-D 客观场景信息的获取和表达、景物的重建、场景的解释等,以及上述过程中的相关知识及应用,为完成这些工作所采用的控制和策略等。

　　图像分析可看作代表一大类图像技术,关心的是如何根据图像给出对场景的描述和判断,它要借助计算机构建系统来帮助解释图像的含义,从而实现利用图像信息解释客观世界。它要确定为完成某个任务需要通过图像采集从客观世界获取哪些信息,需要通过图像处理和分析从图像中提取哪些信息,以及利用哪些信息继续加工以获得需要的决策。它要研究理解能力的数学模型,并通过对数学模型的程序化,实现理解能力的计算机模拟。

　　图像理解和计算机视觉密切相关。图像是表达视觉信息的一种物理形式,图像理解必须借助计算机,基于对图像的处理和分析来进行。计算机视觉作为一门学科,与许多以图像作为主要研究对象的学科,特别是图像处理、图像分析、图像理解有着非常密切的联系和不同程度的交叉。计算机视觉主要强调用计算机实现人的视觉功能,这中间实际上需要用到图像工程3个层次的许多技术,虽然目前的研究内容主要与图像理解相结合。

图像理解和计算机视觉这两个名词也常常交替使用。从本质上讲,它们互相联系,在很多情况下其内容交叉重合,在概念上或实用中并没有绝对的界限。在许多场合和情况下,它们虽各有侧重但常常是互为补充的,所以将它们看作是专业和/或背景不同的人习惯使用的不同术语更为恰当。

学习图像理解,主要内容通常包括:采集能反映场景内容和本质(如深度信息)的图像;从图像恢复场景(借助 2-D 图像重建 3-D 场景),这可以使用(双目或多目)立体视觉技术或(单幅图像或多幅)景物恢复技术;表达 3-D 空间的景物,描述其特性;对场景进行分析以给出语义解释,这需要借助知识进行推理,将从图像中获得的信息与已有的解释场景的模型进行匹配,借助相应的数学工具建立对场景的高层次解释。

参考书目/配合教材

与本单元内容相关的一些参考书目,以及本单元内容可与之配合学习的典型教材包括:

➢ 高隽,谢昭. 图像理解理论与方法. 北京:科学出版社,2009.

➢ 罗四维,等. 视觉信息认知计算理论. 北京:科学出版社,2010.

➢ 张广军. 机器视觉. 北京:科学出版社,2005.

➢ 章毓晋. 图像工程(下册)——图像理解与计算机视觉. 北京:清华大学出版社,2000.

➢ 章毓晋. 图像工程(下册)——图像理解. 2 版. 北京:清华大学出版社,2007.

➢ 章毓晋. 图像工程(下册)——图像理解. 3 版. 北京:清华大学出版社,2012.

➢ 章毓晋. 图像工程(下册)——图像理解. 4 版. 北京:清华大学出版社,2018.

➢ 章毓晋. 英汉图像工程辞典. 2 版. 北京:清华大学出版社,2015.

➢ 章毓晋. 计算机视觉教程. 2 版. 北京:人民邮电出版社,2017.

➢ Ballard D H,Brown C M. *Computer Vision*. Prentice-Hall,1982.

➢ Davies E R. *Computer and Machine Vision*:*Theory*,*Algorithms*,*Practicalities*. 4th Ed. Elsevier,2012.

➢ Forsyth D,Ponce J. *Computer Vision*:*A Modern Approach*. 2nd Ed. Prentice Hall,2012.

➢ Haralick R M,Shapiro L G. *Computer and Robot Vision*. Vol. 1. Addison-Wesley,1992.

➢ Haralick R M,Shapiro L G. *Computer and Robot Vision*. Vol. 2. Addison-Wesley,1993.

➢ Hartley R,Zisserman A. *Multiple View Geometry in Computer Vision*. 2nd Ed. Cambridge University Press,2004.

➢ Horn B K P. *Robot Vision*. MIT Press,1986.

➢ Jain R,Kasturi R,Schunck B G. *Machine Vision*. McGraw-Hill Companies. Inc. 1995.

➢ Levine M D. *Vision in Man and Machine*. McGraw-Hill,1985.

➤ Lohmann G. *Volumetric Image Analysis*. John Wiley & Sons and Teubner Publishers, 1998.

➤ Marr D. *Vision—A Computational Investigation into the Human Representation and Processing of Visual Information*. W. H. Freeman, 1982.

➤ Peters J F. *Foundations of Computer Vision: Computational Geometry, Visual Image Structures and Object Shape Detection*. Switzerland: Springer, 2017.

➤ Prince S J D. *Computer Vision—Models, Learning, and Inference*. Cambridge University Press, 2012.

➤ Shapiro L, Stockman G. *Computer Vision*. Prentice Hall, 2001.

➤ Shirai Y. *Three-Dimensional Computer Vision*. Springer-Verlag, 1987.

➤ Sonka M, Hlavac V, Boyle R. *Image Processing, Analysis, and Machine Vision*. 4th Ed. Cengage Learning, 2014.

➤ Szeliski R. *Computer Vision: Algorithms and Applications*. Springer, 2010.

➤ Zhang Y-J. *Image Engineering: Processing, Analysis, and Understanding*. Cengage Learning, Singapore. 2009.

➤ Zhang Y-J. *Image Engineering. Vol. 3: Image Understanding*. De Gruyter, 2017.

第12章 三维表达

图像理解需要把握客观场景的完整信息。客观景物是 3-D 的,需要对它们采取合适的数据结构进行表达,并采用恰当的形式描述它们的特性,以有效地进行刻画。事实上,从 2-D 世界向 3-D 世界发展的过程所带来的变化不仅是量的丰富而且有质的飞跃(如在 2-D 空间中,区域是由线封闭而成的;而在 3-D 空间中,仅仅由线并不能包围体积。又如在 2-D 空间中,平行的直线经过变换仍保持平行性;而在 3-D 空间中,平行的直线经过变换有可能变成汇聚直线),它对视觉信息的表达和加工在理论上和方法上都提出了新的要求。

客观景物具有不同的 3-D 结构,需要有相应的 3-D 表达方法。各种不同层次的 3-D 结构常常需要用不同的方法来表达,因为它们有可能对应不同的抽象层次。首先,3-D 图像的基本单元是体素,所以可以用体素表达 3-D 景物。其次,观察 3-D 景物看到的是其外表面,此时关心的主要是表面的反射性质,如灰度、颜色、纹理等,所以需要使用曲面来表达 3-D 景物(可以直接看得到的部分)。通过对 3-D 物体各个表面朝向的表达可勾勒出物体的外观形状,而要表达表面的朝向可借助表面的法线。另外,对于 3-D 目标表面,一类常用的边界表达方法是利用多边形网格(mesh)。这里多边形由顶点、边缘和表面组成,每个网格可看成一个面元。给定一组立体数据,获得上述多边形网格并用面元集合来表达目标表面的过程常称为表面拼接。最后,真实世界中的景物都是 3-D 的实体,对它们的全面表达(包括表面和内部,即可以直接看得到的部分和不能直接看得到的部分)还需要借助各种体积模型。

本章的问题涉及上述 3-D 表达多个方面的概念。

12-1 接续曲线的高斯图

> **题面:**

设在第一象限中的一个点 Q 沿一条曲线 C 向原点移动。如果 Q 到达原点后继续运动,那么它的下一个位置可能会有分别在第一、二、三、四象限的 4 种情况,如图题 12-1(a)、图题 12-1(b)、图题 12-1(c)、图题 12-1(d)所示。

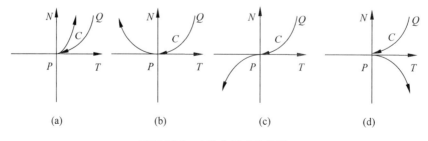

图题 12-1　4 种曲线变化情况

（1）如果将图题 12-1(c)的曲线接画在图题 12-1(d)的曲线之后，再将图题 12-1(b)的曲线接画在图题 12-1(c)的曲线之后，给出这样接续曲线的高斯图。

（2）如果将图题 12-1(c)的曲线接画在图题 12-1(d)的曲线之后，再将图题 12-1(a)的曲线接画在图题 12-1(c)的曲线之后，给出这样接续曲线的高斯图。

（3）比较上述两个**高斯图**的异同。

➢ **解析：**

（1）这种情况下的接续曲线及其高斯图如图解 12-1(1)所示。

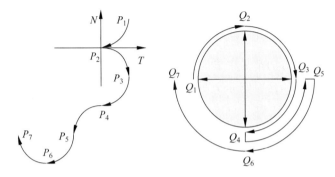

图解 12-1(1)　第一种情况的接续曲线及其高斯图

（2）这种情况下的接续曲线及其高斯图如图解 12-1(2)所示。

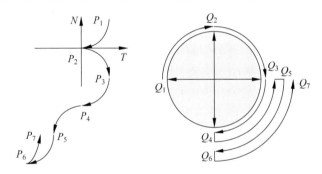

图解 12-1(2)　第二种情况的接续曲线及其高斯图

（3）从接续曲线看，第一种情况比第二种情况少了一个规则点而多了一个第二类尖点。从高斯图看，第二种情况比第一种情况多了一次反转变化。在第一个高斯图中，从 Q_5 顺时针到了 Q_6 后继续顺时针到了 Q_7；而在第二个高斯图中，从 Q_5 顺时针到了 Q_6 后反转逆时针到了 Q_7。

12-2　曲面上的主方向

➢ **题面：**

给定一个曲面 S，试证明其在点 P 处有两个**主方向**，除非在点 P 处是平面。

➢ **解析 1：**

如果曲面 S 上一点 P 处是平面，则其平均曲率 H 和高斯曲率 G 都为零，所以两个主法

曲率都为零:

$$K_1 = H + \sqrt{H^2 - G} = 0 = H - \sqrt{H^2 - G} = K_2$$

如果曲面 S 上一点 P 处不是平面,则其平均曲率 H 和高斯曲率 G 至少有一个不为零,所以两个主法曲率不会同时为零,它们对应两个主方向。

➤ 解析 2:

从微分几何的角度看,主方向既正交又共轭,其二次方程的判别式为

$$\Delta = (EN - JL)^2 - 4(EM - FL)(FN - GM)$$

$$= \left[(EN - JL) - \frac{2F}{E}(EM - FL) \right]^2 + \frac{4(EJ - F^2)}{E^2}(EM - FL)^2$$

判别式为零时,每个方向都是主方向,这正对应平面时的情况。判别式大于零时,二次方程有两个不相等的实根,这对应非平面时的情况。

12-3 鞍脊和鞍谷表面的方向导数

➤ 题面:

分别讨论在**鞍脊**和**鞍谷**处两个二次方向导数的正负符号情况。

➤ 解析:

在鞍脊处,应该有 $K_1 < 0, K_2 > 0$,且 $|K_1| > |K_2|$。即两个二次方向导数具有相异的符号,且正值方向导数的绝对值小于负值方向导数的绝对值。也可以说,两个二次方向导数之积小于零,而它们之和也小于零。

在鞍谷处,应该有 $K_1 > 0, K_2 < 0$,且 $|K_1| > |K_2|$。即两个二次方向导数具有相异的符号,且正值方向导数的绝对值大于负值方向导数的绝对值。也可以说,两个二次方向导数之积小于零,但它们之和大于零。

12-4 鞍脊表面的曲率

➤ 题面:

分析鞍脊表面形状随其各点**积分曲率**和**高斯曲率**变化的关系。

➤ 解析:

鞍脊表面上各点的积分曲率 H 和高斯曲率 G 都是负值。因为 $G = K_1 K_2 < 0$,所以 K_1 和 K_2 应该为一正一负。如果设 $K_1 > 0, K_2 < 0$,则由 $H < 0$,可知 $|K_1| < |K_2|$。这表明鞍脊局部沿上翘方向比沿下翘方向要更加平坦(见图解 12-4(a))。当 H 逐渐变大时,K_1 和 K_2 会同时变大,上翘面和下翘面整体都向上凸(见图解 12-4(b))。当 H 逐渐变小时,K_1 和 K_2 会同时变小,上翘面和下翘面整体都向下凹(见图解 12-4(c))。

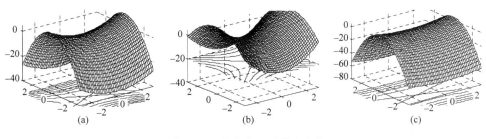

图解 12-4　鞍脊表面形状及变化　　　　　　　　　　　　图解 12-4

12-5　椭圆球的高斯球和扩展高斯图

> **题面：**

将一个长半轴为 A、短半轴为 B 的椭圆绕其长轴旋转可得到一个椭圆球，试画出该椭圆球的**高斯球**和**扩展高斯图**的示意图。

> **解析：**

先画出该椭圆球如图解 12-5(a)所示，椭圆球表面上的点可用球坐标系的两个变量 θ 和 ϕ 表示。

高斯球是一个单位球。给定 3-D 目标表面的一点，将该点对应到单位球面上具有相同表面法线的点就可得到高斯球。由于椭圆球是光滑的封闭曲面，所以其对应的高斯球是整个单位球面。如图解 12-5(b)所示。

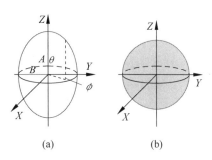

图解 12-5　椭圆球和高斯球示意图

椭圆球的参数方程为：$S=(B\sin\theta\sin\phi,\ B\sin\theta\cos\phi,\ A\cos\theta)$。计算它的各个偏导：$S_\theta=(B\cos\theta\sin\phi,\ B\cos\theta\cos\phi,\ -A\sin\theta)$，$S_\phi=(-B\sin\theta\cos\phi,\ B\sin\theta\sin\phi,\ 0)$，$S_{\theta\theta}=(-B\sin\theta\sin\phi,\ -B\sin\theta\cos\phi,\ -A\cos\theta)$，$S_{\theta\phi}=(-B\cos\theta\cos\phi,\ -B\cos\theta\sin\phi,\ 0)$，$S_{\phi\phi}=(B\sin\theta\sin\phi,\ -B\sin\theta\cos\phi,\ 0)$。

接下来计算：$E=S_\theta S_\theta=B^2\cos^2\theta+A^2\sin^2\theta$，$F=S_\theta S_\phi=0$，$J=S_\phi S_\phi=B^2\sin^2\theta$，$L=QS_{\theta\theta}=-AB/(A^2\sin^2\theta+B^2\cos^2\theta)^{1/2}$，$M=QS_{\theta\phi}=0$，$N=QS_{\phi\phi}=-AB\sin^2\theta/(A^2\sin^2\theta+B^2\cos^2\theta)^{1/2}$，其中 $Q=(A\sin\theta\cos\phi,\ A\sin\theta\sin\phi,\ B\cos\theta)/(A^2\sin^2\theta+B^2\cos^2\theta)^{1/2}$。将它们代入求主曲率的方程，得到

$$B^2(A^2\sin^2 u+B^2\cos^2 u)^2 k^2+$$

$$AB\sin^2 u\ \sqrt{A^2\sin^2 u+B^2\cos^2 u}(B^2+A^2\sin^2 u+B^2\cos^2 u)k+A^2B^2\sin^2 u=0$$

解该一元二次方程，得到：

$$K=\frac{A^2B^2\sin^2\theta}{B^2\sin^2\theta(A^2\sin^2\theta+B^2\cos^2\theta)^2}=\frac{A^2}{(A^2\sin^2\theta+B^2\cos^2\theta)^2}$$

长半轴为 A、短半轴为 B 的旋转椭球面的扩展高斯图 G 也是一个椭圆，只有 θ 一个自由度（从椭球的对称性角度也可以直观地加以证明）：

$$G = \frac{1}{K} = \frac{(A^2 \sin^2\theta + B^2 \cos^2\theta)^2}{A^2}$$

12-6　曲率与挠率的几何意义

> 题面：

讨论和比较**曲率**与**挠率**的几何意义。

> 解析：

曲线是弯曲的，为描述弯曲程度，引入了曲率。曲线在一点处的曲率等于该点与其邻近点的切线矢量之间的夹角关于弧长的变化率，也就是曲线在该点附近切线方向改变的程度。曲线在某点处的曲率越大，表示曲线在该点附近切线方向改变得越快，因此曲线在该点的弯曲程度越大。曲线为直线的充分必要条件是曲率恒为 0。

空间曲线不仅会弯曲，还有可能扭曲，即曲线离开它的密切平面。为描述扭曲程度，引入了挠率。曲线在一点处的挠率的绝对值表示曲线在该点的副法矢量（密切平面的法矢量）关于弧长的变化率，即曲线的密切平面的变化程度。曲线为平面曲线的充分必要条件是挠率恒为 0。

12-7　曲率和挠率的计算

> 题面：

计算以下各种条件时的**曲率**和**挠率**：

（1）椭圆 $a^2\cos^2\theta + a^2\sin^2\theta = r^2 (a>b>0)$ 的长轴上顶点 $A(a, 0, 0)$ 和短轴上顶点 $B(0, b, 0)$ 处。

（2）圆柱螺线 $x=a\cos\theta$，$y=a\sin\theta$，$z=b\theta (a>0, b>0)$ 上各点。

（3）曲线 $x=\cos^3\theta$，$y=\sin^3\theta$，$z=\cos 2\theta (0<t<\pi/2)$ 上各点。

> 解析：

（1）在点 $A(a, 0, 0)$ 的曲率为 $K_A = a/b^2$，在点 $B(0, b, 0)$ 的曲率为 $K_B = b/a^2$。因为 $K_A > K_B$，所以可知该椭圆在长轴顶点处的弯曲程度比在短轴顶点处的弯曲程度高，也可以说，该椭圆在短轴顶点处比在长轴顶点处更平坦。这里椭圆是平面曲线，所以挠率处处为零。

（2）曲率为常数：$K = a/(a^2+b^2)$；挠率也为常数：$T = b/(a^2+b^2)$。

（3）曲率是 θ 的函数：$K = 6/(25\sin 2\theta)$；挠率也是 θ 的函数：$T = 8/(25\sin 2\theta)$。

12-8　行进立方体算法重构等值面

> 题面：

试实现**行进立方体**（MC）算法，展示它的效果。

> 解析：

用行进立方体算法生成的两个立体物体的展示效果如图解 12-8 所示。

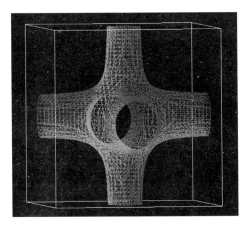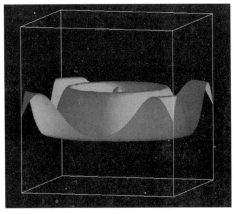

图解 12-8　用行进立方体算法得到的效果图　　　　　　　　图解 12-8

12-9　覆盖算法效果示例

➤ 题面：

试实现**覆盖算法**，展示它的效果。

➤ 解析：

用覆盖算法生成的一个立体物体的三角形网格效果如图解 12-9 所示。

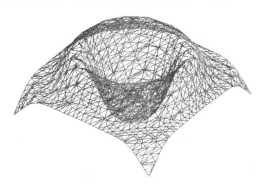

图解 12-9　用覆盖算法生成的三角形网格　　　　图解 12-9

12-10　覆盖算法重构等值面

➤ 题面：

图题 12-10 所示为 27 幅人体头部 MRI 的 2-D 图像，其大小为 128×128 像素。试实现**覆盖算法**，构造这 27 幅图像的外表等值面。

➤ 解析：

利用覆盖算法所构造的外表面如图解 12-10 所示，其中使用了 32 164 个三角面元，顶点个数为 15 366。

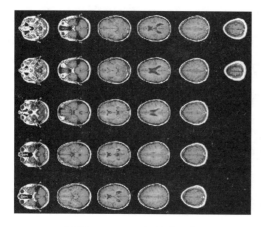

图题 12-10　27 幅实验图像

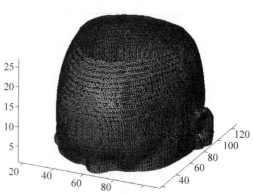

图解 12-10　用覆盖算法构造出的外表面

第 13 章 立 体 视 觉

立体视觉主要研究如何借助(多图像)成像技术从(多幅)图像中获取场景中物体的距离(深度)信息。立体视觉从两个或多个视点去观察同一个场景,采集不同视角下的一组图像,然后通过三角测量原理获得不同图像中对应像素间的视差(即同一个 3-D 点投影到两幅 2-D 图像上时,其两个对应点在图像上位置的差),从中获得深度信息,进而计算场景中目标的形状和它们之间的空间位置等。从信息的角度看,立体视觉方法根据摄像机在不同位置获得的多幅图像来恢复景物的深度,可看作将多幅图像之间的冗余信息转化为深度信息。

立体视觉的工作过程与人类视觉系统的感知过程有许多类似之处,事实上,人类视觉系统就是一个天然的立体视觉系统。一个立体视觉系统应包括 6 个工作模块:摄像机标定、图像采集获取、特征提取、立体匹配、3-D 信息恢复重建和后处理。

除了直接参考人类视觉系统的功能结构而构建的双目立体视觉系统外,还可以使用多于两个摄像机(或将一个摄像机先后放置在多于两个位置)的系统来获取同一场景的多幅不同图像并进一步获取深度信息。这种技术称为多目立体视觉技术。使用多目的方法比使用双目的方法复杂但有一定的优点,包括可减少双目立体视觉技术中图像匹配的不确定性,消除景物表面光滑区域引起的误匹配和减少景物表面周期性模式造成的误匹配。

在多目立体视觉系统中,多目的位置理论上可以是任意的形式,实用中主要有水平多目、正交三目、正交四目、单方向多目与正交三目结合等。

本章的问题涉及上述立体视觉多个方面的概念。

13-1　采集器移动与视差变化

➤ **题面**:

在采用(平行)**双目横向模式**的成像系统模型中,分析和比较采集器在 XY 平面中移动和沿 Z 轴移动两种情况下的成像偏差变化情况。进一步讨论在哪些情况下,采集器在 XY 平面中移动更有利于获得精确的深度距离测量。

➤ **解析**:

当采集器沿 Z 轴移动时,根据相似三角形关系,像坐标 x(仅考虑 x,y 也类似)与物距 Z、焦距 λ 及物体 X 坐标满足关系:$x/\lambda = X/Z$。像坐标 x 随物距 Z 变化而产生视差,其变化率(取绝对值)为 $x' = \lambda X/Z^2$。当采集器在 XY 平面中移动时,视差 D 与物距 Z、焦距 λ 及基线长度 B 满足关系:$D = \lambda B/Z$。视差随基线长度变化,其变化率(取绝对值)为 $D' = \lambda/Z$。

两者相比较,当 $X = Z$ 时,两个变化率相同。实际中一般是 $Z > X$,所以采集器沿 Z 轴移动比采集器在 XY 平面中移动的变化率要小。换句话说,采集器在 XY 平面中移动相同

距离时比采集器沿 Z 轴移动相同距离时所产生的成像偏差（即视差）变化更大，由此获得的深度距离测量也会比较精确。

13-2　近　视　校　正

> 题面：

设一个人的双眼中有一眼是近视的，即 $\lambda_1 > \lambda_2$。为校正而得到清晰的影像，可以调节眼球长度或者戴眼镜。借助**双目成像模型**，分析使用这两种方法所得到的深度感觉，它们是一样的吗？

> 解析：

可以从两个角度来说明：

（1）通过调节眼球长度来校正相当于不改变眼的焦距但将像成在距离不同的（视网膜）平面上。参照双目成像的模型，联立双目的公式可解得

$$Z = \frac{\lambda_1 \lambda_2 (B + x_1 - x_2)}{\lambda_2 x_1 - \lambda_1 x_2}$$

近视眼的焦距比较小，将 Z 对 λ_2 求导，得到

$$Z'_{\lambda_2} = \frac{-\lambda_1 x_1 (B + x_1 - x_2)\lambda_2}{(\lambda_2 x_1 - \lambda_1 x_2)^2} + \frac{\lambda_1 (B + x_1 - x_2)}{\lambda_2 x_1 - \lambda_1 x_2} = \frac{\lambda_1^2 x_2 (B + x_1 - x_2)}{(\lambda_2 x_1 - \lambda_1 x_2)^3}$$

由上式可知，Z'_{λ_2} 随 λ_2 的增加而减少，也就是说，深度将随 λ_2 的增加而减少，所以调节眼球长度比戴眼镜得到的深度更大。对双目系统，仅在 $\lambda_1 = \lambda_2$ 时，才能得到相同的深度。所以当 $\lambda_1 > \lambda_2$ 时，虽然通过调节眼球长度也可得到清晰的影像，但是此时对深度的感觉与戴眼镜进行校正后得到的深度感觉并不一样。

（2）戴眼镜校正可认为是要使得两眼的焦距相等，所以根据对双目系统的深度计算公式，此时的视差为

$$D_c = \frac{B}{1 - Z/\lambda}$$

调节眼球长度并不改变眼的焦距，所以根据视差定义，有

$$D_1 = x_2 - x_1 = \frac{(X + B/2)\lambda_2}{\lambda_2 - Z} - \frac{(X - B/2)\lambda_1}{\lambda_1 - Z} = \frac{X + B/2}{1 - Z/\lambda_1} - \frac{X - B/2}{1 - Z/\lambda_2} > \frac{B}{1 - Z/\lambda} = D_c$$

其中大于号的成立可如下分析：增大 λ_2 使之与 λ_1 相等相当于减小 Z/λ_2，相当于增加第二项的分母，从而减小了第二项。所以调节眼球长度与戴眼镜校正所得到的深度感觉不一样。

13-3　双目成像模式的比较

> 题面：

试比较**双目横向模式**、**双目会聚横向模式**和**双目纵向模式**在视差计算精度、受场景遮挡影响和受对应点不确定性影响方面的不同特点。

> 解析：

它们的不同特点归纳在表解 13-3 中。

表解 13-3　几种双目成像模式的特点

比较项目	双目横向模式	双目横向汇聚模式	双目纵向模式
视差计算精度	较高：焦距越长，基线越长，精度越高；物距越大，精度越低	较高：与双目横向模式类似	较低：离光轴越近，误差越大，越无法测量光轴上点的深度；物距越大，精度越低
受场景遮挡影响	较大：因为从不同角度采集	较大：因为从不同角度采集	较小：因为从同一角度采集
受对应点不确定性影响	较大：相同点亮度可能不同，重叠区域较少	较大：相同点亮度可能不同，重叠区域比双目横向模式大	较小：相同点亮度几乎相同，重叠区域也较多

13-4　顺序性约束

> **题面：**

举例说明一般可视点的顺序在由双目立体视觉系统得到的两幅图像中是相同的，即它们满足顺序性约束。

> **解析：**

考虑场景中有 A、B、C、D 共 4 个点，用双目立体视觉系统对它们成像，如图解 13-4 所示。根据每个摄像机的成像几何模型，在第一幅图像中成像点 a_1、b_1、c_1、d_1 的排列顺序与在第二幅图像中 a_2、b_2、c_2、d_2 的排列顺序是一样的，而且与在场景中 A、B、C、D 的排列顺序也是一样的（相对于光心 O_1 和 O_2 是倒像）。

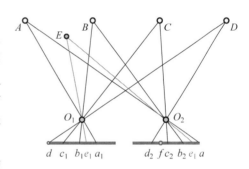

图解 13-4　双目立体视觉系统的顺序约束

如果场景中还有一个摄像机的点 E，则它的成像点 e_1 和 e_2 可能会插在序列 a_1、b_1、c_1、d_1 和序列 a_2、b_2、c_2、d_2 中的任意位置，但它们的排序在两幅图像中仍然是相同的。例如，设在第一幅图像中 e_1 插在了 a_1 和 b_1 之间，那么在第二幅图像中 e_2 会插在 a_2 和 b_2 之间。换句话说，一般不会得到如下的结果：a_1、e_1、b_1、c_1、d_1 和 a_2、b_2、c_2、e_2（如在图解 13-4 中的成像点 f）、d_2，即 e_1 和 e_2 在两个序列中的位序应该是一样的。

13-5　极线与极点

> **题面：**

对一个给定的基于**立体视觉技术**的**双目成像系统**，设每次改变景物点的位置后，都能从所得到的两幅图像中确定出对应点。讨论在左图像中的所有**极线**与在右图像中对应的**极点**之间有什么关系。

> **解析：**

可以从不同角度出发来分析解决这个问题。

（1）在双目成像系统中，物点在两幅图像中的坐标之间的联系可用本质矩阵 E 来描述。

如果一个物点在左图像中的坐标为 p_1，在右图像中的坐标为 p_2，那么这两个坐标之间的联系为：$p_2{}^{\mathrm{T}} E p_1 = 0$。这里 p_2 对应的极线是 $L_1 = E^{\mathrm{T}} p_2$。对右图像中的极点 e_2，可以看作光轴上一个点在右图像中的成像，从而得到对应的极线是 $L_1 = E^{\mathrm{T}} e_2$。

（2）当场景点在空间移动时，左图像上所有的极线都相交于极点 e_1。极点就是所有极线在各自图像平面上的交点。左右图像的极点 e_1 与 e_2 分别是摄像机光心 C_1 和 C_2 在两个图像平面上的投影，并且 e_1、e_2、C_1、C_2 共线于光心线。因此，对于一个位于光心线上的场景点，该点在左右图像的投影点即为左右极点 e_1 与 e_2。利用极线约束可知：$e_2{}^{\mathrm{T}} E e_1 = 0$，所以 $L_1 = E^{\mathrm{T}} e_2$。

13-6 极线与投影点

> **题面：**

说明在基于**立体视觉**技术的**双目成像系统**中，处在图像 1 平面上的所有**极线**都会通过其投影中心在图像 2 平面上的投影图像点。

> **解析：**

先考虑在投影中心为 C_1 的图像 1 中的一个图像点 P。与其对应的以 C_2 为投影中心的图像 2 中的极线 L 应该出现在平面 PC_1C_2 与图像 2 平面的相交处。再考虑在投影中心为 C_1 的图像 1 中的另一个图像点 Q。它所对应的图像 2 中的极线 M 应该出现在平面 QC_1C_2 与图像 2 平面的相交处。事实上，对更多的图像 1 中的图像点，它们所对应的图像 2 中的极线所在的平面都包含线 C_1C_2。这条线会在某个（单个）点 R 穿过图像 2 平面。因为 C_1 在 C_2R 上，所以根据定义，R 是投影点 C_1 在图像 2 上的图像点。在实际中，有可能 R 不处在图像 2 的范围中，但一定在包含它的扩展平面上。

13-7 本质矩阵的推导

> **题面：**

在基于**立体视觉**技术的**双目成像**系统中，利用两个光心之间的联系以及两个光心分别与景物点之间的联系，借助景物点的两个成像位置以及摄像机之间的平移和旋转矩阵来推导**本质矩阵**。

> **解析：**

参见图解 13-7，两个光心之间的联系和两个光心分别与景物点之间的联系可以用 3 个 3-D 矢量 O_1O_2、O_1W 和 O_2W 表示，W 的两个成像位置可用 $x_1 = [u_1 \ v_1]^{\mathrm{T}}$ 和 $x_2 = [u_2 \ v_2]^{\mathrm{T}}$ 表示，两个摄像机之间的平移和旋转矩阵分别用 T 和 R 表示。

根据图解 13-7，有 $O_1W = x_1$，$O_1O_2 \propto T$，$O_2W \propto Rx_2$，注意这里考虑矢量的尺度有可能不同而使用了正

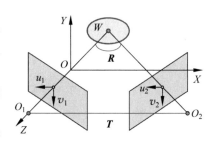

图解 13-7 双目立体视觉

比例符号(∞)，如果引入相应系数则可将其转换成等号。上述 3 个矢量是共面的（均在极平面上），所以应满足 $O_1W\cdot(O_1O_2\times O_2W)=0$。将上述 3 个矢量用 x_1、x_2、T 和 R 替换，就得到 $x_1^T(T\times Rx_2)=x_1^TEx_2=0$。这就是需要的结果，其中 E 是本质矩阵。

13-8　景物表面倾斜的问题

➢ **题面**：

在基于区域相关的**立体匹配**中，隐含了一个假设条件：与匹配模板对应的图像平面是与景物的可见局部表面平行的。

(1) 如果不满足这个条件，会对立体匹配带来什么问题？

(2) 有什么办法可解决这个问题？

➢ **解析**：

(1) 考虑如图解 13-8 的示意图，这是在 XZ 平面上，与两个成像平面 I_1 和 I_2 不平行景物的可见局部表面 W 在 I_1 和 I_2 上的投影长度 l_1 和 l_2 是不一样长的。可见景物表面的倾斜会导致两个成像平面上的投影尺寸不同，如果用同样尺寸的模板进行匹配，它们将对应大小不同的景物区域。这会对立体匹配带来一定的偏差。

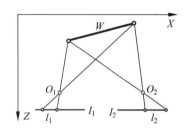

图解 13-8　与成像平面不平行的景物可见局部表面

(2) 解决这个问题可以使用两次计算的方法。用第一次计算估计出的视差值来调整（变形）匹配窗口以补偿两幅图像对应不同大小景物区域的问题。例如，对每个图像 I_1 中的矩形可通过使用矩形中心的视差以及视差在矩形中的变化信息而在 I_2 中确定一个对应的矩形。通过一个优化程序来最大化 I_1 中矩形与 I_2 中矩形之间的相关性，并借助插值提取 I_2 中的匹配值。

13-9　相对深度误差

➢ **题面**：

在基于**立体视觉**技术的**双目成像**系统中，**相对深度**计算的误差与哪些因素有关？是什么关系？

➢ **解析**：

根据视差 D 可以计算出深度距离 Z（B 为基线长度，λ 为镜头焦距）：

$$Z = B\lambda/D$$

两边对 D 求导：

$$\frac{\mathrm{d}Z}{\mathrm{d}D}=-\frac{B\lambda}{D^2}=-\frac{Z}{D}$$

所以，计算相对深度的误差可写成

$$\left|\frac{\mathrm{d}Z}{Z}\right|=\left|\frac{\mathrm{d}D}{D}\right|=|\,\mathrm{d}D\,|\times\frac{Z}{B\lambda}$$

可见,对相对深度计算的误差与深度距离 Z 和视差计算的误差 $|dD|$ 都成正比,而与基线长度 B 和镜头焦距 λ 都成反比。

13-10　水平四目的期望值曲线

> **题面:**

考虑如图题 13-10 所给出的 $f(x)$ 曲线,其表达式为:

$$f(x) = \begin{cases} 2 + \cos(x\pi/4), & -4 < x < 12 \\ 1, & x \leqslant -4, x \geqslant 12 \end{cases}$$

现在使用一个具有水平四目的**立体视觉**系统来采集图像。它共有 3 条基线,对应基线 B_1 的 $d_1 = 5$,对应基线 B_2 的 $d_2 = 1.5d_1$,对应基线 B_3 的 $d_3 = 2d_1$。换句话说,第一目分别与另三目构成了 3 个**双目成像系统**。试根据倒距离的 SSD,做出期望值 $E[S_{t1}(x;t)]$、$E[S_{t2}(x;t)]$ 和 $E[S_{t3}(x;t)]$ 的曲线。进一步,将 3 个倒距离的 SSD 函数相加以得到倒距离的 SSSD,做出期望值 $E[S_{t(123)}^{(S)}(x;t)]$ 的曲线。

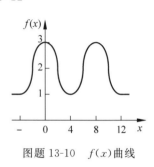

图题 13-10　$f(x)$ 曲线

> **解析:**

对应 3 条基线的倒距离 SSD 的期望值曲线 $E[S_{t1}(x;t)]$、$E[S_{t2}(x;t)]$ 和 $E[S_{t3}(x;t)]$ 分别如图解 13-10(a)、图解 13-10(b) 和图解 13-10(c) 所示。可见,3 条曲线的周期都不相同。

对应倒距离 SSSD 的 $E[S_{t(123)}^{(S)}(x;t)]$ 的期望值曲线如图解 13-10(d) 所示。它在正确匹配位置会达到全局最小值,而在其他虚假匹配位置仅能取得极小值。

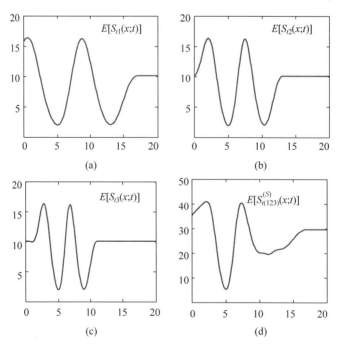

图解 13-10　各个期望值曲线

13-11 单方向多目立体视觉

> **题面**：

与使用双目**立体视觉**技术进行 **3-D 重建**时相比，使用单方向多目立体视觉技术时又增加了哪些影响重建精度的因素？

> **解析**：

使用单方向多目立体视觉技术，需要将对应 M 个倒距离的 SSD 进行求和计算。每个 SSD 可表示为

$$S_t(x; \hat{t}_i) = \sum_{j \in W} \{ f(x+j) - f[x + B_i \lambda (\hat{t}_i - t_i) + j] + n_0(x+j) - n_i(x + \hat{d}_i + j) \}^2$$

对其中的 $f[x + B_i \lambda (\hat{t}_i - t_i) + j]$ 用泰勒级数展开，再代回去，得到

$$S_t(x; \hat{t}_i) = \sum_{j \in W} \{ f(x+j) B_i \lambda (\hat{t}_i - t_i) + n_0(x+j) - n_i(x + B_i \lambda \hat{t}_i + j) \}^2$$

$$= \{ B_i \lambda (\hat{t}_i - t_i) \}^2 \sum_{j \in W} \{ f(x+j) \}^2 + 2 B_i \lambda (\hat{t}_i - t_i) \sum_{j \in W} f(x+j) [n_0(x+j) -$$

$$n_i(x + B_i \lambda \hat{t}_i + j)] + \sum_{j \in W} \{ n_0(x+j) - n_i(x + B_i \lambda \hat{t}_i + j) \}^2$$

最优的 $\hat{t}_i$ 值应满足

$$\frac{\partial S_t(x; \hat{t}_i)}{\partial \hat{t}_i} = 0 = 2(B_i \lambda)^2 (\hat{t}_i - t_i) \sum_{j \in W} [f(x+j)]^2 +$$

$$2 B_i \lambda \sum_{j \in W} f(x+j) [n_0(x+j) - n_i(x + B_i \lambda \hat{t}_i + j)]$$

解得

$$\hat{t}_i = t_i - \frac{\sum_{j \in W} f(x+j) [n_0(x+j) - n_i(x + B_i \lambda \hat{t}_i + j)]}{B_i \lambda \sum_{j \in W} [f(x+j)]^2 + 2 B_i \lambda}$$

这样，$E(\hat{t}_i) = t_i$，而

$$\text{var}(\hat{t}_i) = \frac{\text{var}\left\{ \sum_{j \in W} f(x+j) [n_0(x+j) - n_i(x + B_i \lambda \hat{t}_i + j)] \right\}}{\left\{ B_i \lambda \sum_{j \in W} [f(x+j)]^2 \right\}^2}$$

可见，影响重建精度的因素包括各基线的长度、镜头的焦距、图像在窗口中强度的变化以及噪声的方差。

第14章 景物重构

景物重构的目标也是恢复从 3-D 空间向 2-D 像平面投影成像中丢失的信息,以重建 3-D 世界。与立体视觉使用两个或多个摄像机(双目或多目)不同,景物重构的方法一般特指仅仅使用一个(固定)摄像机来采集图像的方法,所以也称为单目方法。单目方法根据实际中采集了单幅或者多幅图像又可以分为使用单目多幅图像进行景物重构的技术和使用单目单幅图像进行景物重构的技术。

使用单目多幅图像的方法将所得到的图像中的 2-D 冗余信息转化为 3-D 的信息,所以借助单目多幅图像中的信息可以确定景物的表面朝向(这是景物的本征特性)。由景物的表面朝向可直接得到景物各部分之间的相对深度,在实际中也常常可进一步获得景物的绝对深度。另一方面,要使用单目单幅图像来完成这样的工作就需要借助其中的各种 3-D 线索或先验知识。

在景物的各种本征特性中,3-D 景物的形状是最基本和最重要的。一方面,目标的许多其他特征,如表面法线、物体边界等都可以从形状推出来;另一方面,人们一般是先用形状来定义目标,在此基础上再利用目标的其他特征进一步描述目标。各种从不同的景物特性出发来恢复景物形状的方法常常被冠以"从 X 得到形状"的名称,这里的 X 可以代表照度变化、阴影、焦距、轮廓、纹理、景物运动等。典型的多幅图像技术包括光度立体学(也称光移)、从(光流)运动求取结构等;典型的单幅图像技术包括从影调恢复形状、由纹理变化恢复朝向、由焦距确定深度和根据三点透视估计位姿等。

本章的问题涉及上述景物重构多个方面的概念。

14-1   镜面反射强度计算

➤ 题面:

设有一个**理想镜面反射表面**(反射系数为 0.8)的椭球状物体:$x^2/4 + y^2/4 + z^2/2 = 1$。如果入射光强为 10,那在 (1, 1) 处观察到的反射光强度 R 是多少?

➤ 解析:

因为是理想镜面反射表面,所以入射角与反射角相等。由椭球状物体的方程可知

$$z = \sqrt{\frac{x^2}{4} + \frac{y^2}{4} + \frac{1}{2}} = 1$$

所以表面梯度:

$$p = \frac{\partial z}{\partial x} = \frac{-x}{4} \bigg/ \sqrt{\frac{x^2}{4} + \frac{y^2}{4} + \frac{1}{2}}, \quad q = \frac{\partial z}{\partial y} = \frac{-y}{4} \bigg/ \sqrt{\frac{x^2}{4} + \frac{y^2}{4} + \frac{1}{2}}$$

令目标表面法线与镜头方向之间的夹角为 θ。当目标相当接近光轴时，从目标到镜头的单位观察矢量可认为是 $[0\ 0\ 1]^{\mathrm{T}}$，所以 $\cos\theta=1/(1+p^2+q^2)^{1/2}$。因为反射光强度＝入射光强度×反射系数× $\cos\theta$，所以

$$R = 10\times 0.8\Bigg/\sqrt{1+\dfrac{x^2/16}{x^2/4+y^2/4+1/2}+\dfrac{y^2/16}{x^2/4+y^2/4+1/2}} = 8\Bigg/\sqrt{\dfrac{9/8}{1}} = \dfrac{16\sqrt{2}}{3}$$

14-2 理想散射表面的反射强度

> 题面：

设有一个具有**理想散射表面（朗伯表面）**的半球面，其反射系数为 r、半径为 d。当入射光线和观察视线均在半球正上方时，求反射强度的分布。据此能否确定该半球面是凸或凹的？如果不能，还需要计算什么？

> 解析：

入射光线在半球正上方，则光源矢量为 $[-p_s,\ -q_s,\ 1]^{\mathrm{T}}=[0,\ 0,\ 1]^{\mathrm{T}}$，所以反射强度

$$R(p,q) = r\,\dfrac{1+p_s p+q_s q}{\sqrt{1+p^2+q^2}\,\sqrt{1+p_s^2+q_s^2}} = r\,\dfrac{1}{\sqrt{1+p^2+q^2}} = \dfrac{r}{\sqrt{1+d^2}}$$

这是一个在中心处最亮，且随着与中心距离的增加而逐渐变暗的 2-D 分布。无论半球面是凸或凹的，反射光强的分布是一样的，所以仅根据反射强度的分布，并不能确定半球面的凸或凹。

考虑半球面所在的球面方程：$r^2=x^2+y^2+z^2$，可见对凸上半球面或凹下半球面分别有

$$z = \sqrt{r^2-x^2-y^2},\quad z = -\sqrt{r^2-x^2-y^2}$$

因为对球面上任一个面元，其在 x 和 y 两个方向的梯度分别为 $p=\partial z/\partial x$ 和 $q=\partial z/\partial y$，所以根据任一个梯度的方向（对应偏导的不同符号），就可以确定球面是凸或凹的。

14-3 朗伯表面夹角与亮度

> 题面：

假设有一个由**朗伯表面（理想散射表面）**材料构成的多面体，让其中一个表面 A 对准远处的光源 S，观察与表面 A 相邻的表面 B。如果看上去表面 B 的亮度为（直接观察）表面 A 的亮度的一半，那么表面 A 和表面 B 之间的法线夹角是多少？

> 解析：

可以有不同的方法，例如：

（1）参见图解 14-3，表面 A 的法线与光线方向一致，表面 A 的亮度是表面 B 的亮度的两倍：$L_A=2L_B$。亮度的差别源自两个表面法向的夹角 θ，即 $L_B/L_A=1/2=\cos\theta$，所以夹角是 $60°$。

（2）对于朗伯表面，其亮度 L 和照度 E 满足关系：$L=E/\pi$。考虑到表面的朝向，$L=E\cos\theta/\pi$。现在已知 $L_A=E\cos 0°/\pi=E/\pi$，$L_B=E\cos\theta/\pi=E/2\pi$，所以夹角 θ 为 $60°$。

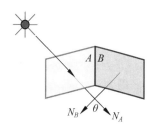

图解 14-3　表面照明示意图

14-4　理想散射表面性质

> 题面：

（1）说明**理想散射表面**（**朗伯表面**）亮度的变化情况。

（2）证明对一个给定的表面亮度，在理想散射表面上任意点的朝向都在一个特定的方向锥上。

（3）证明至少需要 3 个独立的光源以确认一个理想散射表面的准确朝向。

> 解析：

（1）理想散射表面的亮度源于其反射光，它只是入射角 i 的一个函数，其强度正比于 $\cos i$ 与一个常数反射系数（双向反射分布函数）的乘积。

（2）对给定的反射光强度 I，入射角满足 $\cos i = C \times I$，C 是一个常数。因此，i 也是一个常数。所以，表面法线方向全部都在一个圆锥上，该圆锥的半角是 i，且以入射光方向为中心。换句话说，所有表面法线都处在一个围绕入射光线方向的圆锥上，如图解 14-4（1）所示。

（3）使用 3 个独立的光源（它们不处在同一条直线上，且互相之间不遮挡）顺序地照射理想散射表面可以获得 3 幅图像。每幅图像上有一个理想散射表面法线所在的方向圆锥。各个表面法线一定与 3 个方向圆锥中的每一个都有共同的顶点；两个圆锥有两条交线，如图解 14-4（2）所示，而第三个（独立的）圆锥就将把范围减少到单条线，从而能对表面法线的方向给出唯一的解释和估计。

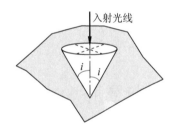
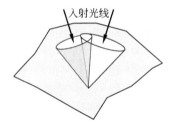

图解 14-4（1）　理想散射表面法线所在的方向圆锥　　图解 14-4（2）　两个方向圆锥有两条交线

如果表面的绝对反射系数 R 未知，仅 3 个独立的光源一般会不够用。但是，如果 3 条光线互相正交，则相对于各个轴夹角的余弦和是 1，即此时只有两个角度是独立的，所以由 3 组数据还可确定 R 以及两个独立的角度，于是就可以得到完全的解。在其他情况下，为消除歧义，会需要考虑至少 4 个独立的光源。

14-5　摄像机运动参数

> 题面：

给定两帧在相邻时刻拍摄的图像，试根据像素**亮度**变化，计算**摄像机运动**的参数。

> 解析：

这里设光源和场景都没有随时间变化，所以像素亮度变化仅仅是由于摄像机运动而产生的。设用 $x(t)$ 和 $y(t)$ 表示空间点 P 在时刻 t 的图像坐标,则在 $t+dt$ 时刻,P 点所对应的新图像坐标为

$$\begin{bmatrix} x(t+dt) \\ y(t+dt) \end{bmatrix} = k \begin{bmatrix} 1 & \theta \\ -\theta & 1 \end{bmatrix} \begin{bmatrix} x(t) \\ y(t) \end{bmatrix} + \begin{bmatrix} T_x \\ T_y \end{bmatrix}$$

其中 k、θ、T_x 和 T_y 对应摄像机运动参数,k 表示尺度变化,θ 表示摄像机的旋转角,T_x 和 T_y 表示摄像机的平移量。空间点 P 的运动速度为

$$\begin{bmatrix} u \\ v \end{bmatrix} = \begin{bmatrix} dx/dt \\ dy/dt \end{bmatrix} = \begin{bmatrix} k-1 & k\theta \\ -k\theta & k-1 \end{bmatrix} \begin{bmatrix} x(t) \\ y(t) \end{bmatrix} + \begin{bmatrix} T_x \\ T_y \end{bmatrix}$$

代入光流方程,得

$$(f_x x + f_y y)(k-1) + (f_y x - f_x y)k\theta + f_x T_x + f_y T_y + f_t = 0$$

由于摄像机的运动导致所有图像像素(设共 N 个)发生相同的变化,所以可得

$$fA = B$$

其中 f 为 $N \times 4$ 的矩阵,每一行为 $[f_x x + f_y y, f_y x - f_y y, f_x, f_y]$;$A$ 为 1×4 的矢量 $[k-1, k\theta, T_x, T_y]^T$;$B$ 为 $N \times 1$ 的矢量,其中每个元素等于 $-f_t$。由于 f_x、f_y、f_t 均可从图像中算得,所以可得到 f 和 B。最后,利用最小二乘法可解得

$$A = (f^T f)^{-1} f^T B$$

据此就可计算随像素亮度变化(包括空间变化和时间变化)的摄像机的运动参数。

14-6 镜头的焦距和景深

> 题面:

一个镜头的孔径为 20mm,可以容忍的模糊圆的直径为 1mm。当镜头的**焦距**为 50mm 时,**景深**为多少?如果镜头的焦距分别为 150mm 和 500mm 呢?

> 解析:

在 3 种情况下,景深 Δd_o 都是物距 d_o 的函数(其他参数均已知)。图解 14-6 给出 3 种情况下景深 Δd_o 随物距 d_o 而变化的曲线。由图可见,当焦距比较大时,景深 Δd_o 基本随物距 d_o 线性增加,而当焦距比较小时,景深 Δd_o 会随物距 d_o 加速增加。

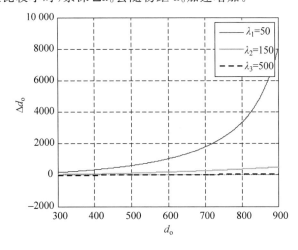

图解 14-6 景深随物距而变化的曲线(以焦距为参数)

14-7 摄像机倾斜成像的变形

> 题面：

借助**摄像机运动**可获得对同一景物的多幅不同图像。现将一个摄像机悬挂在距离铺满了方形瓷砖的地面2m高的位置，先向正下方拍摄一幅图像，然后把摄像机**垂直倾斜**一定角度后再拍摄一幅图像。已知第二次成像后的瓷砖图像为长高比为 10：9 的矩形，求摄像机转过的角度。

> 解析：

不失一般性，将世界坐标系取为与摄像机坐标系重合来进行分析。这里仅考虑摄像机在 YOZ 平面内绕视线偏转（垂直倾斜）的情况（在 XOZ 平面内类似）。设方形瓷砖的边长为1，则第一次成像得到的图像如图解 14-7(a) 所示。摄像机的偏转可以有正负两个方向，所以得到的图像将可能如图解 14-7(b) 或图解 14-7(c) 所示，其中 $L：H=10：9$。

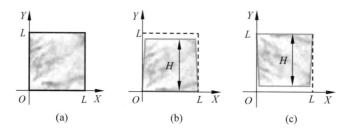

图解 14-7　不同情况下的瓷砖图像

因为偏转后的瓷砖图像的长宽比为 10：9，所以偏转的角度应是 $\arccos(9/10)=25.84°$；考虑到对称性，摄像机旋转的角度可以是 25.84°和－25.84°（分别对应图解 14-6(b)和图解 14-6(c)）。

14-8 从影调恢复形状与双目立体视觉

> 题面：

对比**从影调恢复形状**的方法所得到的**朝向图**与**双目立体视觉**的方法所得到的**深度图**。这两种方法最适用于哪些应用？如果将它们与**结构光成像**的方法相结合，会有什么变化？

> 解析：

朝向图反映的是**相对深度**信息，而深度图给出绝对深度信息。原则上讲，如果有一个参考点，则从相对深度信息出发也可以获得绝对深度信息，但常常需要很多计算。

两种方法各自适合不同的应用：从影调恢复形状的方法最好应用于具有平滑表面的景物，而双目立体视觉的方法最好应用于有纹理的表面或有很多特征的表面。

结构光成像方法将具有一定结构模式的光作为光源，借此能在景物的表面构造出一个粗糙的纹理表面。如果将它与双目立体视觉方法结合，则将允许双目立体视觉方法也在平滑的表面工作，但这样得到的结果与从影调恢复形状方法得到的结果不完全相同。

14-9 影调与结构光的对比

> **题面：**

在物体表面显现出来的影调有时可起到类似结构光的作用，提供一些表面形状的信息。试对比**从影调恢复形状**的方法与使用**结构光成像**的方法的特点，指出它们的相同之处和不同之处。

> **解析：**

对比的项目和结果见表解 14-9。

表解 14-9　影调与结构光在重建中的对比

对　比　项	从影调恢复形状	结构光成像
方法类型	间接恢复相对深度（形状）	直接获取绝对深度
利用信息	图像灰度分布信息	照明几何信息（转换为景物几何信息）
测量手段	被动接受 3-D 到 2-D 的投影结果	主动三角测距
光源	固定，任意类型	固定/转动，可调制图案，事先标定
采集器	固定，单个位置	固定/转动，单个位置，事先标定
景物	固定	固定/转动
采集图数量	单幅	单幅/多幅
环境光影响	过强/过弱时影响较大	过强时（对图案）影响较大
表面纹理影响	纹理会干扰影调	一般影响较小
计算复杂度	相对较高	相对较低
精度	相对较低	相对较高
约束条件	不足（病态），需添加额外条件	不需额外约束
相异处	建立表面朝向与图像亮度的联系	建立表面朝向与图案畸变的联系
相同处	均可用于从 2-D 图像获取 3-D 景物信息	

14-10 纹理平面的朝向

> **题面：**

一个平面上布满了圆形图案，可看作圆形**纹理基元**。如果对平面成像，只有当摄像机轴线与平面法线平行，圆形图案仍然保持圆形；其他情况下圆形图案成为椭圆形，如图题 14-10 所示。

（1）如果由圆形纹理基元得到的椭圆形的长宽比为 2∶1，那么基元所在平面的朝向是怎样的？

（2）如果椭圆长轴与 X 轴的夹角为 30°，那么基元所在平面的朝向又是怎样的？

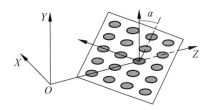

图题 14-10　圆形纹理基元平面

> **解析：**

（1）椭圆的长轴和短轴分别为：$D_{major}(0,0)=\lambda D/Z$；$D_{minor}(0,0)=\lambda D\cos\alpha/Z$。所以由

$D_{major}(0, 0)/D_{minor}(0, 0)=2/1$，得 $\cos\alpha=1/2$，即 $\alpha=60°$。此时图形纹理基元所在的平面与 Y 轴的夹角为 $60°$。

（2）设圆形纹理基元所在平面的方程为 $ax+by+cz+d=0$，则将圆形投影到倾斜平面上所得到的椭圆方程为：

$$\left[(a^2+c^2)x+\frac{ad}{a^2+c^2}\right]^2+\left[(b^2+c^2)y+\frac{bd}{b^2+c^2}\right]^2+2abxy=c^2r^2-\left[\frac{a^2d^2+b^2d^2}{a^2+c^2}\right]^2$$

如果将椭圆中心平移到原点，取 $c=1,d=0$，则上述方程只剩下 a、b、r 这 3 个未知数。现在已知椭圆长轴与 X 轴的夹角为 $30°$，可以写出该椭圆包含 a' 和 b' 两个未知数的方程。通过对比两个椭圆方程中的 x^2、xy 和 y^2 项，可以列出 3 个方程，即可以解出 a、b、r 的值。从而可以得到基元所在平面的朝向。

14-11　圆变形后的椭圆长短轴

> **题面：**

圆在投影成像时一般会变形为椭圆（长短轴之间的比例不为 1）。以圆形为**纹理基元**的平面在 3-D 空间中可能相对于视线发生倾斜，还可能相对于摄像机轴线发生旋转。试推导用来计算处在任意位置和任意朝向的圆形纹理变形后的椭圆长短轴的公式。

> **解析：**

设物体在以摄像机光心为原点，且在光轴垂直于圆形所在平面的坐标系中的坐标为 (X, Y, Z)，则圆周与光心所形成的斜圆锥方程为（α 为平面与 X 轴之间的夹角，β 为平面与 Y 轴之间的夹角，γ 为平面与 Z 轴之间的夹角）：

$$(X-\alpha Z)^2+(Y-\beta Z)^2=\gamma^2 Z^2$$

设物体点在摄像机坐标系中的坐标为 (x, y, z)，则

$$\begin{bmatrix} X \\ Y \\ Z \end{bmatrix}=\begin{bmatrix} a_{11} & a_{12} & a_{13} \\ a_{21} & a_{22} & a_{23} \\ a_{31} & a_{32} & a_{33} \end{bmatrix}\begin{bmatrix} x \\ y \\ z \end{bmatrix}$$

投影所成的椭圆方程可写成：

$$(n^2+k^2-r^2)x^2+2(kl+np-rs)xy+(l^2+p^2-s^2)y^2+2(km+nq-rt)x+$$
$$2(lm+pq-st)y+m^2+q^2-t^2=0$$

其中

$$\begin{cases} k=a_{11}-ta_{31}, & n=a_{21}-sa_{31}, & r=a_{31} \\ l=a_{12}-ta_{32}, & p=a_{22}-sa_{32}, & s=a_{32} \\ m=(a_{13}-ta_{33})\lambda, & q=(a_{23}-sa_{33})\lambda, & t=a_{33}\lambda \end{cases}$$

而 λ 为摄像机焦距。联立上述方程可确定各个参数。

在此基础上，可以确定圆形纹理基元变形后的椭圆形的长短轴

$$D_{major}(x,y)=\lambda\frac{D}{Z}(1-\tan\gamma\tan\alpha-\tan\lambda\tan\beta)$$

$$D_{minor}(x,y)=\lambda\frac{D}{Z}\cos\alpha\cos\beta(1-\tan\gamma\tan\alpha-\tan\gamma\tan\beta)^2$$

第15章　知识和匹配

借助立体视觉方法恢复 3-D 信息以及借助从 X 恢复形状技术重构景物还只是实现了图像理解第一个层次的目标。在此基础上，图像理解第二个层次的目标是对图像高层的含义给出明确的解释。在这个层次上，需要通过学习、推理、与模型的匹配等方式来解释客观场景的内容、特性、变化、态势或趋向等。

场景解释是一个非常复杂的过程，为此需要将人类的知识引入理解过程。知识是先前人类对客观世界的认识成果和经验总结，它可以指导当前对客观世界新变化的认识和理解，在整个视觉过程的各个阶段都起着重要的作用。借助对知识的利用可以有效地提高图像理解的可靠性和效率，对场景的解释就需要根据已有的知识并借助推理来进行。

理解图像和理解场景是一项复杂的工作，包括感觉/观察、场景恢复、匹配认知、场景解释等过程。其中匹配认知试图通过匹配把未知与已知联系起来，进而用已知解释未知。对场景的解释是一个不断认知的过程，所以需要将从图像中获得的信息与已有的解释场景的模型进行匹配。也可以这样说，感知是把视觉输入与事前已有表达结合的过程，而认知也需要建立或发现各种内部表达式之间的联系。匹配就是结合各种表达和知识，建立这些联系，从而解释场景的技术或过程。

对一个复杂的图像理解系统，它的内部常常同时存在着多种图像输入和其他知识共存的表达形式。匹配借助储存在系统中的已有表达和模型去感知图像输入中的信息，并最终建立与外部世界的对应性，实现对场景的解释。匹配可以在像素层进行(图像匹配)，也可以在目标层进行(目标匹配)，还可以在更抽象的目标层和概念符号层进行(广义匹配)。

本章的问题涉及上述知识和匹配多个方面的概念。

15-1　逻辑等价关系

➤ 题面：

试证明下列**逻辑连接符**组合的等价关系(德摩根定律、交换律、结合律、分配律)：

(1) $\sim (A \wedge B) \Leftrightarrow \sim A \vee \sim B$；

(2) $\sim (A \vee B) \Leftrightarrow \sim A \wedge \sim B$；

(3) $A \wedge B \Leftrightarrow B \wedge A$；

(4) $A \vee B \Leftrightarrow B \vee A$；

(5) $(A \wedge B) \wedge C \Leftrightarrow A \wedge (B \wedge C)$；

(6) $(A \vee B) \vee C \Leftrightarrow A \vee (B \vee C)$；

(7) $A \wedge (B \vee C) \Leftrightarrow (A \wedge B) \vee (A \wedge C)$；

(8) $A \lor (B \land C) \Leftrightarrow (A \lor B) \land (A \lor C)$。

> **解析：**

逻辑连接符的真值如表解 15-1 所示。

表解 15-1　逻辑连接符的真值表

序　　号	A	B	$\sim A$	$A \land B$	$A \lor B$	$A \Rightarrow B$
①	T	T	F	T	T	T
②	T	F	F	F	T	F
③	F	T	T	F	T	T
④	F	F	T	F	F	T

为证明各个等价关系所使用的真值借助序号列在各等价关系后：

(1) $\sim (A \land B) \Leftrightarrow \sim A \lor \sim B$：①,①⇔①,①,④；

(2) $\sim (A \lor B) \Leftrightarrow \sim A \land \sim B$：①,①⇔①,①,④；

(3) $A \land B \Leftrightarrow B \land A$：①⇔①；

(4) $A \lor B \Leftrightarrow B \lor A$：①⇔①；

(5) $(A \land B) \land C \Leftrightarrow A \land (B \land C)$：①,①⇔①,①；

(6) $(A \lor B) \lor C \Leftrightarrow A \lor (B \lor C)$：①,①⇔①,①；

(7) $A \land (B \lor C) \Leftrightarrow (A \land B) \lor (A \land C)$：①,①⇔①,①,①；

(8) $A \lor (B \land C) \Leftrightarrow (A \lor B) \land (A \lor C)$：①,①⇔①,①,①。

15-2　目标分类知识的不同表达

> **题面：**

一幅图像中有两类尺寸不同的圆目标，它们直径的均值分别为 d_1 和 d_2，而方差分别为 v_1 和 v_2。

(1) 用类英语句子列出可将这两类目标分开的**知识**。

(2) 用**语义网**表达这些知识。

(3) 用**专家系统**规则表达这些知识。

> **解析：**

(1) OBJECT_MEAN（Object1，d_1）

OBJECT_MEAN（Object2，d_2）

OBJECT_VARIANCE（Object1，v_1）

OBJECT_VARIANCE（Object2，v_2）

(2) 表达这些知识的语义网如图解 15-2 所示。

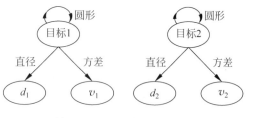

图解 15-2　表达知识的语义网

(3) 表达这些知识的专家系统规则（这里设两类目标出现的概率相等）：

$$\text{if } x \text{ is a round} \quad \text{and}$$
$$d(x) \text{ is diameter of } (x) \quad \text{and}$$
$$d(x) \text{ small than } (d_1 + d_2)/2$$

then x belongs to object 1

else if $d(x)$ bigger than $(d_1+d_2)/2$

then x belongs to object 2

15-3 模板匹配与哈夫变换

➤ 题面：

模板匹配与**哈夫变换**之间有什么联系？试分析比较它们在检测共线点时的计算量。

➤ 解析：

在模板匹配中，检测是靠将模板与图像进行相关并计算最大值来进行的。在哈夫变换中，检测是靠将图像转化到参数空间并计算参考点来进行的。模板匹配时需要考虑图像中的所有像素，而哈夫变换时只需（在边缘检测的基础上）考虑图像中的边缘像素。

当检测共线点时，模板匹配可利用线状模板绕着每个像素旋转以找到最大响应的方向；而哈夫变换将检测共线点的问题转化为在参数空间中检测交于一点的直线的问题，或者说在参数空间寻找聚类的问题。设图像要检测的共线点共有 N 个（已通过边缘检测提取出来），直线的方向为 M 个，模板尺寸为 $k\times k$，则模板匹配的计算量正比于 NMk^2；而在利用哈夫变换时，则计算量正比于 NM（即方向的量化值为 M）。

15-4 形状数之间的相似距离

➤ 题面：

对两个区域边界 A 和 B，证明用它们**形状数**的相似度 k 的倒数定义的**距离量度函数** $D(A,B)=1/k$ 是一个（超）距离量度函数，即它满足下列 3 个条件：

(1) $D(A,B)\geqslant 0\,(D(A,B)=0$，当且仅当 $A=B$）。

(2) $D(A,B)=D(B,A)$。

(3) $D(A,B)\leqslant\max[D(A,C),D(B,C)]$，这里 C 是任意另一个区域边界。

➤ 解析：

(1) 相似度 k 是两个区域边界 A 和 B 的形状数之间的最大公共形状数，即总为正整数，所以 $D(A,B)>0$，而如果 A 和 B 完全相同，则相似度为无穷，所以此时 $D(A,B)=0$。

(2) 两个区域边界 A 和 B 之间的相似度是互相的，所以 $D(A,B)=D(B,A)$。

(3) 根据 $D(A,B)=1/k$，可将 $D(A,B)\leqslant\max[D(A,C),D(B,C)]$ 写成 $1/k_{AB}\leqslant\max[1/k_{AC},1/k_{BC}]$，进一步还可写成 $k_{AB}\geqslant\min[k_{AC},k_{BC}]$。由于不同形状区域的边界在形状数阶数最低时总是相似的，所以等号总可以保证；而在形状数为较大阶数时，大于关系有可能成立，因此 $D(A,B)\leqslant\max[D(A,C),D(B,C)]$ 能够成立。

15-5 关系匹配计算

➤ 题面：

关系匹配时可以使用的关系有很多种。现在仅考虑连接关系，试计算一下图题 15-5 中两个物体之间的距离,以判断它们匹配的程度。

> 解析:

图题 15-5(a)包含 4 个元件 $Q_1 = \{A, B, C, D\}$,其连接关系为:$R_1 = \{(A,B)\ (A,C)\ (B,D)\ (C,D)\} = S(1) \times S(2) \times S(3) \times S(4) \in S^M$。
图题 15-5(b)包含 4 个元件 $Q_1 = \{1,2,3,4\}$,其连接关系为:$R_r = \{(1,2)\ (1,3)\ (1,4)\ (2,4)\ (3,4)\} = T(1) \times T(2) \times T(3) \times T(4) \times T(5) \in T^N$。

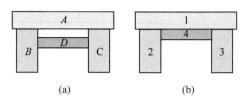

图题 15-5　两个关系物体图

设 S 到 T 的映射变换 $p = \{(A,1)\ (B,2)\ (C,3)\ (D,4)\}$,$T$ 到 S 的映射变换 $p^{-1} = \{(1,A)\ (2,B)\ (3,C)\ (4,D)\}$。这样得到 $R_1 \oplus p = \{(1,2)\ (1,3)\ (2,4)\ (3,4)\}$,$R_r \oplus p^{-1} = \{(A,B)\ (A,C)\ (A,D)\ (B,D)\ (C,D)\}$

4 种匹配误差分别为:

$E_1 = \{R_1 \oplus p - (R_1 \oplus p) \bigcap R_r\}$
$\quad = \{(1,2)\ (1,3)\ (2,4)\ (3,4)\} - \{(1,2)\ (1,3)\ (2,4)\ (3,4)\} = 0$

$E_2 = \{R_r - (R_1 \oplus p) \bigcap R_r\}$
$\quad = \{(1,2)\ (1,3)\ (1,4)\ (2,4)\ (3,4)\} - \{(1,2)\ (1,3)\ (2,4)\ (3,4)\}$
$\quad = \{(1,4)\}$

$E_3 = \{R_r \oplus p^{-1} - (R_r \oplus p^{-1}) \bigcap R_1\}$
$\quad = \{(A,B)\ (A,C)\ (A,D)\ (B,D)\ (C,D)\} - \{(A,B)\ (A,C)\ (B,D)\ (C,D)\}$
$\quad = \{(A,D)\}$

$E_4 = \{R_1 - (R_r \oplus p^{-1}) \bigcap R_1\}$
$\quad = \{(A,B)\ (A,C)\ (B,D)\ (C,D)\} - \{(A,B)\ (A,C)\ (B,D)\ (C,D)\} = 0$

用误差项表示:$C(E_1) = 0$,$C(E_2) = 1$,$C(E_3) = 1$,$C(E_4) = 0$。

两个物体间的距离最后为:$\mathrm{dis}^c(R_1, R_r) = 2$。

15-6　关系匹配中的计算量

> 题面:

关系匹配的过程中共有 4 个步骤,它们各自所需的计算量是怎样的?

> 解析:

第一个步骤是要确定两个关系集合中的相同关系,这里的计算量与两个关系集合中基本关系的数量都成正比。如果设一个关系集合中有 m 个关系,而另一个关系集合中有 n 个关系,则计算量正比于 $m \times n$。

第二个步骤是要确定使相同关系进行匹配的对应映射,这里的计算量与映射形式的数量有关。如果设有 K 种可能的形式,则对映射排序的计算量正比于 K^2。

第三个步骤是要确定匹配关系集中的对应映射,这里的计算量与映射的数量成正比,也与关系的数量成正比。如果设 $m \leqslant n$,则只有 m 对关系有对应,所以计算量正比于 $m \times K$。

第四个步骤是要确定匹配所属的模型,这里的计算量与模型的数量成正比。如果设模型的数量为 L,则计算量正比于 L。

总的计算量应正比于 m^2nK^3L。

15-7　有色图的同构

> **题面**：

图有 3 种同构情况。设计一个例子，讨论**有色图**对应的 3 种同构情况。

> **解析**：

有色线图中不仅包含结点集，而且包含结点色性集；不仅包含连线集，而且包含连线色性集。为讨论有色线图的同构，结点和连线都要考虑两种或多种。

下面借助图解 15-7 中的几个有色线图结构来讨论。这里结点有两种（分别用深和浅两种阴影表示），连线也有两种（用实线和虚线区别）。

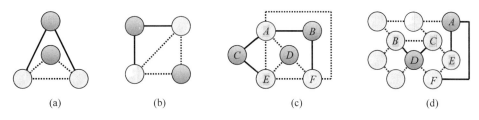

(a)　　　　(b)　　　　(c)　　　　(d)

图解 15-7　示例有色线图

（1）全图同构：图解 15-7(a)和图解 15-7(b)是全图同构的。

（2）子图同构：图解 15-7(a)与图解 15-7(c)中的两个子图是同构的：①由结点 A、C、D、E 及它们之间的连线构成的子图；②由结点 A、B、D、F 及它们之间的连线构成的子图。

（3）双子图同构：图解 15-7(a)中外面 3 个结点及它们之间的连线构成的（三角形）子图与图解 15-7(d)中的两个子图是双子图同构的：①由结点 A、E、F 及它们之间的连线构成的子图；②由结点 B、C、D 及它们之间的连线构成的子图。

15-8　有共同顶点的子图

> **题面**：

一个图如图题 15-8 所示，画出它的所有以 $\{A,B,C,D\}$ 为顶点的**子图**。

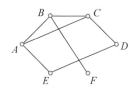

图题 15-8　需画出子图的图

> **解析**：

该图共有 16 个以 $\{A,B,C,D\}$ 为顶点的子图，见图解 15-8。

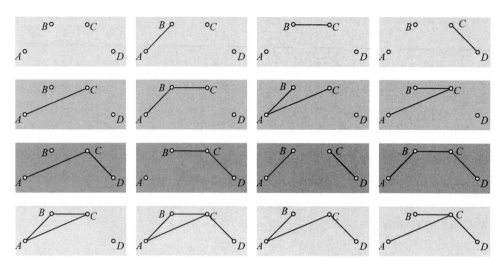

图解 15-8　16个以{A，B，C，D}为顶点的子图

15-9　计算各种子图

> **题面：**

给定如图题 15-9 所示的**图** G，它有 4 个顶点，分别用大写字母 A、B、C、D 表示；它有 5
条连线，分别用小写字母 a、b、c、d、e 表示。请利用获得**基础简单图**的 4 种
运算计算图 G 的各种**子图**。

（1）计算图 G 的所有包含 3 个顶点的**导出子图**。

（2）计算图 G 的所有包含边 a 且共有 3 条边的**边导出子图**。

（3）计算图 G 的所有包含 2 个顶点的**剩余子图**。

（4）计算图 G 的所有包含 2 条边的**生成子图**。

图题 15-9　图 G

> **解析：**

（1）图 G 共有 4 个顶点，所有包含 3 个顶点的导出子图共 4 个，如图解 15-9(1)所示。

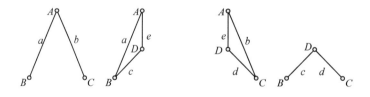

图解 15-9(1)　图 G 的 4 个包含 3 个顶点的导出子图

（2）图 G 共有 5 条边，所有包含边 a 共 3 条边的边导出子图共 6 个，如图解 15-9(2)
所示。

（3）图 G 共有 4 个顶点，去掉 2 个顶点，还剩 2 个顶点，所有包含 2 个顶点的剩余子图
共 6 个，如图解 15-9(3)所示。

（4）图 G 共有 5 条边，去掉 3 条边，还剩 2 条边，所有包含 2 条边的生成子图共 10 个，如图解 15-9(4)所示。

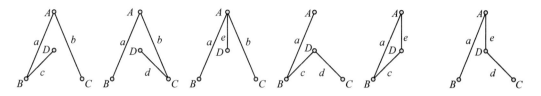

图解 15-9(2)　图 G 的 6 个包含边 a 且共 3 条边的边导出子图

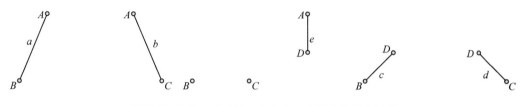

图解 15-9(3)　图 G 的 6 个包含 2 个顶点的剩余子图

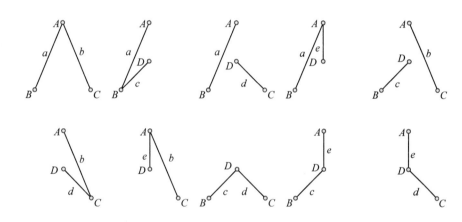

图解 15-9(4)　图 G 的 10 个包含 2 条边的生成子图

15-10　图同构和子图同构

> **题面：**

指出图题 15-10 中哪些**图**和哪些**子图**是**同构**的。

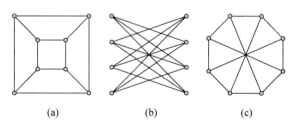

(a)　　　　　　(b)　　　　　　(c)

图题 15-10　具有相同顶点个数的图

> **解析：**

为说明方便，先对图题 15-10 的 3 个图中的各个顶点标上号，如图解 15-10(1)所示。这里，对图题 15-10(a)从左上角开始分两圈按顺时针顺序标号，外圈为①、②、③、④，内圈为⑤、⑥、⑦、⑧，对图题 15-10(b)从上到下分两列顺序标号，左列依次为①、⑧、⑥、③，右列依次为⑦、②、④、⑤；对图题 15-10(c)以最上面左边的顶点为起点按顺时针顺序标号，依次为①、⑤、⑥、②、④、⑧、⑦、③。

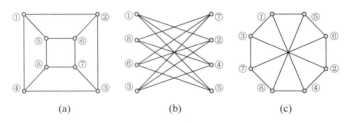

图解 15-10(1)　具有相同顶点个数的图

图题 15-10(a)和图题 15-10(b)是全图同构的。它们同号的顶点是对应的。

图题 15-10(a)、图题 15-10(b)和图题 15-10(c)中还有许多双子图同构。下面给出 3 种双子图同构的示例（将没有参与同构的连线用虚线表示）。考虑到对称性，每种仅各给出一个示例。

（1）在图解 15-10(2c)中，取两个对顶三角形为一个子图（实线），在图解 15-10(2a)和图解 15-10(2b)中都可以找到同构的子图（对应标号的顶点和它们之间的实线）。这里同构的子图实际上对应一个四边形。

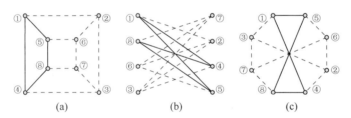

图解 15-10(2)　对应一个四边形的子图

（2）在图解 15-10(3c)中，取 4 个对顶三角形为一个子图（实线），在图解 15-10(3a)和图解 15-10(3b)中都可以找到同构的子图（对应标号的顶点和它们之间的实线）。这里同构的子图实际上可看作是两个四边形的组合。

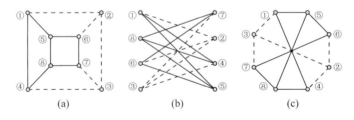

图解 15-10(3)　对应两个四边形的子图

（3）在图解 15-10(4c)中，取 6 个对顶三角形为一个子图（实线），在图解 15-10(4a)和图解 15-10(4b)中都可以找到同构的子图(对应标号的顶点和它们之间的实线)。这里同构的子图实际上可看作是 3 个四边形的组合。

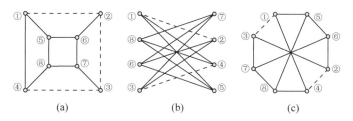

图解 15-10(4)　对应 3 个四边形的子图

需要指出,由上述逐步进行双子图同构的过程和结果可以看出两点:图题 15-10(a)和图题 15-10(b)确实是全图同构的;但图题 15-10(a)和图题 15-10(c)并不是全图同构的。

下面分别给以进一步的解释。由图解 15-10(4)可见,图解 15-10(4a)和图解 15-10(4b)各还保留了两条虚线。在图解 15-10(4a)中的两条虚线分别对应顶点①和顶点②之间的连线以及顶点③和顶点④之间的连线,而图解 15-10(4b)中的两条虚线也分别对应顶点①和顶点②之间的连线以及顶点③和顶点④之间的连线。所以,将两图中的这两条连线都考虑上,图题 15-10(a)和图题 15-10(b)就是全图同构的了。另外,由图解 15-10(4)可见,图解 15-10(4a)和图解 15-10(4c)也各还保留了两条虚线。但是,图解 15-10(4c)中的两条虚线却分别对应顶点①和顶点③之间的连线以及顶点②和顶点④之间的连线,与图解 15-10(4a)中的两条虚线并不对应(所以并不满足全图同构的条件)。类似地,由图解 15-10(4)可见,图解 15-10(4b)和图解 15-10(4c)也还各保留了两条虚线。但是,图解 15-10(4c)中的两条虚线却分别对应顶点①和顶点③之间的连线以及顶点②和顶点④之间的连线,与图解 15-10(4b)中的两条虚线并不对应(所以并不满足全图同构的条件)。

15-11　距 离 比 较

> **题面**:

给定两个有限点集 $A=\{a_1, a_2, \cdots, a_m\}$ 和 $B=\{b_1, b_2, \cdots, b_n\}$。基本的**豪斯道夫距离**(HD)定义为

$$D_{HD}(A,B) = \max[h(A,B), h(B,A)] = \max[\max_{a \in A} \min_{b \in B} \| a-b \|, \max_{b \in B} \min_{a \in A} \| b-a \|]$$

而用平均值**改进的豪斯道夫距离**(MHD)定义为

$$D_{MHD}(A,B) = \max[h_{MHD}(A,B), h_{MHD}(B,A)]$$

$$= \max\left[\frac{1}{m} \sum_{a \in A} \min_{b \in B} \| a-b \|, = \frac{1}{n} \sum_{b \in B} \min_{a \in A} \| b-a \|\right]$$

另外,还有一种距离(**平均最小距离**,AMD)定义为(设 $m>n$)

$$D_{AMD}(A,B) = \min[d_{AMD}(A,B), d_{AMD}(B,A)]$$

$$= \min\left[\frac{1}{m} \sum_{a \in A} \min_{b \in B} \| a-b \|, \frac{1}{n} \sum_{b \in B} \min_{a \in A} \| b-a \|\right]$$

3 个距离定义有什么共同点?有什么不同点?

> **解析：**

共同点：

（1）3 个距离定义都可用来表征两个点集之间的相似性。

（2）对相似性的表征都基于为某个点寻找最佳匹配。

（3）3 个距离定义中都可使用不同的范数（此时的匹配区域形状依赖于所用范数）。

（4）3 个距离定义都不受点集之尺寸或分布的限制。

不同点：

（1）D_{HD} 最终利用的是单个点与多个点之间的匹配，所以对噪声和野点都比较敏感；而 D_{MHD} 和 D_{AMD} 都利用了多个点之间匹配的统计信息，所以对噪声和野点都较不敏感。

（2）从几何意义上讲，D_{HD} 是要先对每个点集里的任意一个点，都去确定一个以该点为中心且能包含另一个点集里至少一个点的圆，然后再取两个点集中所有圆的最大半径为 D_{HD}；D_{MHD} 是要先对每个点集里的任意一个点，都去确定一个以该点为中心且能包含另一个点集里至少一个点的圆，然后再计算每个点集中所有圆的平均半径，取大的平均半径为 D_{HD}。所以，D_{HD} 计算出来的是单个极值，以 D_{HD} 为半径所"画"出来的圆是一个能包含另一个点集中的所有点的圆，而 D_{MHD} 计算出来的是多个极值的平均值，以 D_{MHD} 为半径所"画"出来的圆不一定能包含另一个点集中的所有点。D_{AMD} 的初始计算与 D_{MHD} 相同，但最后取了两个点集中平均值小的那个，以 D_{AMD} 为半径所"画"出来的圆肯定不能包含另一个点集中的所有点。如果在 D_{AMD} 的计算中不利用统计平均，得到的将是两个点集中最接近两点之间的距离（该距离满足互换性），以此为半径所"画"出来的圆会将另一个点集中的所有点（除计算距离的那个点外）都划在圆外边。

（3）从数值上讲，$D_{HD} \geqslant D_{MHD} \geqslant D_{AMD}$。

第5单元 相关参考

本单元包括 3 章：

第 16 章　数学形态学

第 17 章　高层研究应用

第 18 章　视感觉和视知觉

覆盖内容/范围简介

　　图像技术在发展中得到许多数学及其他学科理论和工具，如机器学习、决策理论、模糊逻辑、模式识别、人工智能、神经网络、数学形态学、小波理论、遗传算法等的支持。

　　数学形态学(也有称图像代数的)是以形态为基础对图像进行分析的数学工具。它的基本思想是用具有一定形态的结构元素，去量度和提取图像中的对应形状，以达到对图像进行分析和识别的目的。数学形态学的应用可以简化图像数据，保持它们的基本形状特性，并除去不相干的结构。数学形态学的算法具有天然的并行实现的结构。

　　数学形态学的操作对象可以是二值图像也可以是灰度图像。数学形态学的基本运算在二值图像中和灰度(多值)图像中各有特点，基于这些基本运算而推导出的组合运算和结合构成的实用算法也不相同。

　　对图像技术的研究和应用在不断发展中，近年来的一个趋势是逐渐向高层技术倾斜。例如，有关多传感器图像信息融合和遥感图像的应用得到了广泛的关注。这是因为使用多传感器系统和多信息融合技术可以提高容错功能、提高测量精度、提高信息加工速度、提高信息的利用效率，并降低信息获取的成本。又如，基于内容的图像和视频检索成为进入信息化社会、各种类型的视觉信息在全球得到广泛采集、传输和应用背景下信息技术的一个新的重要研究领域。从语义层次分析，相关工作在这些年经历了一个从视觉感知层开始，进而进入目标层和场景层,并到达抽象的主观语义层。再如,随着时空技术和设备的发展,已能实现对场景中各种目标在时间和空间上的全面检测和跟踪。在充分掌握场景时空信息的基础上,借助知识进行推理、判断,分析场景含义,解释场景动态的研究也正在广泛展开。

图像理解可以看作是利用计算机来实现人类的视觉功能,以达到对客观世界中时空场景的感知、识别和解释。视觉包括视感觉和视知觉,图像理解基于视感觉,但与视知觉有更多的相关之处。视知觉又可分为亮度知觉、彩色知觉、形状知觉、空间知觉和运动知觉等。

参考书目/配合教材

与本单元内容相关的一些参考书目,以及本单元内容可与之配合学习的典型教材包括:

- 郭雷,李晖晖,鲍永生.图像融合.北京:电子工业出版社,2008.
- 郭秀艳,杨治良.基础实验心理学.北京:高等教育出版社,2005.
- 郝葆源,张厚粲,陈舒永.实验心理学.北京:北京大学出版社,1983.
- 荆其诚,等.人类的视觉.北京:科学出版社,1987.
- 罗四维,等.视觉信息认知计算理论.北京:科学出版社,2010.
- 章毓晋.图象工程(上册)——图象处理和分析.北京:清华大学出版社,1999.
- 章毓晋.基于内容的视觉信息检索.北京:科学出版社,2003.
- 章毓晋.图像工程(中册)——图像分析.2版.北京:清华大学出版社,2005.
- 章毓晋.图像工程(下册)——图像理解.2版.北京:清华大学出版社,2007.
- 章毓晋.图像工程(中册)——图像分析.3版.北京:清华大学出版社,2012.
- 章毓晋.图像工程(下册)——图像理解.3版.北京:清华大学出版社,2012.
- 章毓晋.图像工程(中册)——图像分析.4版.北京:清华大学出版社,2018.
- 章毓晋.图像工程(下册)——图像理解.4版.北京:清华大学出版社,2018.
- 章毓晋.英汉图像工程辞典.2版.北京:清华大学出版社,2015.
- 章毓晋.图像处理和分析教程.2版.北京:人民邮电出版社,2016.
- 章毓晋.计算机视觉教程.2版.北京:人民邮电出版社,2017.
- Aumont J. *The Image*. Translation:Pajackowska C. British Film Institute,1994.
- Bishop C M. *Pattern Recognition and Machine Learning*. Springer,2006.
- Edelman S. *Representation and Recognition in Vision*. MIT Press,1999.
- Levine M D. *Vision in Man and Machine*. McGraw-Hill,1985.
- Marr D. *Vision—A Computational Investigation into the Human Representation and Processing of Visual Information*. W. H. Freeman,1982.
- Serra J. *Image Analysis and Mathematical Morphology*. Academic Press,1982.
- Zakia R D. *Perception and Imaging*. Focal Press,1997.
- Zhang Y-J（ed.）. *Semantic-Based Visual Information Retrieval*. IRM Press,USA. 2007.
- Zhang Y-J. *Image Engineering:Processing, Analysis, and Understanding*. Cengage Learning,Singapore. 2009.
- Zhang Y-J. *Image Engineering, Vol. 2:Image Analysis*. De Gruyter,2017.
- Zhang Y-J. *Image Engineering, Vol. 3:Image Understanding*. De Gruyter,2017.

第16章 数学形态学

数学形态学是以形态学为基础对图像进行分析的数学工具。它采用具有一定形态的结构元素,去量度和提取图像中的对应形状,实现对图像的特定操作。

数学形态学的基本运算主要是膨胀(或扩张)、腐蚀(或侵蚀)、开启和闭合,有些研究者也将击中一击不中变换看作基本运算。以这些基本运算为基础,可推导出各种数学形态学的组合运算,进一步还可构成各种完成图像加工的实用算法。

数学形态学的操作对象可以是二值图像也可以是灰度(彩色)图像,常分别称为二值数学形态学和灰度数学形态学。数学形态学的基本运算在二值图像中和灰度(多值)图像中各有特点,基于这些基本运算而推导出的组合运算和结合构成的实用算法也不相同。

另一方面,也有人将数学形态学推广到更一般的概念——图像代数。图像代数可将各种数学形态学操作嵌在其中,而且还比形态学包含了更多的操作。

本章的问题涉及上述数学形态学多个方面的概念。

16-1 膨胀的计算

> **题面:**

给定一个二值图像集合 A,如图题 16-1(a)中阴影部分所示。图题 16-1(b)、图题 16-1(c)和图题 16-1(d)为 3 个**结构元素**("+"代表原点)。给出分别用这 3 个结构元素去**膨胀** A 的结果。

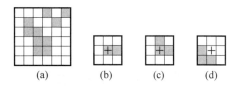

图题 16-1 图像和结构元素

> **解析:**

膨胀计算的结果依次如图解 16-1(a)、图解 16-1(b)和图解 16-1(c)所示,其中深色区域表示膨胀后增加的部分。

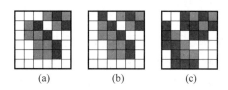

图解 16-1 膨胀结果

16-2　灰度膨胀的组合性

➢ **题面：**

给定如下灰度图像 f 以及两个**结构元素** b 和 c，借助它们验证**灰度膨胀**的**组合性**。

$$f = \begin{bmatrix} 0 & 0 & 0 & 0 & 0 \\ 0 & 1 & 2 & 3 & 0 \\ 0 & 2 & 3 & 4 & 0 \\ 0 & 3 & 4 & 5 & 0 \\ 0 & 0 & 0 & 0 & 0 \end{bmatrix} \quad b = \begin{bmatrix} 0 & 0 & 0 \\ 1 & 1 & 1 \\ 0 & 0 & 0 \end{bmatrix} \quad c = \begin{bmatrix} 0 & 1 & 0 \\ 0 & 1 & 0 \\ 0 & 1 & 0 \end{bmatrix}$$

➢ **解析：**

需要验证：$(f \oplus b) \oplus c = f \oplus (b \oplus c)$。对等号两边分别计算。

一方面，先组合结构元素再膨胀：

$$b \oplus c = \begin{bmatrix} 0 & 0 & 0 \\ 1 & 1 & 1 \\ 0 & 0 & 0 \end{bmatrix} \oplus \begin{bmatrix} 0 & 1 & 0 \\ 0 & 1 & 0 \\ 0 & 1 & 0 \end{bmatrix} = \begin{bmatrix} 2 & 2 & 2 \\ 2 & 2 & 2 \\ 2 & 2 & 2 \end{bmatrix}$$

$$f \oplus (b \oplus c) = \begin{bmatrix} 0 & 0 & 0 & 0 & 0 \\ 0 & 1 & 2 & 3 & 0 \\ 0 & 2 & 3 & 4 & 0 \\ 0 & 3 & 4 & 5 & 0 \\ 0 & 0 & 0 & 0 & 0 \end{bmatrix} \oplus \begin{bmatrix} 2 & 2 & 2 \\ 2 & 2 & 2 \\ 2 & 2 & 2 \end{bmatrix} = \begin{bmatrix} 0 & 0 & 0 & 0 & 0 \\ 0 & 5 & 6 & 6 & 0 \\ 0 & 6 & 7 & 7 & 0 \\ 0 & 6 & 7 & 7 & 0 \\ 0 & 0 & 0 & 0 & 0 \end{bmatrix}$$

另一方面，依次膨胀：

$$(f \oplus b) \oplus c = \left\{ \begin{bmatrix} 0 & 0 & 0 & 0 & 0 \\ 0 & 1 & 2 & 3 & 0 \\ 0 & 2 & 3 & 4 & 0 \\ 0 & 3 & 4 & 5 & 0 \\ 0 & 0 & 0 & 0 & 0 \end{bmatrix} \oplus \begin{bmatrix} 0 & 0 & 0 \\ 1 & 1 & 1 \\ 0 & 0 & 0 \end{bmatrix} \right\} \oplus \begin{bmatrix} 0 & 1 & 0 \\ 0 & 1 & 0 \\ 0 & 1 & 0 \end{bmatrix} = \begin{bmatrix} 0 & 0 & 0 & 0 & 0 \\ 0 & 5 & 6 & 6 & 0 \\ 0 & 6 & 7 & 7 & 0 \\ 0 & 6 & 7 & 7 & 0 \\ 0 & 0 & 0 & 0 & 0 \end{bmatrix}$$

两种结果相同，灰度膨胀的组合性得到验证。

16-3　腐蚀的组合性

➢ **题面：**

给定一个二值图像集合 A，如图题 16-3(a)中阴影部分所示。图题 16-3(b)和图题 16-3(c)为两个**结构元素** B 和 C（"+"代表原点）。如果先用一个结构元素**腐蚀** A，再将腐蚀结果用另一个结构元素腐蚀，最终会得到什么样的集合？如果利用腐蚀的**组合性**会有什么结果？

➢ **解析：**

根据腐蚀的组合性：$(A \ominus B) \ominus C = A \ominus (B \oplus C)$，可先用一个结构元素去膨胀另一个结构元素，得到如图解 16-3(a)所示的结构元素，再用它去腐蚀集合 A，得到如图解 16-3(b)所示的最终结果（深色区域）。这与依次使用两个结构元素去腐蚀结果相同。

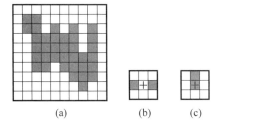

图题 16-3　图像和结构元素

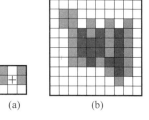

图解 16-3　新结构元素和腐蚀结果

16-4　位移不变性验证

> **题面：**

用矢量运算方法借助图题 16-4(a)和图题 16-4(b)给出的二值图像集合 A 以及结构元素 B 验证**膨胀、腐蚀和开启** 3 种运算的**位移不变性**，其中设图像集合 A 的左上角像素位置为 $(0, 0)$，位移取 $x = (1, 2)$。

> **解析：**

根据题意，需要验证：

(1) $(A)_x \oplus B = (A \oplus B)_x$

(2) $(A)_x \ominus B = (A \ominus B)_x$

(3) $A \circ (B)_x = A \circ B$

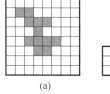

图题 16-4　图像和结构元素

下面分别验证：

(1)　　$A = \{(1, 1), (2, 1), (2, 2), (2, 4), (3, 2), (3, 3), (3, 4),$
$\qquad (3, 5), (4, 2), (4, 4), (4, 5), (5, 4)\}$

$\qquad B = \{(0, 0), (0, -1), (1, 0)\}$

$\quad (A)_x = \{(2, 3), (3, 3), (3, 4), (3, 6), (4, 4), (4, 5), (4, 6),$
$\qquad (4, 7), (5, 4), (5, 6), (5, 7), (6, 6)\}$

$(A)_x \oplus B = \{(2, 3), (3, 3), (3, 4), (3, 6), (4, 4), (4, 5),$
$\qquad (4, 6), (4, 7), (5, 4), (5, 6), (5, 7), (6, 6), (2, 2), (3, 2),$
$\qquad (3, 3), (3, 5), (4, 3), (4, 4), (4, 5), (4, 6), (5, 3), (5, 5),$
$\qquad (5, 6), (6, 5), (3, 3), (4, 3), (4, 4), (4, 6), (5, 4), (5, 5),$
$\qquad (5, 6), (5, 7), (6, 4), (6, 6), (6, 7), (7, 6)\}$

$\qquad = \{(2, 2), (2, 3), (3, 2), (3, 3), (3, 4), (3, 5), (3, 6),$
$\qquad (4, 3), (4, 4), (4, 5), (4, 6), (4, 7), (5, 3), (5, 4),$
$\qquad (5, 5), (5, 6), (5, 7), (6, 4), (6, 5), (6, 6), (6, 7), (7, 6)\}$

$A \oplus B = \{(1, 1), (2, 1), (2, 2), (2, 4), (3, 2), (3, 3), (3, 4), (3, 5),$
$\qquad (4, 2), (4, 4), (4, 5), (5, 4), (1, 0), (2, 0), (2, 1), (2, 3),$
$\qquad (3, 1), (3, 2), (3, 3), (3, 4), (4, 1), (4, 3), (4, 4), (5, 3),$
$\qquad (2, 1), (3, 1), (3, 2), (3, 4), (4, 2), (4, 3), (4, 4), (4, 5),$
$\qquad (5, 2), (5, 4), (5, 5), (6, 4)\}$

$$= \{(1, 0), (1, 1), (2, 0), (2, 1), (2, 2), (2, 3), (2, 4),$$
$$(3, 1), (3, 2), (3, 3), (3, 4), (3, 5)$$
$$= (4, 1), (4, 2), (4, 3), (4, 4),$$
$$(4, 5), (5, 2), (5, 3), (5, 4), (5, 5), (6, 4)\}$$
$$(A \oplus B)_x = \{(2, 2), (2, 3), (3, 2), (3, 3), (3, 4), (3, 5), (3, 6), (4, 3), (4, 4),$$
$$(4, 5), (4, 6), (4, 7), (5, 3), (5, 4), (5, 5), (5, 6), (5, 7), (6, 4),$$
$$(6, 5), (6, 6), (6, 7), (7, 6)\}$$

可见,$(A)_x \oplus B = (A \oplus B)$。

(2) $\qquad (A \ominus B) = \{(2, 2), (3, 4), (3, 5)\} \Rightarrow (A \ominus B)_x$
$$= \{(3, 4), (4, 6), (4, 7)\}$$
$$(A)_x \ominus B = \{(3, 4), (4, 6), (4, 7)\}$$

可见,$(A)_x \ominus B = (A \ominus B)_x$。

(3)
$$A \circ B = \{(2, 2), (3, 4), (3, 5), (2, 1), (3, 3), (3, 4), (3, 2), (4, 4), (4, 5)\}$$
$$= \{(2, 1), (2, 2), (3, 2), (3, 3), (3, 4), (3, 5), (4, 4), (4, 5)\}$$
$$(B)_x = \{(1, 2), (1, 1), (2, 2)\}$$
$$A \ominus (B)_x = \{(1, 0), (2, 2), (2, 3)\}$$
$$A \circ (B)_x = \{(2, 2), (3, 4), (3, 5), (2, 1), (3, 3), (3, 4), (3, 2), (4, 4), (4, 5)\}$$
$$= \{(2, 1), (2, 2), (3, 2), (3, 3), (3, 4), (3, 5),$$
$$(4, 4), (4, 5)\}$$

可见,$A \circ (B)_x = A \circ B$。

16-5 结构元素的尺寸和取值

> 题面:

设计**结构元素**,对 Lena 图像进行**灰度闭合**操作实验:

(1) 看看结构元素的尺寸对图像会产生什么影响?

(2) 看看结构元素的取值对图像会产生什么影响?

> 解析:

(1) 设计了 3 个尺寸不同的十字交叉状的结构元素如下:

$$B_1 = \begin{bmatrix} & 1 & \\ 3 & 5 & 7 \\ & 9 & \end{bmatrix} \quad B_2 = \begin{bmatrix} & & 1 & & \\ & & 4 & & \\ 3 & 5 & 7 & 9 & 11 \\ & & 10 & & \\ & & 13 & & \end{bmatrix} \quad B_3 = \begin{bmatrix} & & & 1 & & & \\ & & & 4 & & & \\ & & & 7 & & & \\ 3 & 5 & 7 & 9 & 11 & 13 & 15 \\ & & & 11 & & & \\ & & & 14 & & & \\ & & & 17 & & & \end{bmatrix}$$

用这 3 个结构元素进行灰度闭合操作得到的结果如图解 16-5(1)所示。可见,随着结构元素的尺寸增加,图像的整体亮度有所增加,但细节模糊得更多。例如,头发变得越来越不清晰。

图解 16-5(1)　用 3 个不同尺寸的结构元素进行灰度闭合操作得到的结果

(2) 设计了 3 个尺寸相同但取值不同的十字交叉状的结构元素如下:

$$B_1 = \begin{bmatrix} & 1 & \\ 20 & 1 & 20 \\ & 1 & \end{bmatrix} \quad B_2 = \begin{bmatrix} & 20 & \\ 1 & 1 & 1 \\ & 20 & \end{bmatrix} \quad B_3 = \begin{bmatrix} & 10 & \\ 10 & 1 & 10 \\ & 10 & \end{bmatrix}$$

用这 3 个结构元素进行灰度闭合操作得到的结果如图解 16-5(2)所示。可见,前两个结果比第三个结果整体要亮些,因为结构元素中有较大值的系数。对比第一个结果和第二个结果的嘴巴处,第一个结果的嘴巴比较清晰。这是因为嘴巴基本上是个横向结构,第二个结构元素沿垂直方向取值较大,会导致垂直方向上的模糊。

图解 16-5(2)　用 3 个不同取值的结构元素进行灰度闭合操作得到的结果

16-6　结构元素分解

> **题面:**

将**结构元素**分解可减少操作时间。试证明可将一个有 13 个非零元素的 5×5 圆柱模板分解成两个各有 5 个非零元素的 3×3 圆柱模板,如图题 16-6 所示。

0	1	0
1	1	1
0	1	0

⊕

0	1	0
1	1	1
0	1	0

=

0	0	2	0	0
0	2	2	2	0
2	2	2	2	2
0	2	2	2	0
0	0	2	0	0

图题 16-6　模板的分解

> **解析 1：**

将一个 3×3 模板加两圈 0 进行扩展，看作 f，将另一个 3×3 模板看作 b，对 f 进行膨胀。f 如图解 16-6(1a) 所示，只需考虑用 b 的原点与 f 中心 5×5 的区域重合进行膨胀。有两种情况：如果 b 的原点与 f 中心 3×3 的区域重合，膨胀的结果都是 2，如图解 16-6(1b) 所示；如果 b 的原点与 f 中心 3×3 的区域之外的 4 条边重合，则膨胀的结果除在每条边的中点为 2 外其余点都为 0，如图解 16-6(1c) 所示。将图解 16-6(1b) 和图解 16-6(1c) 结合起来就得到所需结果如图解 16-6(1d) 所示。

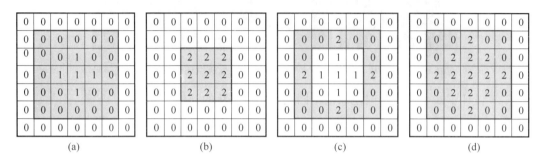

图解 16-6(1)　用膨胀验证模板的分解

> **解析 2：**

直接计算两个模板互相有重叠的情况。考虑到对称性，只列出 6 种重叠情况如图解 16-6(2) 第一行，而对应的膨胀结果如第二行所示。

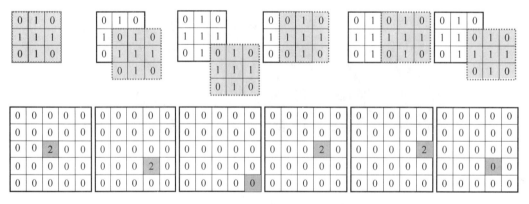

图解 16-6(2)　分重叠情况膨胀验证模板的分解

将所有结果(包括对称的结果)都组合起来，就可得到有 13 个非零元素的 5×5 圆柱模板。

16-7　开启、闭合、高帽运算

> **题面：**

给定如下灰度图像 f 以及结构元素 b，计算用 b 对 f 的**开启**、**闭合**、**高帽**变换。

$$f = \begin{bmatrix} 0 & 0 & 0 & 0 & 0 & 0 & 0 \\ 0 & 0 & 0 & 0 & 0 & 0 & 0 \\ 0 & 0 & 1 & 2 & 3 & 0 & 0 \\ 0 & 0 & 2 & 3 & 4 & 0 & 0 \\ 0 & 0 & 3 & 4 & 5 & 0 & 0 \\ 0 & 0 & 0 & 0 & 0 & 0 & 0 \\ 0 & 0 & 0 & 0 & 0 & 0 & 0 \end{bmatrix} \quad b = \begin{bmatrix} 1 & 2 & 1 \\ 2 & 4 & 2 \\ 1 & 2 & 1 \end{bmatrix}$$

➢ 解析：

设开启、闭合、高帽变换的结果分别为 u、v、w：

$$u = \begin{bmatrix} 0 & 0 & 0 & 0 & 0 & 0 & 0 \\ 0 & 0 & 0 & 0 & 0 & 0 & 0 \\ 0 & 0 & 1 & 2 & 2 & 0 & 0 \\ 0 & 0 & 2 & 3 & 2 & 0 & 0 \\ 0 & 0 & 2 & 2 & 2 & 0 & 0 \\ 0 & 0 & 0 & 0 & 0 & 0 & 0 \\ 0 & 0 & 0 & 0 & 0 & 0 & 0 \end{bmatrix}, \quad v = \begin{bmatrix} 0 & 0 & 0 & 0 & 0 & 0 & 0 \\ 0 & 0 & 0 & 0 & 1 & 0 & 0 \\ 0 & 0 & 1 & 2 & 3 & 1 & 0 \\ 0 & 0 & 2 & 3 & 4 & 2 & 0 \\ 0 & 1 & 3 & 4 & 5 & 2 & 0 \\ 0 & 0 & 1 & 2 & 2 & 2 & 0 \\ 0 & 0 & 0 & 0 & 0 & 0 & 0 \end{bmatrix}$$

$$w = \begin{bmatrix} 0 & 0 & 0 & 0 & 0 & 0 & 0 \\ 0 & 0 & 0 & 0 & 0 & 0 & 0 \\ 0 & 0 & 0 & 0 & 1 & 0 & 0 \\ 0 & 0 & 0 & 0 & 2 & 0 & 0 \\ 0 & 0 & 3 & 2 & 3 & 0 & 0 \\ 0 & 0 & 0 & 0 & 0 & 0 & 0 \\ 0 & 0 & 0 & 0 & 0 & 0 & 0 \end{bmatrix}$$

16-8　形态学基本操作

➢ 题面：

给定如图题 16-8 所示的图像，对它进行形态学基本操作（**膨胀、腐蚀、开启、闭合**）以及组合操作，给出实验结果。

➢ 解析：

实验结果如图解 16-8 所示，其中图解 16-8(a)为膨胀的结果，图解 16-8(b)为腐蚀的结果，图解 16-8(c)为开启的结果，图解 16-8(d)为闭合的结果，图解 16-8(e)为先开启后闭合的结果，图解 16-8(f)为先闭合后开启的结果。

图题 16-8　实验图像

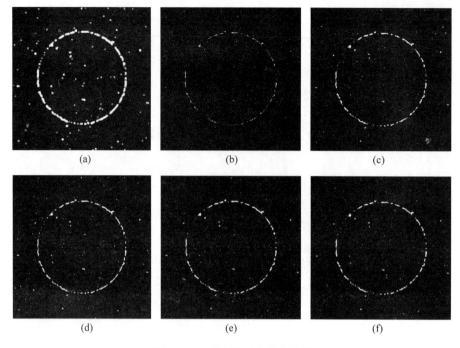

(a)   (b)   (c)

(d)   (e)   (f)

图解 16-8　形态学基本操作结果

16-9　击中—击不中计算

> 题面：

用下面给定的二值图像集合 A 以及两个击中—击不中结构元素 E 和 F 进行**击中—击不中变换**：

$$A = \begin{bmatrix} 1 & 1 & 0 & 1 & 1 & 1 & 0 & 0 \\ 0 & 0 & 0 & 0 & 1 & 1 & 1 & 0 \\ 1 & 1 & 0 & 1 & 1 & 1 & 1 & 0 \\ 1 & 1 & 1 & 0 & 0 & 0 & 0 & 1 \\ 0 & 1 & 1 & 0 & 1 & 0 & 0 & 1 \end{bmatrix} \quad E = \begin{bmatrix} 0 & 1 & 0 \\ 1 & 0 & 1 \\ 0 & 1 & 0 \end{bmatrix} \quad F = \begin{bmatrix} 1 & 0 & 1 \\ 0 & 1 & 0 \\ 1 & 0 & 1 \end{bmatrix}$$

> 解析：

根据击中—击不中变换式

$$A \Uparrow (E, F) = (A \ominus E) \bigcap (A^c \ominus F)$$

依次计算

$$A \ominus E = \begin{bmatrix} 0 & 0 & 0 & 0 & 0 & 0 & 0 & 0 \\ 0 & 0 & 0 & 0 & 0 & 1 & 0 & 0 \\ 0 & 0 & 0 & 0 & 0 & 0 & 0 & 0 \\ 0 & 1 & 0 & 0 & 0 & 0 & 0 & 0 \\ 0 & 0 & 0 & 0 & 0 & 0 & 0 & 0 \end{bmatrix} \quad A^c \ominus F = \begin{bmatrix} 0 & 0 & 0 & 0 & 0 & 0 & 0 & 0 \\ 0 & 0 & 1 & 0 & 0 & 0 & 0 & 0 \\ 0 & 0 & 0 & 0 & 0 & 0 & 0 & 0 \\ 0 & 0 & 0 & 0 & 0 & 0 & 0 & 0 \\ 0 & 0 & 0 & 0 & 0 & 0 & 0 & 0 \end{bmatrix}$$

最后结果为

$$A \Uparrow (E, F) = (A \ominus E) \cap (A^c \ominus F) = \begin{bmatrix} 0 & 0 & 0 & 0 & 0 & 0 & 0 & 0 \\ 0 & 0 & 1 & 0 & 0 & 1 & 0 & 0 \\ 0 & 0 & 0 & 0 & 0 & 0 & 0 & 0 \\ 0 & 1 & 0 & 0 & 0 & 0 & 0 & 0 \\ 0 & 0 & 0 & 0 & 0 & 0 & 0 & 0 \end{bmatrix}$$

16-10 不同距离圆盘的细化

➤ **题面**：

合成一幅二值图像，其中有一个半径为 r 的圆盘。现要将它**细化**成半径为 $r-1$ 的圆盘。

（1）如果要细化**城区距离**圆盘，应使用什么样的结构元素？

（2）如果要细化**棋盘距离**圆盘，应使用什么样的结构元素？

（3）如果要细化的是取整的**欧氏距离**圆盘，设 $r=4$，分别给出连续使用（1）或（2）中的**结构元素**而得到的半径递减的圆盘系列。

➤ **解析**：

（1）可使用如图解 16-10(1)所示的一组模板（结构元素），它们将依次细化掉圆盘上、左、下、右方向的最外层像素。

图解 16-10(1)　用于细化城区距离圆盘的模板

（2）可使用如图解 16-10（2）所示的一组模板（结构元素），它们将依次细化掉圆盘右上、左上、左下、右下方向的最外层像素。

图解 16-10(2)　用于细化棋盘距离圆盘的模板

（3）使用图解 16-10(1)的模板得到的圆盘系列依次如图解 16-10(3)所示。

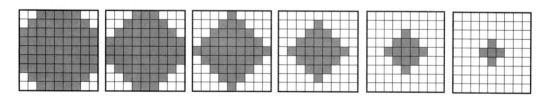

图解 16-10(3)　用城区距离模板细化得到的圆盘系列

使用图解 16-10(2)中的模板得到的圆盘系列依次如图解 16-10(4)所示。

可见使用棋盘距离模板的细化速度要大于使用城区距离模板的细化速度。

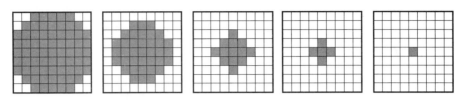

图解 16-10(4)　用棋盘距离模板细化得到的圆盘系列

16-11　圆盘细化实例

➢ 题面:

用计算机生成一幅中心有一个圆形目标的二值图像,利用像素的 4-邻域作为模板来**细化**圆盘,给出所得到的圆盘系列。

➢ 解析:

设圆盘半径为 7 个像素(借助取整的欧氏距离计算),所得到的细化系列如图解 16-11 所示。可见,圆盘逐渐演变成正方形,最后成为单个像素。

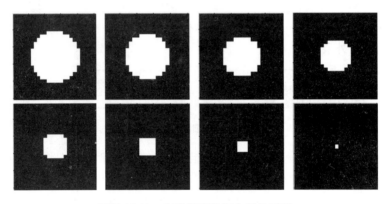

图解 16-11　实验得到的细化圆盘系列

16-12　细化步骤和过程

➢ 题面:

如图题 16-12 所示为一个二值图像集合和一对**结构元素**(分别为击中结构元素和击不中结构元素),给出仅用这两个结构元素对图像集合**细化**中各个步骤的结果。

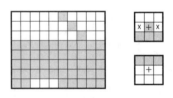

图题 16-12　图像集合和结构元素

➢ 解析:

第一次细化中各个步骤的结果如图解 16-12(1)所示,其中图解 16-12(1a)为击中结果,图解 16-12(1b)为击不中结果,图解 16-12(1c)为取交集而得到的击中—击不中变换结果,图解 16-12(1d)为从图像中减去击中-击不中变换结果而得到的第一次细化结果。

第二次细化对图解 16-12(1d)进行,各个步骤的结果如图解 16-12(2)所示,其中

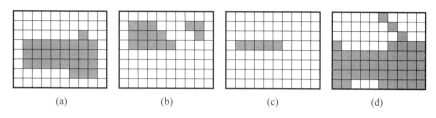

图解 16-12(1)　第一次细化中各个步骤的结果

图解 16-12(2a)为击中结果,图解 16-12(2b)为击不中结果,图解 16-12(2c)为取交集而得到的击中—击不中变换结果,图解 16-12(2d)为从图像中减去击中—击不中变换结果而得到的第二次细化结果。

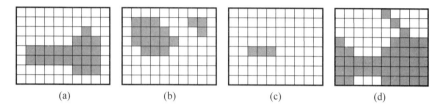

图解 16-12(2)　第二次细化中各个步骤的结果

第三次细化对图解 16-12(2d)进行,各个步骤的结果如图解 16-12(3)所示,其中图解 16-12(3a)为击中结果,图解 16-12(3b)为击不中结果,图解 16-12(3c)为取交集而得到的击中—击不中变换结果,图解 16-12(3d)为从图像中减去击中—击不中变换结果而得到的第三次细化结果。

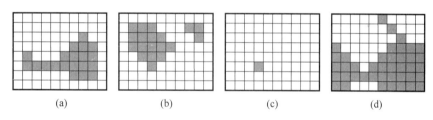

图解 16-12(3)　第三次细化中各个步骤的结果

第三次细化之后,如果再继续细化结果不会变化,所以细化完毕。

16-13　粗化步骤和过程

> 题面:

如图题 16-13 所示为一个二值图像集合和一对**结构元素**(分别为击中结构元素和击不中结构元素),给出仅用这对结构元素对图像集合**粗化**中各个步骤的结果。

> 解析:

先对图像集合进行求补,再对求补结果进行第一次细化。这里各个步骤的结果如图解 16-13(1)所示,其中

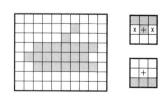

图题 16-13　图像集合和结构元素

图解 16-13(1a)为求补结果,图解 16-13(1b)为击中结果,图解 16-13(1c)为击不中结果,图解 16-13(1d)为取交集而得到的击中-击不中变换结果,图解 16-13(1e)为从图像中减去击中-击不中变换结果而得到的第一次细化结果。

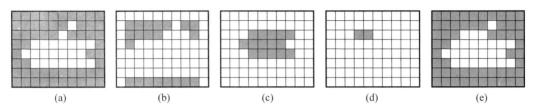

图解 16-13(1)　求补和第一次细化中各个步骤的结果

第二次细化对图解 16-13(1e)进行,各个步骤的结果如图解 16-13(2)所示,其中图解 16-13(2a)为击中结果,图解 16-13(2b)为击不中结果,图解 16-13(2c)为取交集而得到的击中—击不中变换结果,图解 16-13(2d)为从图解 16-13(1e)中减去击中—击不中变换结果而得到的第二次细化结果。

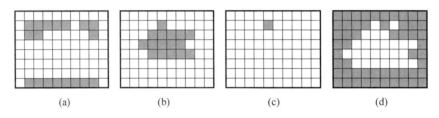

图解 16-13(2)　第二次细化中各个步骤的结果

第三次细化对图解 16-13(2d)进行,各个步骤的结果如图解 16-13(3)所示,其中图解 16-13(3a)为击中结果,图解 16-13(3b)为击不中结果,图解 16-13(3c)为取交集而得到的击中—击不中变换结果。因为击中—击不中变换结果为空集,所以细化结束。图解 16-13(3d)为从图像中减去击中—击不中变换结果而得到的第三次细化结果,与图解 16-13(d)相同。此时对图解 16-13(3d)再求补,就可以得到如图解 16-13(3e)所示的粗化结果。

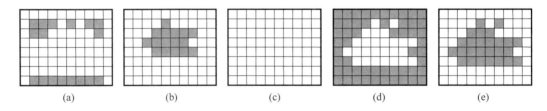

图解 16-13(3)　第三次细化中各个步骤及求补的结果

16-14　利用粗化进行细化

➤ 题面:

如图题 16-14 所示为一个二值图像集合和一组结构元素,给出借助这组结构元素通过使用**粗化**操作来实现对图像集合**细化**中各个步骤的结果。

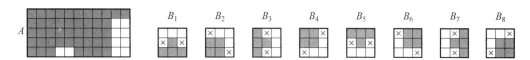

图题 16-14 图像集合和结构元素

> **解析：**

先对原图求补，然后依次用 8 个结构元素对补集各进行一次细化，结果见图解 16-14(1)。

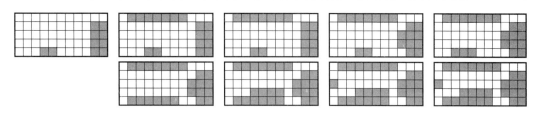

图解 16-14(1) 求补和第一轮细化结果

如此循环细化，直到不再有变化，得到图解 16-14(2a)。对该结果再求补，就得到用粗化操作实现对图像集合细化的最终结果，如图解 16-14(2b)所示。

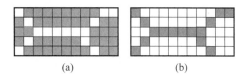

(a) (b)

图解 16-14(2) 循环细化和最终细化结果

16-15 噪 声 滤 除

> **题面：**

选一幅受到椒盐噪声污染的二值图像，结合**开启**和**闭合**操作进行噪声消除。

> **解析：**

所选的实验图像如图解 16-15(a)所示(指纹图像)，利用对图像先开启再闭合滤除噪声的结果如图解 16-15(b)和图解 16-15(c)所示。其中，图解 16-15(b)为使用 4-连接结构元素得到的结果，而图解 16-15(c)为使用 8-连接结构元素得到的结果。

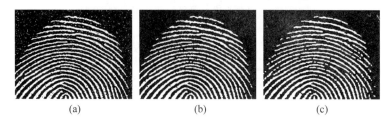

(a) (b) (c)

图解 16-15 实验图像和实验结果

16-16　形态学梯度

> 题面：

计算 Lena 图像的 4 个**形态学梯度**（h 为 f 的邻域平均）：

$$\text{grad}_1 = (f \oplus b) - (f \ominus b)$$
$$\text{grad}_{2a} = (f \oplus b) - f, \quad \text{grad}_{2b} = f - (f \ominus b)$$
$$\text{grad}_3 = \min\{[(f \oplus b) - f], \ [f - (f \ominus b)]\}$$
$$\text{grad}_4 = \min\{[(h \oplus b) - h], \ [h - (h \ominus b)]\}$$

> 解析：

一组计算得到的 4 个形态学梯度图依次如图解 16-16(1)所示。相对来说，4 个形态学梯度的边缘强度逐步减弱（边缘宽度也逐步减少）。事实上，grad_1 是两个 grad_2 的和，grad_3 取两个 grad_2 中小的那个，grad_4 是平滑后再按 grad_3 计算出来的。

图解 16-16(1)　4 个形态学梯度图

两个 grad_2 的结果略有不同。其中一个将区域轮廓算在区域内，另一个将区域轮廓算在区域外，但它们在图像尺寸较大时很难看出区别。不过，这个小的细节区别在 Lena 图中帽子上的装饰部分还是体现得比较明显的，如图解 16-16(2)的两个局部图所示，它们分别是用两个 grad_2 计算出来的。

图解 16-16(2)　两个 grad_2 局部图

16-17　形态学梯度边缘增强算子

> 题面：

一个基于二值形态学梯度的**边缘增强**算子定义为 $G = (A \oplus B) - (A \ominus B)$。

（1）使用一个线段边缘模型，说明 G 算子将在二值图像中给出一个更宽的边缘；

（2）如果忽略朝向（仅考虑幅度），说明 G 算子的效果类似于用**索贝尔算子**增强边缘；

（3）选一幅图像，先进行**边缘检测**，再使用 G 算子，验证上面的观点。

➤ 解析：

（1）所生成的含有一个线段边缘的二值图如图解 16-17(1a)所示，对它进行膨胀和腐蚀操作（假设使用 4-邻域形式的结构元素）的结果分别见图解 16-17(1b)和图解 16-17(1c)，使用 G 算子给出的结果见图解 16-17(1d)，可见原有边缘得到了加宽。

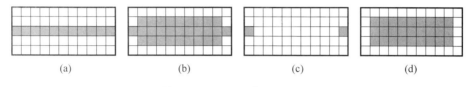

图解 16-17(1)　　G 算子加宽边缘

（2）使用与图解 16-17(1a)相同的含有一个线段边缘的二值图（见图解 16-17(2a)），计算水平梯度平方 G_x^2 如图解 16-17(2b)所示，计算垂直梯度平方 G_y^2 如图解 16-17(2c)所示，所以使用索贝尔算子的结果如图解 16-17(2d)所示，与 G 算子的效果类似。

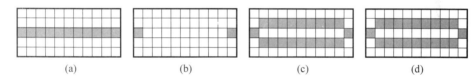

图解 16-17(2)　　索贝尔边缘增强算子加宽边缘

（3）选择 Lena 图像，先取阈值转化为二值图像，如图解 16-17(3a)所示；进行普通边缘检测得到图解 16-17(3b)；再使用 G 算子得到图解 16-17(3c)，边缘确实变宽了。

图解 16-17(3)　　边缘加宽的实例

16-18　8-连接转 m-连接

➤ 题面：

给定一个单像素宽且完全 **8-连接**的二值边界，现要设计一个形态学算法将其转化为 **m-连接**的二值边界。

> **解析：**

在单像素宽且完全 8-连接的二值边界中，多连接或歧义连接的问题只有如图解 16-18 所示的 4 种基本模式（其中 1 代表边界点，0 代表非边界点，×代表都可以）。可以使用击中—击不中变换来检测这些模式，然后将中心像素转换为 0。

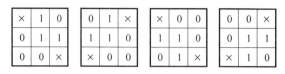

图解 16-18　歧义连接的模式（也用作结构元素）

设图像集合为 A，选择如图解 16-17 所示的 4 种基本模式为 4 个结构元素 B_1、B_2、B_3、B_4（其中 1 对应击中而 0 对应击不中，×代表无须确定），完成转换工作的形态学操作序列是：

(1) $X_1 = A \Uparrow B_1，Y_1 = A \bigcap X_1^c$

(2) $X_2 = Y_1 \Uparrow B_2，Y_2 = Y_1 \bigcap X_2^c$

(3) $X_3 = Y_2 \Uparrow B_3，Y_3 = Y_2 \bigcap X_3^c$

(4) $X_4 = Y_3 \Uparrow B_4，Y_4 = Y_3 \bigcap X_4^c$

16-19　顶面和阴影

> **题面：**

为把数学形态学的运算规则从二值图像推广到灰度图像，引入了集合的**顶面**（T）和**阴影**（U）的概念。如用 f 表示灰度图，用 b 表示灰度**结构元素**，则用 b 对 f 的**膨胀**、**腐蚀**分别定义为：

$$f \oplus b = T\{U(f) \oplus U(b)\}$$
$$f \ominus b = T\{U(f) \ominus U(b)\}$$

另一方面，根据函数排序的思路，也可将膨胀、腐蚀分别定义为（为简便，考虑 1-D）：

$$(f \oplus b)(s) = \max\{f(s-x) + b(x) \mid (s-x) \in D_f, x \in D_b\}$$
$$(f \ominus b)(s) = \min\{f(s+x) - b(x) \mid (s+x) \in D_f, x \in D_b\}$$

式中，D_f 和 D_b 分别是 f 和 b 的定义域。

试证明它们分别对应等价。

> **解析：**

先考虑灰度膨胀。由集合阴影的定义：

$$U(f) = \{[x, u(x)] \mid x \in D_f, 0 \leqslant u(x) \leqslant \max(f)\}$$
$$U(b) = \{[x, v(x)] \mid x \in D_b, 0 \leqslant v(x) \leqslant \max(b)\}$$

对它们进行膨胀操作

$$U(f) \oplus U(b) = \{[s, u(s-x) + v(x)] \mid (s-x) \in D_f,$$
$$x \in D_b, 0 \leqslant u(s-x) + v(x) \leqslant \max[f(s-x) + b(x)]\}$$

再考虑集合顶面的定义：

$$T[U(f) \oplus U(b)] = \{[s, u(s-x) + v(x)] \mid (s-x) \in D_f,$$

$$x \in D_b, u(s-x)+v(x) = \max[f(s-x)+b(x)]\}$$

将条件中的等式替换条件前的部分,得到:

$$T[U(f) \oplus U(b)] = \{\max[f(s-x)+b(x)] \mid (s-x) \in D_f, \quad x \in D_b\} = (f \oplus b)(s)$$

再考虑灰度腐蚀。由集合阴影的定义和腐蚀操作,类似得到:

$$U(f) \ominus U(b) = \{[s, u(s+x)-v(x)] \mid (s+x) \in D_f,$$
$$x \in D_b, 0 \leqslant u(s+x)-v(x) \leqslant \min[f(s+x)-b(x)]\}$$

最后考虑集合顶面的定义,并进行类似替换,得到:

$$T[U(f) \ominus U(b)] = \{[s, u(s+x)-v(x)] \mid (s+x) \in D_f,$$
$$x \in D_b, u(s+x)-v(x) = \min[f(s+x)-b(x)]\}$$
$$= \{\min[f(s+x)-b(x)] \mid (s+x) \in D_f, \quad x \in D_b\} = (f \ominus b)(s)$$

第17章 高层研究应用

在图像工程的框架中,处在高层的是图像理解。近年来有一些与图像理解相关的研究应用领域得到了较多的关注。例如,多传感器图像信息融合、基于内容的视觉信息检索、时空行为理解以及更一般的视觉场景理解等。在这些领域,基础仍然是图像处理和图像分析,但最终的目标都是要通过对图像的理解实现对场景的解释。

多传感器信息融合是将来自多个传感器的信息数据进行综合加工,获得比仅使用单个传感器信息数据更全面、准确、可靠的结果的信息技术和过程。现在使用不同传感器获得的图像种类很多,如红外图像、多光谱图像、高光谱图像、毫米波雷达图像、计算机断层图像、康普顿背散射图像等。图像融合可分为3个层次——像素层、特征层和决策层。在这3个层次上,可借助多种理论工具对由不同传感器获取的数据进行综合加工,并进行协调、优化、整合,从中提取更多的信息或获得新的有效的信息,从而提高决策能力。

基于内容的视觉信息检索抓住了人们利用图像和视频的本质要求,从把握图像和视频的高层语义内容着手来实现对视觉信息的查询利用。对内容的分析可在不同层次进行,首先是较低的视觉感知层(利用颜色、纹理、形状、运动、空间位置和关系等视觉特征),其次是中间的认知层(包括识别目标的目标层和分类场景的场景层),最后还有较高的主观抽象层(取决于用户的情绪或情感状态、环境气氛等)。

时空行为理解的目标是在充分掌握时空信息的基础上(例如利用对场景中各种目标在时间和空间上的全面检测和跟踪)借助知识进行推理、判断举止、解释场景。具体来说,需要判断场景中有哪些景物,它们随时间如何改变其在空间的位置、姿态、速度、关系等,从而可以在时空中把握景物的动作、确定动作的目的,并进而理解它们所传递的语义信息。它涉及时空兴趣点的检测、动态轨迹和活动路径的跟踪、动作的分类、活动的识别、事件和行为的建模等。

对视觉场景的理解可表述为在视觉感知场景环境数据的基础上,结合各种图像技术,从计算统计、行为认知以及语义等不同角度挖掘视觉数据中的特征与模式,从而实现对场景的有效分析和理解。在图像工程的高层工作常涉及多个层次(上述几个研究应用领域就是很好的例子)。事实上,对场景的分析和语义解释都可分3个层次进行。

(1)局部层:该层主要强调对场景的局部或单个景物的分析、识别或对图像区域进行标记;

(2)全局层:该层考虑整个场景的全局,关注具有相似外形和类似功能的景物的相互关系;

(3)抽象层:该层对应场景的概念含义,要给出对场景抽象的描述和解释。

本章的问题涉及上述高层研究应用多个方面的概念。

17-1　贝叶斯分类器的边界函数

> 题面：

对如下具有高斯概率密度函数的 **2-D 模式**类，计算贝叶斯分类器的边界函数并画出边界图。

(1) s_1：$\{[0\ 0]^T, [2\ 0]^T, [2\ 2]^T, [0\ 2]^T\}$，$s_2$：$\{[4\ 4]^T, [6\ 4]^T, [6\ 6]^T, [4\ 6]^T\}$，$P(s_1)=P(s_2)=1/2$；

(2) s_1：$\{[-1\ 0]^T, [0\ -1]^T, [1\ 0]^T, [0\ 1]^T\}$，$s_2$：$\{[-2\ 0]^T, [0\ -2]^T, [2\ 0]^T,$ $[0\ 2]^T\}$，$P(s_1)=2/3, P(s_2)=1/3$。

> 解析：

(1) 两个模式类的均值矢量分别为

$$\boldsymbol{m}_1 = \begin{bmatrix} 1 \\ 1 \end{bmatrix} \quad \boldsymbol{m}_2 = \begin{bmatrix} 5 \\ 5 \end{bmatrix}$$

两个模式类的协方差矩阵为

$$\boldsymbol{C}_1 = \boldsymbol{C}_2 = \begin{bmatrix} 1 & 0 \\ 0 & 1 \end{bmatrix}$$

因为 $\boldsymbol{C}=\boldsymbol{I}$，且 $P(s_1)=P(s_2)=1/2$，所以得到边界函数为

$$d_1(\boldsymbol{x}) - d_2(\boldsymbol{x}) = (x_1 + x_2 - 1) - (5x_1 + 5x_2 - 25) = -4x_1 - 4x_2 + 24 = 0$$

边界图如图解 17-1(1)所示。

(2) 两个模式类的均值矢量为

$$\boldsymbol{m}_1 = \boldsymbol{m}_2 = \begin{bmatrix} 0 \\ 0 \end{bmatrix}$$

两个模式类的协方差矩阵分别为

$$\boldsymbol{C}_1 = \frac{1}{2} \begin{bmatrix} 1 & 0 \\ 0 & 1 \end{bmatrix} \quad \boldsymbol{C}_2 = 2 \begin{bmatrix} 1 & 0 \\ 0 & 1 \end{bmatrix}$$

两个模式类的决策函数为

$$d_1(\boldsymbol{x}) = \ln\left(\frac{2}{3}\right) - \frac{1}{2}\ln\left(\frac{1}{2}\right) - (x_1^2 + x_2^2) = \ln\left(\frac{2\sqrt{2}}{3}\right) - (x_1^2 + x_2^2)$$

$$d_2(\boldsymbol{x}) = \ln\left(\frac{1}{3}\right) - \frac{1}{2}\ln(2) - \frac{1}{4}(x_1^2 + x_2^2) = \ln\left(\frac{\sqrt{2}}{6}\right) - \frac{1}{4}(x_1^2 + x_2^2)$$

所以边界函数为

$$d_1(\boldsymbol{x}) - d_2(\boldsymbol{x}) = \ln(4) - \frac{3}{4}(x_1^2 + x_2^2) = 0$$

这个边界函数不是线性的，实际上是一个圆的方程(二次曲线)，即

$$x_1^2 + x_2^2 = \frac{4}{3}\ln(4) = 1.36^2$$

边界图如图解 17-1(2)所示。

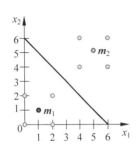
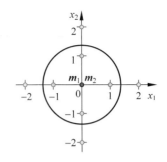

图解 17-1(1)　贝叶斯分类器的边界函数图　　　　图解 17-1(2)　贝叶斯分类器的边界函数图

17-2　贝叶斯融合

> 题面：

假设有两类目标（$i=1,2$），其出现概率分别为 $P(A_1)$ 和 $P(A_2)$；有 4 种传感器（$j=1,2,3,4$），其测量值 B_j 满足高斯分布 $N(\mu_{ji}, \sigma_{ji})$。已知各测量值的先验条件概率密度为

$$P(B_j \mid A_i) = \frac{1}{\sqrt{2\pi}\sigma_{ji}} \exp\left(\frac{-(b_j - \mu_{ji})^2}{2\sigma_{ji}^2}\right), \quad i=1,2; j=1,2,3,4$$

给出根据**贝叶斯条件概率**进行融合的结果。

> 解析：

先计算各测量值的先验条件概率密度，这可用如下方法得到：设观察值发生在先验概率分布均值上的概率为 1，则实际观察值的概率是以均值为中心的两侧概率之和，即

$$P(B_1 \mid A_1) = 2\int_{B_1}^{\infty} p(b_1 \mid A_1)\,db_1, \quad P(B_1 \mid A_2) = 2\int_{B_1}^{\infty} p(b_1 \mid A_2)\,db_1$$

$$P(B_2 \mid A_1) = 2\int_{B_2}^{\infty} p(b_2 \mid A_1)\,db_2, \quad P(B_2 \mid A_2) = 2\int_{B_2}^{\infty} p(b_2 \mid A_2)\,db_2$$

$$P(B_3 \mid A_1) = 2\int_{B_3}^{\infty} p(b_3 \mid A_1)\,db_3, \quad P(B_3 \mid A_2) = 2\int_{B_3}^{\infty} p(b_3 \mid A_2)\,db_3$$

$$P(B_4 \mid A_1) = 2\int_{B_4}^{\infty} p(b_4 \mid A_1)\,db_4, \quad P(B_4 \mid A_2) = 2\int_{B_4}^{\infty} p(b_4 \mid A_2)\,db_4$$

最终融合结果可表示为

$$P(A_i \mid B_1 \wedge B_2 \wedge B_3 \wedge B_4) = \frac{P(B_1 \mid A_i)P(B_2 \mid A_i)P(B_3 \mid A_i)P(B_4 \mid A_i)P(A_i)}{\sum\limits_{j=1}^{2} P(B_1 \mid A_j)P(B_2 \mid A_j)P(B_3 \mid A_j)P(B_4 \mid A_j)P(A_j)},$$
$$i=1,2$$

17-3　图　像　配　准

> 题面：

为实现**图像融合**，需要先将**图像配准**。假设需要配准的两幅图像如图题 17-3 所示，试实现一种配准算法，计算需要的配准变换，将这两幅图像配准好。

图题 17-3　需要配准的两幅图像

➢ **解析**：

采用基于形状泽尔尼克矩的配准方法,计算出的平移参数为 $T_x = -66.45$ 和 $T_x = 96.05$,旋转参数 $\theta = 26.49$,放缩参数 $S = 1.01$。按这些参数进行变换得到的结果如图解 17-3(a)所示,而变换后得到的两图配准结果如图解 17-3(b)所示,可见对应线条都能重合上。

图解 17-3　配准后的两幅图像

17-4　图 像 拼 接

➢ **题面**：

要将两幅图像拼接起来,先要将它们进行**图像配准**。给定如图题 17-4 所示的两幅有部分区域重合的图像,试通过配准变换,将这两幅图像拼接起来。

图题 17-4　需要拼接的两幅图像　　　　　　图解 17-4

> **解析：**

通过调整图像尺寸，使重合部分的相关度最高，借助插值得到的结果见图解 17-4。

图解 17-4　拼接的结果　　　　　　　图解 17-4

17-5　粗糙集分类

> **题面：**

在进行多传感器信息融合时，可以借助**粗糙集理论**。现在假设给定知识库 $K = (L, \boldsymbol{R})$，其中 $L = \{x_0, x_1, \cdots, x_6\}$，$\boldsymbol{R}$ 为一个等价集，且有等价类 $E_1 = \{x_0, x_1\}$，$E_2 = \{x_2, x_4, x_6\}$，$E_3 = \{x_3, x_5\}$。试对下列 4 个集合进行分类：

(1) $X_1 = \{x_0, x_1\}$

(2) $X_2 = \{x_0, x_2\}$

(3) $X_3 = \{x_0, x_1, x_2, x_3\}$

(4) $X_4 = \{x_0, x_2, x_4, x_6\}$

> **解析：**

(1) $R_*(X_1) = \{X_1 \in L: R(X_1) \subseteq X_1\} = E_1 = \{x_0, x_1\}$

$\quad R^*(X_1) = \{X_1 \in L: R(X_1) \bigcap X_1 \neq \varnothing\} = \{x_0, x_1\}$

$\quad B_R(X_1) = R^*(X_1) - R_*(X_1) = \{\varnothing\}$

$\quad d_R(X_1) = 1$

∴ X_1 是等价关系 R 的可定义集

(2) $R_*(X_2) = \{X_2 \in L: R(X_2) \subseteq X_2\} = \varnothing$

$\quad R^*(X_2) = \{X_2 \in L: R(X_2) \bigcap X_2 \neq \varnothing\} = E_1 \cup E_2 = \{x_0, x_1, x_2, x_4, x_6\}$

$\quad B_R(X_2) = R^*(X_2) - R_*(X_2) = \{x_0, x_1, x_2, x_4, x_6\}$

$\quad d_R(X_2) = 0$

∴ X_2 是等价关系 R 的内不可定义集。

(3) $R_*(X_3) = \{X_3 \in L: R(X_3) \subseteq X_3\} = E_1 = \{x_0, x_1\}$

$\quad R^*(X_3) = \{X_3 \in L: R(X_3) \bigcap X_3 \neq \varnothing\} = E_1 \bigcup E_2 \bigcup E_3$

$\qquad = \{x_0, x_1, x_2, x_4, x_6, x_3, x_5\} = L$

$\quad B_R(X_3) = R^*(X_3) - R_*(X_3) = \{x_2, x_3, x_4, x_5, x_6\}$

$\quad d_R(X_3) = 2/5$

∴ X_3 是等价关系 R 的外不可定义集。

(4) $R_*(X_4) = \{X_4 \in L: R(X_4) \subseteq X_4\} = E_2 = \{x_2, x_4, x_6\}$

$$R^*(X_4) = \{X_4 \in L : R(X_4) \bigcap X_4 \neq \varnothing\} = E_1 \bigcup E_2 = \{x_0, x_1, x_2, x_4, x_6\}$$

$$B_R(X_4) = R^*(X_4) - R_*(X_4) = \{x_0, x_1\}$$

$$d_R(X_4) = 3/5$$

$\therefore X_4$ 是等价关系 R 的粗糙可定义集。

17-6 中 心 矩 法

> **题面:**

考虑图题 17-6 中的 3 个直方图。如果设查询图像 Q 的 R、G、B 分量直方图分别如 H_1、H_2、H_3 所示,而数据库图像 D 的 R、G、B 分量直方图分别如 H_2、H_3、H_1 所示,用**中心矩法**计算两图的匹配值。

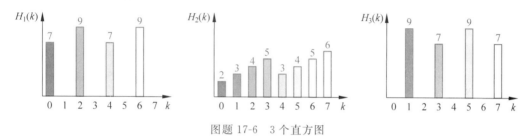

图题 17-6 3 个直方图

> **解析:**

先计算查询图的 3 个中心矩

$$M_{QR}^1 = 3.125, \qquad M_{QR}^2 = 14.75, \qquad M_{QR}^3 = 68.44$$
$$M_{QG}^1 = 4.0625, \qquad M_{QG}^2 = 21.4375, \qquad M_{QG}^3 = 125$$
$$M_{QB}^1 = 3.875, \qquad M_{QB}^2 = 20, \qquad M_{QB}^3 = 116.375$$

再计算数据库图的 3 个中心矩

$$M_{DR}^1 = 4.0625, \qquad M_{DR}^2 = 21.4375, \qquad M_{DR}^3 = 125$$
$$M_{DG}^1 = 3.875, \qquad M_{DG}^2 = 20, \qquad M_{DG}^3 = 116.375$$
$$M_{DB}^1 = 3.125, \qquad M_{DB}^2 = 14.75, \qquad M_{DB}^3 = 68.44$$

所以两图的匹配值:

$$P(Q,D) = \sqrt{W_R \sum_{i=1}^{3} (M_{QR}^i - M_{DR}^i)^2 + W_G \sum_{i=1}^{3} (M_{QG}^i - M_{DG}^i)^2 + W_B \sum_{i=1}^{3} (M_{QB}^i - M_{DB}^i)^2}$$
$$= 10.6741$$

17-7 词袋模型与费舍尔矢量比较

> **题面:**

词袋模型方法一般借助**尺度不变特征变换**(SIFT)算子进行图像检索,试列表将它与先用 SIFT 特征构建描述符再用**费舍尔矢量**进行聚合的方法比较。

> **解析:**

词袋模型方法与费舍尔矢量方法在几个方面的比较见表解 17-7。

表解 17-7　词袋模型方法与费舍尔矢量方法的比较

比较项目	词 袋 模 型	费舍尔矢量
复杂度	较高	较低
性能	一般（准确度较高，但速度慢）	较好（准确度较高，速度也较快）
优点	应用范围广，较强的局部描述能力，检索特定目标时准确率较高	局部描述能力与全局描述能力结合，描述能力加强，计算量有所下降
缺点	提前针对数据库建立倒排表比较费时间，基于 SIFT 算子而计算量大，一般应用于固定的数据集	仍然要先获取 SIFT 特征后降维，计算量还比较大

17-8　灰度图和彩色图检索

➢ 题面：

选取同一幅图像的灰度和彩色版本在网上使用搜索引擎进行**图像检索**，给出排名前十的结果。

➢ 解析：

选取 Lena 图像，其灰度和彩色版本分别见图解 17-8(1)。

图解 17-8(1)　灰度和彩色 Lena 图像

用灰度 Lena 图像在网上使用搜索引擎检索得到的前 10 幅图像如图解 17-8(2)所示。虽然在亮度、尺度、分辨率等方面有所不同，但人物都是正确的。

图解 17-8(2)　以灰度 Lena 图像检索的结果

用彩色 Lena 图像在网上使用搜索引擎检索得到的前 10 幅图像如图解 17-8(3) 所示。虽然前 7 幅图像在主颜色、尺度、分辨率有些不同,甚至第四幅还镜像反转了,但人物都是正确的。第八幅图像是灰度图像,第九幅图像上覆盖了一层蓝色调,这说明在检索中除了颜色还利用了其他特征。最后,第十幅图像中的人物变了,似乎检索方法中没有结合人脸识别的信息。

图解 17-8(3)　以彩色 Lena 图像检索的结果　　　　图解 17-8(3)

17-9　自拍图的检索

> **题面:**

自己拍摄一幅图像并在网上使用搜索引擎进行**图像检索**,根据检索结果分析所借助的特征。

> **解析:**

从室内向外所拍摄的一幅图像如图解 17-9(1) 所示,而检索得到的前 8 幅图像如图解 17-9(2) 所示。可见,图中的景物类型,包括天空、建筑、树木、马路,均基本一致;图中的色调、色彩氛围也比较相似。应该是综合使用了包括颜色(各图均有一小部分偏红色的区域和相当偏绿色的区域)、纹理(树木与密集的建筑)、形状(建筑外表面的平行边缘)和空间分布(远处的天空、中景的建筑和民房、近处的树木)等多种特征。

图解 17-9(1)　自拍图像

图解 17-9(1)

图解 17-9(2)

图解 17-9(2)　检索到的一些图像

17-10 活 动 剖 析

> 题面：

试分析讨论将**"活动""事件"**和**"行为"**分别放在同一个层次和放在 3 个不同层次的理由。它们在哪些应用场合需要区分？在哪些应用场合不需要特别区分？

> 解析：

首先，"活动""事件"和"行为"在本质上都是主体/发起者为完成某个工作或达到某个目标而执行的一系列动作的逻辑组合。从广义上讲，它们都属于活动。"事件"多强调在特定时间段和特定空间位置发生的某种异常活动，"行为"更关注主体/发起者受主观思想支配进行的有特定目标的活动。它们都可看作"活动"的特例，所以三者可放在同一个层次。

然而，"活动""事件"和"行为"之间又有抽象程度逐渐增强、递进的关系："事件"是满足某些规则的特定动作的组合，而"行为"是主观驱动的"事件"的组合。从三者之间的递进从属关系看，也可将它们放在 3 个不同层次。

一般来说，当比较关注活动的客观结果并对抽象层次的要求较低时，可不必特意区分三者；当对抽象层次的要求较高且强调不同概念处在不同层次时，可以更细致地进行区分。

17-11 路径学习方法

> 题面：

对**活动路径（AP）**的学习方法有 3 种基本的结构，如图题 17-11 所示。在图题 17-11(a)中，输入的是活动在某个时刻的单个轨迹，路径中的各点隐含地在时间上排了序，所以学习的结果是活动轨迹的各个组成部分。在图题 17-11(b)中，一个活动的各段轨迹被用作学习算法的输入以直接建立输出的活动路径。在图题 17-11(c)中，将视频片段（video clip，vc）按时序分解为各段路径，对它们用一组动作单词来进行描述，或者说视频片段根据动作单词的出现而被赋予某种活动的标签。

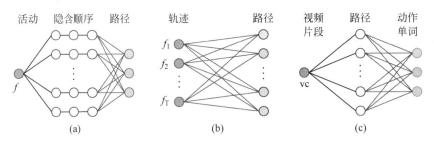

图题 17-11 3 种基本的路径学习结构

试讨论这 3 种路径学习算法各适合于哪些应用场合。

> 解析：

图题 17-11(a)中的结构适合于刻画单个轨迹点的动作和活动，可以描述瞬间的场景（场景中的静止物、背景参照物，如乒乓球台）。它可以用于路径建模，分析目标可能的运动范围、轨迹，判断视频中场景的切换，或预测路径在两个点之间的概率。

图题 17-11(b)中的结构适用于刻画(沿轨迹)连续动作和活动,可以描述持续一段时间长度的场景(如乒乓球运动员的一次发球)。它可以描述连续的动作行为,如交通行为、物流分析、动物习性等。它适用于提取轨迹的相似性或判断轨迹的异常,实现路径分类和活动分析或事件检测。

图题 17-11(c)中的结构把视频片段分解成一组动作单词并打上标签以描述活动。它可以建立从基本动作出发到高层行为语义的解释,或描述带有明确意义的几个运动轨迹序列(如乒乓球比赛中的一局),或判断同一目标在不同位置和不同时刻的活动情况。

第18章 视感觉和视知觉

各种图像技术可以看作是利用计算机来实现人类的视觉功能,以达到对客观世界中时空场景的感知、分析、识别和解释。这里,对人类视觉机理的充分理解也会促进图像技术的深入研究和广泛应用。

视觉是人类了解世界的一种重要功能。视觉包括"视"和"觉"两个步骤或两个阶段,所以视觉也可进一步分为视感觉和视知觉。

视感觉主要是从分子的观点来理解人类对光(可见辐射)的反应的基本性质,它主要涉及物理、化学、生理等。视感觉中主要关注和研究:光的物理特性(如光量子、光波、光谱等),光刺激视觉感受器官的程度和性质(如光度学、视觉适应、时空特性等),光作用于视网膜后经视觉(神经)系统加工而产生的感觉(如明亮程度、浓淡色调等)。

视知觉主要论述人从客观世界接受视觉刺激后如何反应以及反应所采用的方式和所获得的结果,兼有心理因素。视知觉是在神经中枢进行的一组活动,它把视野中一些分散的刺激加以组织,构成具有一定形状和结构的整体,并据此以进一步认识客观世界。视知觉又可分为亮度知觉、彩色知觉、形状知觉、空间知觉和运动知觉等。

本章的问题涉及上述视感觉和视知觉多个方面的概念。

18-1 锥细胞的排列与视网膜上的分辨率

➤ 题面:

假设在人眼中央凹处**锥细胞**以约为 2.4×10^{-3} mm 的间隔均匀排列,当人观察 2m 外的黑白栅格时晶状体聚焦中心和视网膜之间的距离为 16mm,此时可分辨出相距多远的同色栅格条呢(视网膜上的**空间分辨率**为两倍锥细胞间隔的倒数)?

➤ 解析:

视网膜上的分辨率为两倍锥细胞间隔的倒数,即 $(1/4.8) \times 10^3$ /mm,中央凹处两相邻锥细胞对栅格的张角为 $\theta \approx \sin(\theta) = 4.8 \times 10^{-3}/16 = 3 \times 10^{-4}$ rad,在这个张角下,距离 2m 外可分辨的间隔为 $2 \times 10^3 \times 3 \times 10^{-4} = 0.6$ mm。

18-2 视 敏 度

➤ 题面:

视敏度对设计视觉系统有什么实际意义?

➤ 解析:

视敏度表达了视觉系统观察景物精致细节的能力。它与视觉系统中采集单元的排列、面积的大小、目标和背景的对比度,以及场景的亮度、景物的距离、观察的时间,甚至采集器的注视或运动等情况都有关,而且常常不是简单的线性关系。所以设计视觉系统必须考虑视敏度,以满足功能要求和获得最好的性能。

18-3　人类视觉系统感知彩色

> **题面:**

除了使用**三基色**直接混合来获得彩色外,还有许多方法可以获得与其相同的视觉效果,例如:

(1) 将三基色光按一定顺序快速轮流地投射到同一表面;

(2) 将三基色光分别投射到同一表面上相距很近的 3 个点;

(3) 让两只眼睛分别观测不同颜色的同一图像。

指出这些方法分别利用了**人类视觉系统**的哪些性质?

> **解析:**

(1) 视觉惰性或视觉暂留特性(时间混色法的基础,顺序制彩色电视的基础);

(2) 人眼分辨率的有限性(空间混色法的基础,同时制彩色电视的基础);

(3) 生理混色(两只眼睛获得两种彩色印象,会在人的大脑中产生相加混色的效果)。

18-4　图形的良好性

> **题面:**

将 2 个点排列在一个 3×3 的矩阵中,一共可以组成 36 种不同的变换图形。试将这些图形根据其"**良好性**"进行分组,每组中的图形之间可通过旋转或镜像映射而互相转换。

> **解析:**

图解 18-4 给出了这 36 种图形。图解 18-4(a)和图解 18-4(b)具有最好的"良好性",它们每种都只另有一个变形。图解 18-4(c)、图解 18-4(d)、图解 18-4(e)和图解 18-4(f)具有其次的"良好性",它们每种都另有 3 个变形。图解 18-4(g)和图解 18-4(h)具有最差的"良好性",它们每种都另有 7 个变形。

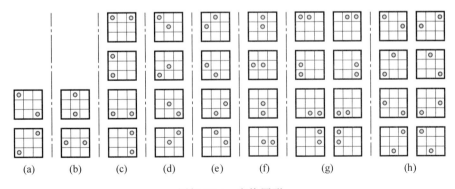

图解 18-4　变换图形

18-5 眼肌运动

> **题面：**

儿童和成人的双目距离一般不同，谁的**眼肌运动**给大脑提供的物体距离信息更多？

> **解析：**

设双目距离用 M 表示，物距用 D 表示，则根据如图解 18-5 的双眼视轴幅合图（取成人 $M = 65\text{mm}$），有

$$\tan\left(\frac{\theta}{2}\right) = \frac{M/2}{D}$$

给定 D，M 小则 θ 小。一般儿童的双目距离较成人短，所以控制视轴幅合的眼肌运动量会较小。反过来，儿童用相同的眼肌运动会给大脑提供比成人更多的物体距离信息。

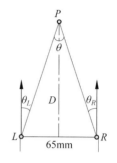

图解 18-5 双眼视轴幅合图

18-6 单目深度线索

> **题面：**

试列举一些**单目深度线索**的实例。

> **解析：**

可对各种单目深度线索分别举例。

（1）画画时，常将远处得部分画得暗些，而近处的部分画得亮些，这能加强远近不同的感觉；我国古代画家常对近处风景以浓重（红色、棕色）的颜色，对远景以清淡（青色、蓝色）的颜色来表现空间效果。

（2）景物表面的光亮与阴影也常给人以凸凹的感觉。

（3）在城市住惯的人初到野外山区时，常常会将与远处山峰之间的距离估计得过近，这是因为野外山区空气比较清新，视野清晰，而人们常觉得看得清楚的东西比模糊不清的东西要近一些。

（4）火车轨道下的枕木，已知等长，但所成像尺寸不同，越远越短，所以可产生深度效应。

（5）文艺复兴以来的画家常利用线条透视而在平的画面上表现出有深度的空间关系。

（6）人在铺满砖头的路上向远方观察，会有近处砖块稀疏、远处砖块密集的感觉。

（7）一般电影中由于缺乏双眼空间知觉的条件，为表现空间距离，常使摄像机运动或让被拍摄对象运动，如风吹草动等都可突出深度感。

（8）远处的飞机如被云层遮挡，则可知飞机相对较远。

18-7 恒常性程度

> **题面：**

对**知觉恒常性**可以借助比率来定量表示。比率 $R_B = (R - S)/(C - S)$ 常用来表示大小

知觉的恒常性程度,其中 R 为知觉大小;S 为按视角计算的大小;C 为物理大小。试探讨 R_B 随 S 变化的情况。

➤ 解析:

实际中,一般有 $C \geqslant R \geqslant S$。现设 $C = 10$,取若干个 R,变化 S,得到表解 18-7。其中,$R = 10$ 时,不论 S 取什么值(以 x 代表)R_B 都为 1(具有完全恒常性)。

表解 18-7　R_B 随 S 变化的情况

R	10	9										5					
S	x	0	1	2	3	4	5	6	7	8	9	0	1	2	3	4	5
R_B	1	9/10	8/9	7/8	6/7	5/6	4/5	3/4	2/3	1/2	0	1/2	4/9	3/8	2/7	1/6	0

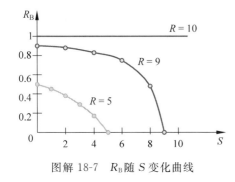

图解 18-7　R_B 随 S 变化曲线

为了更直观地观察 R_B 随 S 变化的情况,根据表解 18-7,可画出图解 18-7。由图可见,当 $R = C$ 时,恒常性起决定性作用,视角变化不影响知觉大小。当 R 比较接近 C 时,R_B 随 S 的变化呈现先慢后快的下降,即恒常性程度开始比较强,后来迅速减弱。当 R 与 C 差距比较大时,R_B 随 S 的变化几乎呈直线下降,并最后降到零,即恒常性程度基本与视角大小成反比,并在视角大小 S 与知觉大小 R 相等时降到完全无恒常性。

18-8　远距离时的大小知觉恒常性

➤ 题面:

对大小感知的**知觉恒常性**是与观察者和目标之间的距离有关的。当这个距离比较大时,知觉大小与距离是什么样的关系?

➤ 解析:

当观察者和目标之间的距离大于 1km 后,知觉恒常性的影响迅速下降,视网膜上视像尺寸对知觉的影响逐步增加,即对大小的知觉越来越接近几何光学的投影规律。设距离用 D 表示,知觉大小用 R 表示,则在 1~10km 的范围内,$R(D)$ 可用图解 18-8 中的曲线来表示。其中,距离为 1km 时,知觉大小取为 1;则距离为 2km 时,知觉大小会降为一半,而距离为 10km 时,知觉大小会降到 1/10。

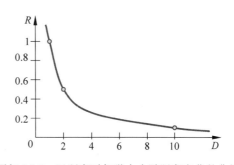

图解 18-8　远距离时知觉大小随距离变化的曲线

18-9 透视缩放和透视缩短

> **题面：**

手拿一支铅笔，闭上一只眼睛，用另一只眼睛观察：

（1）如果保持笔轴与两眼之间的连线平行并且将笔从眼前逐渐向远方移动，此时，笔的视像的尺寸变化是由于**透视缩放**还是**透视缩短**，或两者兼而有之？

（2）如果将笔保持在距眼睛一定的距离，并围绕笔的中心在水平面内旋转，此时，笔的视像的尺寸变化是由于透视缩放还是透视缩短，或两者兼而有之？

> **解析：**

（1）在将笔从眼前逐渐远移时，如果保持人眼视线的方向不变，则在笔的移动过程中，视线轴与笔之间的夹角也不变，所以这种情况下笔的视像尺寸变化仅仅是由于透视缩放。

（2）当笔的中心固定，且笔围绕该中心在水平面中旋转时，透视缩放现象源自笔的两端与眼睛距离的变化，而透视缩短现象源自视线轴与笔之间的夹角变化。所以这种情况下笔的视像尺寸变化是由于透视缩放和透视缩短两者兼而有之。

18-10 视野随运动速度的变化

> **题面：**

为什么人在道路上驾驶汽车时，随着速度的增加会感到**视野**减小？

> **解析：**

这中间涉及生理、心理等多方面的因素，包括：

（1）人在路上驾驶时，会同时观察到远近不同的景物。景物距离的不同会导致视角改变快慢不同而产生的差异：较近景物的视角变化大，较远景物的视角变化小，从而引起相对运动的知觉。这种相对运动的知觉随着速度的增加而增加，使得对远近不同景物之间的相对运动知觉更明显，远处景物占据视野的时间更长，驾驶人对远处景物的关注更多，会感到视野减小。

（2）人对视野大小的感觉，是人通过对所看到的远近景物进行感知分析而得到的结果。人眼观察物体时，要将两眼都对准景物，这样两眼视轴必须完成一定的辐合运动，看近处时要趋于聚合，而看远处时要趋于分散。当人高速运动时，远近景物的影像会快速重叠，使得眼睛一直处于聚合的状态，两眼的光轴都会向中间偏移而交叠，两眼视野的中央部分会重叠，从而感觉到视野集中于前方较小的范围。

（3）从运动视差的角度分析。当汽车加速时，近处的景物快速后退，而远处的景物基本不动。或者说，近处的景物与观察者运动接近反向而远处的景物与观察者运动接近同向。此时，近处的景物变得模糊，看得清的仅是远处的景物，视角就变小了，视野也变小了。这也可解释如果观察者不运动，而景物迎向观察者运动时的情况。

（4）人向前运动越快，越要注意远方，人眼的水平视野随之会变窄，观察视角也会变小。有实验表明：人在静止状态下，双眼的视角约为 $210°$；当汽车前进的速度为 $40km/h$ 时，人双眼的视角约为 $100°$；而当汽车前进的速度为 $100km/h$ 时，人双眼的视角约为 $40°$。

（5）人眼成像是一个投影过程。在投影空间中，有无穷远点（对应消失点），如图解 18-10 所示。消失点在人的视野中长时间比较固定，得到持续关注，这部分较小的视野给人较深刻的印象，使人更加集中了精力，所以感觉视野变小了。

图解 18-10　视野中关注的部分

图解 18-10

18-11　视觉感知的方法

➤ **题面：**

研究**视觉感知**的方法主要分两类：分析方法和合成方法。讨论它们的主要观点和特点。

➤ **解析：**

分析方法从分析视觉机理中的刺激开始，并试图将孤立的科学元素与真实感知经验的各个环节联系起来。这种方法得到了对大脑结构研究结果的支持，人们已发现存在完成基本功能的特殊细胞，例如感知边缘、线条、运动方向等的细胞。

所有分析理论都基于不变假设（invariance hypothesis）之上。对一个给定的视网膜投影模式，可以认为可能有无穷多个物体会导致该模式的产生。不变假设认为，在这么多个可能的物体中，观察者总会选择一个且只选择一个。这个经验模型认为不变假设可以基于实验法（trial-and-error）重复应用：如果一个应用被证明是错误的，视觉系统通过学习经验来"调整"它的不变假设并产生其他假设以使所有假设都对应一个可能的模式。这样不变假设就与视觉一致性联系起来了。例如，方向一致性指一个固定物体的朝向在视网膜图像变化的情况下根据对物体朝向识别的算法仍保持不变。又如，尺寸一致性是将视网膜尺寸与景物距离信息相联系的结果，它帮助在不同距离上判断同一个物体的尺寸。

分析方法能帮助解释一些现象。例如，有一些对每个人或多或少相似的有特点的趋向（characteristic tendencies），如等距倾向（当相对距离的线索不太清晰时，物体趋向于显得同样远）、特定距离倾向（当没有足够的有关绝对距离的数据时，人们常将物体看作处在某个特定距离，如 2m）。一般来说，如果视觉系统缺少解释它所看到现象的某些因素时，它趋向于做出某种决策或判断而不是不做解释。

合成方法试图对视觉世界在刺激中找出等价物。根据这种思路,视网膜上的光学图像(包括图像随时间的变化)应该包含所有感知空间目标需要的信息。人类的感知机理已经足够完备以单独地完成感知工作。这种方法有两个重要的特点:

(1)它假设人们在观察到视网膜图像结构中的变化时,通过参照一个连续的曲面和一个不变的目标,可将暂时在视场之外的物体仍然视为物体。顺便提一下,可以注意到这个想法与作为电影(某种程度上也是绘画)表现核心的"屏幕外"空间的相似之处。

(2)它依赖于这样一种思想,即复杂的和密集编码的视网膜刺激可以帮助获得视觉世界的不变量及其最基本和内在的特性。吉布森认为,知觉的目标是提供某种可见世界的评估尺度(当然,这不应该与瞬间视野混淆)。运动和顺序性以及时间对于构建支撑感知世界的空间尺度至关重要。

索　引
（对应问题编号）

数字和字母

1-D 游程编码（1-D run-length coding）7-6

3-D 重建（3-D reconstruction）13-11

8-连接（8-connectivity）16-18

CCD 摄像机（CCD camera）1-3

HSI 模型（HSI model）8-8

HSI 颜色实体（HSI color entity）8-7

L^p 范数（L^p norm）8-2

LZW 编码（LZW coding）7-12

m-连接（m-connectivity）16-18

RGB 模型（RGB model）8-8

RGB 彩色立方体（RGB cube）8-5,8-6,8-7

A

鞍谷（saddle valley）12-3

鞍脊（saddle ridge）12-3

B

巴特沃斯带通滤波器（Butterworth band pass filter）5-20

巴特沃斯低通滤波器（Butterworth low pass filter）5-21

饱和度增强（saturation enhancement）8-10

贝叶斯分类器（Bayesian filter）17-1

贝叶斯条件概率（Bayesian conditional probability）17-2

背景建模（background modeling）11-9

本质矩阵（essential matrix）13-7

闭合（closing）16-7,16-8,16-15

边导出子图（edge induced sub graph）15-9

边界描述符（boundary descriptor）10-9

边缘检测（edge detection）16-17

边缘增强（edge enhancement）16-17

变换编码（transform coding）7-15

变焦操作（zoom operation）1-1

泊松概率（Poisson probability）10-10

不变矩（invariant moment）10-8

C

采样操作（sampling operation）1-1

朝向图（oriented map）14-8

成像模型（imaging model）11-7,11-8

城区距离（city block distance）16-10

尺度变换（scaling transformation）3-4

尺度不变特征变换（scale invariant feature transform, SIFT）17-7

窗函数（window function）4-14

垂直倾斜（tilting）14-7

垂直投影（vertical projection）6-9

词袋模型（bag of words model）17-7

从影调恢复形状（shape from shading）14-8,14-9

粗糙集理论（rough set theory）17-5

粗化（thickening）16-13,16-14

D

代数重建技术（algebraic reconstruction technique, ART）6-13

单目深度线索（monocular indices of depth）18-6

导出子图（induced sub-graph）15-9

等距变换（isometry transformation）3-8

低通滤波（low-pass filtering）5-18

低通滤波器（low-pass filter）5-19,5-22

顶面（top surface）16-19

多边形逼近（polygonal approximation）10-1

多尺度小波变换（multi-scale wavelet transform）8-15

多分辨率（multi-resolution）9-12

E

二阶编码（second-order coding）7-2

二值分解(binary decomposition)7-5

二值码(binary code)7-4

F

方盒量化(square-box quantization)1-11

仿射变换(affine transformation)3-5,3-6,3-7,3-8,3-10

放缩变换(scaling transformation)3-4,3-7

费舍尔矢量(Fisher vector)17-7

分裂(split)10-1

分区编码(zonal coding)7-13

分水岭(watershed)9-7,9-12

分形维数(fractal dimension)11-6

峰值信噪比(peak signal-to-noise ratio)8-2

辐射状模糊(radial blur)11-11

腐蚀(erosion)16-3,16-4,16-8,16-19

负累积差图像(negative accumulative difference image, NADI)8-12

傅里叶变换(Fourier transform)4-2,4-3,4-13

傅里叶变换投影定理(projection theorem for Fourier transform)6-11

傅里叶描述符(Fourier descriptor)10-5

覆盖算法(the wrapper algorithm)12-9,12-10

G

改进的豪斯道夫距离(modified Hausdorff distance, MHD)15-11

盖伯变换(Gabor transform)4-15

高帽变换(top-hat transformation)16-7

高斯概率(Gauss probability)10-10

高斯混合模型(Gaussian mixture model)11-10

高斯金字塔(Gaussian pyramid)8-14

高斯平滑(Gaussian smoothing)5-13

高斯球(Gauss sphere)12-5

高斯曲率(Gaussian curvature)12-4

高斯锐化(Gaussian sharpening)5-13

高斯图(Gauss map)12-1

高通滤波(high-pass filtering)5-18

高通滤波器(high-pass filter)5-19,5-23

骨架(skeleton)10-9

关系匹配(relationship matching)15-5,15-6

光度立体学(photometric stereo)1-8

光流(optical flow)11-15

光流(optical flow)1-8

光流场(optical flow field)11-14

光流方程(optical flow equation)11-13

归一化互相关(normalized cross-correlation)8-1,8-2

归一化距离测度(normalized distance measure)

过渡区(transition region)9-6,9-12

H

哈达玛变换(Hadamard transform)4-5,4-7,4-12

哈尔变换(Haar transform)4-8,4-9,4-11,4-12

哈尔函数(Haar function)4-10

哈尔小波(Haar wavelet)4-8,4-13

哈夫变换(Hough transform)9-9,9-10,15-3

哈夫曼编码(Huffman coding)7-1,7-2,7-7,7-8,7-9

豪斯道夫距离(Hausdorff distance,HD)15-11

灰度闭合(gray-level closing)16-5

灰度对比度(gray-level contrast)5-9

灰度共生矩阵(gray level co-occurrence matrix)11-1

灰度码(Gray code)7-4

灰度码分解(gray-code decomposition)7-5

灰度膨胀(gray-level dilation)16-2

灰度—梯度散射图(grayscale-gradient scattering map)9-5

灰度映射曲线(gray-level mapping curve)5-3,5-4

恢复转移函数(restoration transfer function)6-2

活动(activity)17-10

活动路径(activity path,AP)17-11

霍特林变换(Hotelling transform)4-20,4-21,4-22,4-23,7-15

J

奇函数(odd function)4-1

击中—击不中变换(hit-or-miss transform)16-9

积分曲率(integral curvature)12-4

基础简单图(underlying simple graph)15-9

极点(epipole)13-5

极线(epipolar)13-5,13-6

几何失真校正(geometric distortion correction)6-1

剪切(shearing)1-4

剪切变换(shearing transformation)3-3

椒盐噪声(pepper and salt noise)5-26

焦距(focal length)1-3,14-6

结构光成像(structured light imaging)14-8,14-9

结构光成像(structured light imaging)1-7

结构元素(structure element)16-1,16-2,16-3,16-5,16-6,16-10,16-12,16-13,16-19

截断哈夫曼编码(truncated Huffman coding)7-9

近似系数(approximation coefficient)4-17

景深(depth of field)1-4,14-6

矩保持(moment preserving)9-11

距离(distance)2-6

距离测度(distance measure)2-7

距离量度函数(distance measuring function)15-4

距离为弧长的函数(function of distance-versus-arclength)10-3

聚合(merge)10-1

卷积逆投影(convolution back-projection)6-12

绝对累积差图像(absolute accumulative difference image,AADI)8-12

绝对最终测量精度(absolute ultimate measurement accuracy)9-14

均方误差(mean squared error)8-2

均移滤波(mean shift filtering)11-17

均值滤波(mean filtering)5-17

K

卡尔曼滤波(Kalman filtering)11-16,11-17

开启(opening)16-4,16-7,16-8,16-15

空间分辨率(spatial resolution)18-1

扩展高斯图(extended Gaussian image)12-5

L

拉东变换(Radon transform)4-19

拉普拉斯金字塔(Laplacian pyramid)8-14

拉普拉斯均方误差(Laplacian mean squared error)8-2

拉普拉斯算子(Laplacian operator)9-2

拉普拉斯值(Laplacian value)9-3

朗伯表面(Lambertian surface)14-2,14-3,14-4

类间最大交叉熵(maximum inter-class cross-entropy)9-12

类间最小模糊散度(minimum inter-class fuzzy divergence)9-12

离散距离(discrete distance)10-14

离散余弦变换(discrete cosine transform)4-7

离散圆盘(discrete disc)2-5

理想带阻滤波器(ideal band-reject filter)6-6

理想镜面反射表面(ideal specular reflecting surface)14-1

理想散射表面(ideal scattering surface)14-2,14-3,14-4

立体匹配(stereo matching)13-8

立体视觉(stereo vision)13-5,13-6,13-7,13-9,13-10,13-11

粒子滤波(particle filtering)11-16,11-17

连接(connectivity)2-1

连通(connected)11-2

连通(connected)2-1

连通悖论(connectivity paradox)10-12

链码(chain code)10-13

链码长度(length of chain code)10-13

良好性(goodness)18-4

亮度(brightness/luminance)1-5,1-6,8-4,8-5,8-9,14-5

邻接(adjacency)2-1,2-10

邻接矩阵(adjacency matrix)2-3

邻域平均(neighborhood averaging)5-8,5-10,5-22

六边形采样坐标系统(hexagonal sampling coordinate system)2-4

轮廓(contour)1-10

罗伯特交叉算子(Roberts cross operator)9-2

逻辑连接符(logical connector)15-1

滤波器卷积(filter convolution)5-24

M

马步距离(knight distance)2-7

马尔可夫·蒙特-卡洛(Markov Monte-Carlo)11-17

模板(mask)5-25,10-13

模板(mask,template)10-13

模板卷积(mask convolution)5-7

模板排序(mask ordering)5-15

模板匹配(template matching)15-3

模式(pattern)17-1

N

挠率(torsion)12-6,12-7

O

偶函数(even function)4-1

欧氏变换(Euclidean transformation)3-8,3-10

欧氏距离(Euclidean distance)2-8,10-14,16-10

欧拉数(Euler number)10-7

P

膨胀(dilation)16-1,16-4,16-8,16-19

偏心率(eccentricity)10-4

平滑操作(smooth operation)5-12,5-13

平均绝对差(average absolute difference)8-1,8-2

平均码长(average code length)7-1

平均最小距离(average minimum distance,AMD)15-11

平移变换(translation transformation)3-4,3-7
平移哈夫曼编码(translation Huffman coding)7-8
蒲瑞维特算子(Prewitt operator)9-2

Q

齐次坐标(homogeneous coordinates)3-1,3-2
棋盘距离(chessboard distance)16-10
球状性(sphericity)10-4
区域描述符(region descriptor)10-9
曲率(curvature)11-3,12-6,12-7

R

人类视觉系统(human visual system)18-3
人眼焦距(human eye focal length)1-3
锐化操作(sharpening operation)5-12,5-13
弱透视投影(weak perspective projection)3-11

S

三基色(trichromatic)18-3
色度(chromaticity)8-9
色调增强(hue enhancement)8-10
扇束投影(fan-beam projection)6-12
摄像机运动(camera motion)14-5,14-7
摄像机运动(camera movement)1-5
摄像机坐标系(camera coordinate system)11-7,11-8
深度图(depth map)14-8
生成子图(spanning sub-graph)15-9
剩余子图(residual subgraph)15-9
失真测度(distortion metric)8-1,8-2
实函数(real function)4-1
世界坐标系(world coordinate system)3-9,11-7,11-8
事件(event)17-10
视觉感知(visual perception)18-11
视敏度(visual acuity)18-2
视频(video)11-12
视野(field of vision)18-10
数字弧(digital arc)1-10
数字水印(digital watermark)8-2,8-3
双目成像模型(bi-nocular imaging model)13-2
双目成像系统(bi-nocular imaging system)13-5,13-6,
    13-7,13-9,13-10
双目横向模式(bi-nocular horizontal model)13-1,13-3
双目会聚横向模式(bi-nocular focused horizontal
    model)13-3
双目立体视觉(bi-nocular stereo vision)14-8

双目纵向模式(bi-nocular Longitudinal model)13-3
水平投影(horizontal projection)6-9
水印不可见性(watermark invisibility)8-1
顺序性约束(sequential constraints)13-4
斯拉特变换(slant transform)4-6
算术编码(arithmetic coding)7-10,7-11
缩放函数(scaling function)4-16
索贝尔模板(Sobel mask)5-6
索贝尔算子(Sobel operator)9-2,9-4,16-17

T

梯度(gradient)5-10,5-23
体素(voxel)9-1
跳跃白色块(white block skipping)7-6
通路(path)2-2,2-6,2-9,2-10
同构(isomorphic)15-7,15-10
投影变换(projection transformation)3-8,3-9,3-10
投影重建(reconstruction from projection)6-10
透视缩短(perspective shortening)18-9
透视缩放(perspective scaling)18-9
透视投影(perspective projection)3-11
图(graph)15-7,15-8,15-9,15-10
图像补全(image completion)6-8
图像采集(image acquisition)3-9
图像加法(image addition)5-8
图像检索(image retrieval)17-8,17-9
图像金字塔(image pyramid)8-13
图像模糊(image blurring)6-4
图像配准(image registration)17-3,17-4
图像融合(image fusion)17-3
图像修补(image repair)6-8
图像修复(image inpainting)6-8
图像增强(image enhancement)5-1,5-9,5-11
图像子集(image sub-set)2-1

W

外接盒(Feret box)10-2
网格相交量化(grid-intersect quantization)1-11,1-12
位面提取函数(bitplane extraction function)5-2
位移不变性(translation invariance)16-4
纹理基元(texture element,texton)14-10,14-11
纹理描述符(texture descriptor)11-1
沃尔什变换(Walsh transform)4-4,4-7
误差概率(probability of error)9-14

X

行进立方体(marching cube,MC)12-8

行为(behavior)17-10

细化(thinning)16-10,16-11,16-12,16-14

细节系数(detail coefficient)4-17

先验信息(*a priori* information)9-12

线性滤波(linear filtering)5-26

相对深度(relative depth)13-9,14-8

相对误差(relative error)13-9

相关品质(correlation quality)8-2

相似变换(similarity transformation)3-8,3-10,11-5

像素距离误差(pixel distance error)9-15

小波变换(wavelet transform)4-17,4-18

小波反变换(inverse wavelet transform)4-17

小波函数(wavelet function)4-16

小波特性(wavelet characteristics)8-15

斜面距离(chamfer distance)2-8

信源熵(information source entropy)7-2

信噪比(signal-to-noise ratio)7-3,8-2

形态学梯度(morphological gradient)16-16,16-17

形状(shape)11-4,11-5

形状测度(shape measure)9-13

形状描述符(shape descriptor)10-3,10-4,10-8

形状数(shape number)10-6,15-4

形状因子(form factor)10-4,11-2

虚假轮廓(false contour)5-21

旋转变换(rotation transformation)3-4,3-7

Y

亚采样(sub-sampling)8-3

亚像素边缘检测(sub-pixel edge detection)9-11

眼肌运动(eye muscle movement)18-5

一阶编码(first-order coding)7-2

一阶微分期望值(expectation of first-order derivative) 9-11

遗传算法(genetic algorithm)9-8

阴影(umbra of a surface)16-19

有色图(colored graph)15-7

有约束最小平方恢复滤波器(constrained least square restoration filter)6-5

语义网(semantic network)15-2

阈值编码(threshold coding)7-14

阈值分割(thresholding)9-6,9-12

圆形性(circularity)10-4

匀速直线运动模糊(uniform linear motion blurring) 6-3,6-7

运动轨迹(motion trajectory)11-7

运动模式(motion pattern)11-12

Z

正累积差图像(positive accumulative difference image, PADI)8-12

正弦模式(sine pattern)6-6,6-7

知觉恒常性(perceptual constancy)18-7,18-8

知识(knowledge)15-2

直方图均衡化(histogram equalization)5-5

直方图相似性(histogram similarity)8-2

中心矩法(central moment method)17-6

中值(median)5-14

中值滤波(median filtering)5-15,5-16,5-17

主动轮廓模型(active contour model)9-12

主动视觉(active vision)1-8

主方向(principal directions)12-2

专家系统(expert system)15-2

转移函数(transfer function)6-3

锥细胞(cone)18-1

姿态歧义(posture ambiguity)3-11

子图(sub-graph)15-8,15-9,15-10

自然码(Natural code)7-1,7-6,7-9

字符串描述(string description)10-11

总方差信噪比(total variance signal-to-noise ratio)8-2

组合性(associativity)16-2,16-3

最大似然—最大期望(maximum likelihood-expectation maximization,ML-EM)6-14

最大值滤波(maximum filtering)5-17

最频值滤波(mode filtering)5-17

最小包围长方形(minimum enclosing rectangle)10-2

最小核同值区(smallest univalue segment assimilating nuclear,SUSAN)9-4,9-12